本书由山东科技大学人才引进科研启动基金项目
“生态山东建设的制度设计与考核评价体系研究”
（2015RCJJ031）资助

生态山东建设

评价指标体系的构建与实证研究

于　玉 ◎著

復旦大學出版社

序

随着全球人口增长、资源短缺、环境污染和生态环境恶化，人类在对传统发展模式进行深刻反思后，开始探索一条社会经济与人口、资源、环境的可持续发展道路。生态山东建设是山东省实现可持续发展的一项重大举措，是一项长期、复杂、艰巨的综合性系统工程，涵盖生态、经济、环境和文化等多个领域。

2017 年 10 月 18 日，习近平同志在十九大报告中指出："坚持人与自然和谐共生。建设生态文明是中华民族永续发展的千年大计。必须树立和践行绿水青山就是金山银山的理念，坚持节约资源和保护环境的基本国策。"可见生态文明建设已经成为中国可持续发展一项重大而紧迫的任务。山东省自 2012 年开展生态山东建设以来，生态文明建设取得了快速发展，但也面临着诸多挑战。因此，深入开展生态文明建设的研究，对生态山东建设的快速健康发展具有重要的理论和现实意义。

本书从多角度阐述了生态文明的定义、内容和特征，在相关理论研究的基础上，以山东省为研究对象，通过参考国内外生态文明建设评价指标体系，结合山东省实际，从生态经济、生态环境和生态文化 3 个系统 25 个指标来建立科学合理的生态山东建设评价指标体系，选取山东省和省内 17

个地级市[①]2010—2017年8年的数据，运用德尔斐法和层次分析法对收集的数据进行计算和处理，并在此基础上对山东省内17个地级市生态文明建设情况进行全面、综合的评估，力争为生态山东建设的相关决策提供有价值的参考。

于　玉

2019年5月

① 2018年12月26日，国务院批复同意山东省调整济南市、莱芜市行政区划，撤销莱芜市，将其所辖区域划归济南市管辖。由于本书研究选取的数据截至2017年，因此书中关于原莱芜市的数据及实证分析结果仍单独列示。

目 录

第一章 导 论

第一节 选题背景

中国是世界上最大的发展中国家，到2019年，改革开放走过了41年的历程，这41年，是中国经济腾飞的41年，也是环境质量波浪式变动的41年——环境质量经历了从良好、恶化到总体好转的演进过程。生态文明建设是中国特色社会主义事业的重要内容，关系人民福祉，关乎民族未来，事关“两个一百年”奋斗目标和中华民族伟大复兴中国梦的实现。党中央、国务院高度重视生态文明建设，先后出台了一系列重大决策部署，推动生态文明建设取得了重大进展和积极成效。但总体上看，我国生态文明建设水平仍滞后于经济社会发展水平，资源约束趋紧，环境污染严重，生态系统退化，发展与人口、资源、环境之间的矛盾日益突出，已成为经济社会可持续发展的重大瓶颈。

2012年11月，党的十八大从新的历史起点出发，作出大力推进生态文明建设的战略决策。随着2015年10月党的十八届五中全会的召开，增强生态文明建设首度被写入国家五年规划。2017年10月，习近平总书记在党的十九大报告中指出，加快生态文明体制改革，建设美丽中国。山东大力推进环境保护和生态治理，目前生态文明建设已经取得重大进展。但同时，也必须清醒地认识到，生态环境质量与人民群众的需求仍有差距，并且在一些方面存在较大差距。

山东是中国东部沿海经济大省，改革开放以来，经济快速发展，综合实力显著增强，但是水资源等自然资源供需矛盾突出，化学需氧量(COD)和二氧化硫等主要污染物排放总量居全国前列，生态环境系统脆弱，粗放型经济增长方式仍占主导地位，另外还存在城市环境基础设施滞后和人口基数大的问题。对此，2003年9月26日，山东省第十届人民代表大会常务委员会第四次会议通过了《关于建设生态省的决议》；2012年1月17日，山东省委、省政府作出了关于建设生态山东的决定，提出奋斗目标：到2020年，山东省基本形成经济社会发展与资源环境承载力相适应的生态经济发展格局，可持续发展能力显著增强，城乡环境质量全面改善，自然生态系统得到有效保护，生态文明观念更加牢固，人民群众富裕文明程度明显提高，率先建成让江河湖泊休养生息的示范省，努力走出一条生产发展、生活富裕、生态良好的文明发展道路。基于上述研究背景，本书将以国内外生态文明建设相关研究为理论基础，从山东省实际情况出发，建立客观科学的生态山东建设评价指标体系，对山东省和省内17个地级市的生态文明建设进行评价，希望可以推进山东省生态文明建设的进程。

第二节　选题意义

一、理论意义

（一）探讨的生态文明和生态文明建设内涵可以为生态文明建设研究提供理论依据

在参考国内外生态文明建设研究成果的基础上，较为全面清晰地定义了生态文明和生态文明建设的内涵，为进一步深入研究生态文明建设提供了参考依据，具有一定的理论价值。

（二）构建的生态文明建设指标体系可以为评价生态文明建设效果提供参考标准

生态文明建设是一个不断进步发展的动态过程，所以需要建立科学且客观的生态文明建设评价体系。围绕生态文明和生态文明建设的内涵并参考分析各个维度的评价指标体系，构建相对全面的指标体系，在此基础上评价山东省和省内17个地级市生态文明建设的真实状况；同时，所构建的指标体系也为人们监督生态文明建设与参与生态文明建设提供了相应途径。

（三）从多角度评价生态文明建设情况，选取的综合评价方法可以为生态文明建设评价提供新的启发和思路

综合分析已有的生态文明建设测度方法，全面考虑已有综合评价方法的优

缺点,结合当前新兴技术和方法,从多个角度定量测度生态山东建设发展情况,探索出将多学科结合起来,多角度地评价生态文明建设的综合评价方法。多元化的综合评价方法可以启发新的研究思路,从而更好地评价生态文明建设情况。

二、实践意义

(一) 为我国制定科学的生态文明建设发展政策提供决策依据

通过构建生态文明建设指标体系,运用科学的方法对生态山东建设进行综合分析评价,可以正确把握我国生态文明建设研究的总方向,为相关政府部门制定生态文明建设发展政策提供科学的决策支持,实现生态经济、生态环境和生态文化的统一发展,为生态文明建设体制改革提供有价值的实际依据。

(二) 为不同地区的生态文明建设发展提供经验和借鉴

通过对生态山东建设的综合评价,明确了山东省和省内 17 地市生态文明建设的优势和劣势,找出目前山东省在环境治理方面存在的不足,为今后的生态文明建设制度的构建与完善提供参考,促进经济更加健康地发展、环境质量得到有效改善。总结相关建设经验,对各地加快推进生态文明建设进程具有重要的价值。

第三节　研究方法与研究思路

一、研究方法

(一) 文献研究

通过查阅文献和网络数据库,搜索相关资料,掌握大量关于生态文明建设的材料,系统分析各省生态文明建设的指标体系和生态文明建设指数的测算。

(二) 实证研究

在理论研究的基础上,分析生态山东建设实践过程中存在的主要问题,并确定本书的评价指标体系,结合山东省生态文明建设状况,收集相关数据,通过生态文明建设指数的计算,对山东省和省内 17 个地级市 2010—2017 年生态文明建设发展水平进行实证研究。

(三) 定性分析与定量分析

一方面,对生态山东建设目标和实践进程进行定性分析;另一方面,利用相关数据和资料及评价体系对山东省和省内 17 个地级市生态文明建设水平进行定量评估。

二、研究思路

本书的研究遵循了从理论到实践，再从实践回归理论的路径。首先，以生态文明的内涵及特征为切入点，明确生态山东建设评价的主要内容；然后，构建系统、科学的生态文明建设评价指标体系，结合山东省现状，对山东省和省内 17 个地级市生态文明发展情况展开定量分析；最后，根据目前生态山东建设实践情况，从生态经济、生态环境和生态文化三个方面归纳总结生态山东建设的对策建议。本书的研究为我国的生态文明建设实践提供了一定的理论支持和科学指导，最终又从实践回归理论。

第四节　研究的主要内容

第一章为导论，主要从五个方面展开，包括研究背景、研究意义、研究方法与研究思路、研究内容、创新和不足之处。

第二章为相关理论基础，主要包括马克思主义生态文明思想、生态省建设理论、循环经济理论、可持续发展理论、生态承载力理论、复合生态系统理论和生态经济学理论。

第三章为生态山东建设的基础条件和实践进程，主要包括两节内容：第一节阐述生态山东建设的基础条件，包括山东省的地理条件和社会经济条件，进行生态文明建设的有利条件和不利条件；第二节阐述生态山东建设的实践进程，包括建设的背景与规划、建设现状与成效，以及建设中存在的问题。

第四章为生态山东建设评价指标体系构建，主要包括四节内容：第一节阐述评价指标体系的构建原则；第二节阐述评价指标体系的构建思路；第三节建立评价指标体系；第四节对生态经济、生态环境和生态文化的 25 个指标进行解释和说明。

第五章为生态山东建设评价实证分析，主要包括三节内容：第一节阐述生态文明建设评价的三个方法，包括层次分析法、德尔菲法和生态山东建设评价指数的计算；第二节根据山东省数据对生态山东建设进行实证分析，包含指标数据的收集、处理和计算结果的分析；第三节对山东省 17 个地级市生态文明建设进行实证分析，包括各地市的数据的收集、处理和计算结果的分析。

第六章为国内外生态文明建设实践经验借鉴，主要包括两节内容：第一节是国外生态文明建设实践经验的探讨，针对日本、德国和美国这三个已经在生态治理方面取得成就的国家，总结其成功政策的经验；第二节是国内生态文明建设实践经验的探讨，选取海南、福建和浙江这三个生态强省，探讨其发展历程和取得的成就，总结对生态山东建设的启示。

第七章为生态山东建设的对策，主要包括三节内容，在综合前文的理论研究和实证分析的基础上，对本书的研究成果进行全面的总结，从生态经济、生态环境和生态文化三个角度，针对生态山东建设现状提出了提升生态文明建设水平的若干建议。

第五节 创新与不足之处

一、创新之处

（一）构建了生态山东建设评价指标，丰富了山东省生态文明建设的衡量尺度

以生态山东建设为目标层设定（一级指标），从影响生态山东建设的主要因素中选取生态经济、生态环境和生态文化作为系统层（二级指标），再从这三个方面着手，合理地衍生出 25 个指标（三级指标），构成判断比较矩阵。依据层次分析法，对影响生态山东建设的主要因素进行了量化赋权，并运用该评价指标体系对山东省和省内 17 个地级市生态文明建设作出客观真实的评价。

（二）全方面、多角度地评价了山东省生态文明建设状况

对山东省和省内 17 个地级市生态文明建设情况采用客观的评价指标体系和先进的综合评价方法，从多个角度进行定量研究和综合分析，客观展现当前山东省生态文明建设推进的成效和不足，为政府部门完善生态文明建设法规政策提供科学的理论依据。

二、不足之处

（一）生态文明建设评价指标体系可以进一步细化

本书在生态经济、生态环境和生态文化三大系统的基础上构建了山东省

生态文明建设评价指标体系。随着经济与科技的发展，影响生态文明建设的因素也在不断变化，某些评价指标可以进一步细化，这需要找到更多的影响因素与更多的数据进行分析。但是，由于各地市统计年鉴和信息的不全面（例如《山东生态省建设规划纲要》规划指标表中列出的公众对环境的满意率这一指标基本找不到数据，综合治理水土流失面积、矿山环境恢复面积和自然保护区面积这三个指标在很多地市的统计年鉴中没有公布），统计的口径也在不断变化（例如农村人均纯收入这一指标），导致收集影响因素和数据的过程变得困难。

（二）生态文明建设评价指标的权重应该进一步斟酌

在设计山东省生态文明建设评价指标体系的过程中，笔者采取了层次分析法和德尔菲法，权重从专家打分的结果中获得。由于专家来自不同工作部门，并且打分存在一定的主观片面性，对权重有一定的影响，因此各指标的权重问题需要进一步研究。

（三）生态文明建设评价指标的适用性需要进一步考虑

本书在对生态山东建设进行评价之后，用同样的指标体系评价了山东省17个地级市的生态文明建设。但是各地市的经济状况、生态状况和地域特色并不完全相同，所以指标是否适用于所有地市需要进一步考虑。

第二章
相关理论基础

第一节　马克思主义生态文明思想

生态文明是一种新颖的文明形式，是继渔猎文明、农业文明、工业文明之后一种更高的文明形态。而生态文明理论是马克思主义庞大思想体系中的一个重要组成部分，提出了人与自然、人与人、人与社会应全面、和谐地发展。马克思和恩格斯间接运用生态文明的概念，将生态文明理论分散在其政治、经济、社会和哲学理论体系中，阐述了人与自然的辩证关系以及两者应和谐发展，正确处理了人口、经济、资源等协调发展的理论问题。马克思主义生态文明思想不仅是对资本主义世界观和方法论的历史考察和理论批判的前提，而且从哲学原理、科学理论和行动指南中指出了解决全球生态危机的方向，成为当代中国推动绿色生活、发展和实现人的自由全面发展的理论指导。

一、马克思主义生态文明思想的时代背景

18 世纪 60 年代，英国织布工哈格里夫斯发明了“珍妮纺纱机”，由此揭开工业革命的序幕。到 19 世纪中叶，以英国为首的一些西方国家相继完成了第一次工业革命，蒸汽机成为这个世纪工业体系主要的机械工具。工业革命极大地解放了生产力，为人类社会的发展谱写了新篇章。马克思说：“资产阶级在它的不到一百年的阶级统治中所创造的生产力，比过去一切世代创造的全部生产力还要多，还要大。自然力的征服，机器的采用，化学在工业和农业中的应用，轮船的行驶，铁路的通行，电报的使用，整个整个大陆的开垦，河川的

通航，仿佛用法术从地下呼唤出来的大量人口——过去哪一个世纪料想到在社会劳动里蕴藏有这样的生产力呢?”[①]人们陶醉于工业革命带来的快速发展和巨大财富，但同时忽略了生态污染如洪水猛兽般给人们造成的巨大危害。恩格斯曾在《英国工人阶级状况》一书中，用大量的篇幅描述了城市中污染的状况及造成的危害:“一条狭窄的、黝黑的、发臭的小河，里面充满了污泥和废弃物，河水把这些东西冲积在右边的较平坦的河岸上。天气干燥的时候，这个岸上就留下一长串龌龊透顶的暗绿色的淤泥坑，臭气泡经常不断地从坑底冒上来，散布着臭气，甚至在高出水面四五十英尺的桥上也使人感到受不了。……桥以上是制革厂;再上去是染坊、骨粉厂和瓦斯厂，这些工厂的脏水和废弃物统统汇集在艾尔克河里，此外，这条小河还要接纳附近污水沟和厕所里的东西。这就容易想像到这条河留下的沉积物是些什么东西。”[②]日益严峻的环境污染对人们的生活造成了恶劣的影响[③]。

英国是世界上第一个实现工业革命的国家，同时也是第一个因工业污染而遭受霍乱疫情的国家。以泰晤士河为例，在19世纪之前，泰晤士河清澈见底，鱼类和虾类丰富，英国王室曾在泰晤士河畔举行晚宴。但19世纪以后，随着资本主义的发展，城市迅速扩张，造纸厂、印刷厂和制革厂相继建立起来，工业废物和生活垃圾进入泰晤士河，导致水质急剧恶化。1832—1886年，伦敦发生了4起霍乱疫情，仅1849年就有14 000人死亡。在20世纪50年代，泰晤士河几乎完全无鱼，只有少数可以游到水面呼吸的鳗鱼侥幸存活。同时，工业革命也促进了煤炭的大量开发，1848年的英国生产了世界上2/3的煤炭。大量的煤炭燃烧释放出了大量的煤尘、二氧化硫、二氧化碳、一氧化碳和其他有害污染物质，急剧恶化了工人的生产和生活条件，对身体健康也造成极大的危害。马克思在《1844年经济学哲学手稿》中指出，工人被迫生活在如“洞穴”般被毒气污染的陋室中，在那里“光、空气等等，甚至动物的最简单的爱清洁习性，都不再是人的需要了。肮脏，人的这种堕落、腐化，文明的阴沟(就这个词的本义而言)，成了工人的生活要素。完全违反自然的荒芜，日益腐败的自然

① 马克思，恩格斯.共产党宣言[M]//马克思，恩格斯.马克思恩格斯文集：第2卷.北京：人民出版社，2009：36.

② 恩格斯.英国工人阶级状况[M]//马克思，恩格斯.马克思恩格斯全集：第2卷.北京：人民出版社，1957：331.

③ 曾德贤.马克思恩格斯三大解放思想研究[D].苏州：苏州大学，2014.

界，成了他的生活要素。他的任何一种感觉不仅不再以人的方式存在，而且不再以非人的方式因而甚至不再以动物的方式存在”①。资本主义生产方式破坏了人与自然之间合理的物质交换。资本家拥有生产资料，而劳动者只有卖掉他的劳动力来养活自己和家人。私人拥有生产资料与生产社会化之间的冲突最终演变为资产阶级与工人阶级之间的利益冲突。资本主义为了保持经济增长，严重破坏了人类与自然的平衡，无产阶级和资产阶级的冲突日益加剧。自然环境遭到破坏，人与自然失衡，为马克思主义生态文明思想的形成和发展提供了丰富的现实资料。

二、马克思主义生态文明思想的理论精髓

马克思和恩格斯坚持在实践的客观关系基础上把握人与自然的一般关系，并将其作为马克思主义生态思想的基本立足点。马克思明确提出了“自然”的本质和“人性”的概念，说明了人与自然之间的“根源性关系”，即人是自然的产物和有机的部分，说明生存取决于人与自然之间的关系，人与自然是共生的有机整体。“自然界，就它自身不是人的身体而言，是人的无机的身体。人靠自然界生活。这就是说，自然界是人为了不致死亡而必须与之处于持续不断的交互作用过程的、人的身体。所谓人的肉体生活和精神生活同自然界相联系，不外是说自然界同自身相联系，因为人是自然界的一部分。”②人的创造性是通过一系列对象化活动完成的，人的本质通过全面丰富对象化活动得以展现。

马克思以人与自然的关系理论探究人类社会及其历史发展的逻辑起点和现实基础。“全部人类历史的第一个前提无疑是有生命的个人的存在。因此，第一个需要确认的事实就是这些个人的肉体组织以及由此产生的个人对其他自然的关系。”③自然界不仅为人类提供生产生活所需的资料，而且也是人类精神生活的源泉。“人作为自然存在物，而且作为有生命的自然存在物，一方面

① 马克思.1844年经济学哲学手稿[M]//马克思，恩格斯.马克思恩格斯文集：第1卷.北京：人民出版社，2009：225.

② 马克思.1844年经济学哲学手稿[M]//马克思，恩格斯.马克思恩格斯文集：第1卷.北京：人民出版社，2009：161.

③ 马克思，恩格斯.德意志意识形态[M]//马克思，恩格斯.马克思恩格斯文集：第1卷.北京：人民出版社，2009：519.

具有自然力、生命力，是能动的自然存在物；这些力量作为天赋和才能、作为欲望存在于人身上；另一方面，人作为自然的、肉体的、感性的、对象性的存在物，同动植物一样，是受动的、受制约的和受限制的存在物，就是说，他的欲望的对象是作为不依赖于他的对象而存在于他之外的；但是，这些对象是他的需要的对象；是表现和确证他的本质力量所不可缺少的、重要的对象。”①马克思认为人的属性包括人的自然属性和社会属性，社会化的自然性就是人的自然属性②。

马克思和恩格斯认为，人与自然的和谐共处是人类社会生存、发展不可或缺的条件。自然界的存在和发展是人类文明自身生产和再生产的前提。马克思指出："人直接地是自然存在物"，是"站在坚实的呈圆形的地球上呼出和吸入一切自然力的人"③。他强调，人类若违背与自然的和谐关系，必将会受到自然界的惩罚。恩格斯也曾语重心长地告诫人们："我们不要过分陶醉于我们人类对自然界的胜利。对于每一次这样的胜利，自然界都对我们进行报复。"④马克思和恩格斯对未来社会设想的人与自然的矛盾关系在理论上得以真正的解决。只有这样，人类才能更好地实现与自然之间的物质变换，建构起人和自然界之间以及人和人之间真正的和谐关系。

马克思和恩格斯关于人在自然面前具有的能动性与受动性相统一的论述，对于今天深刻认识生态文明建设意义十分重大。

三、马克思主义生态文明思想的价值意蕴

马克思和恩格斯坚持科学辩证的自然观和历史唯物主义的基本立场，为人类社会的发展提供了一幅美丽的蓝图，在其中人与自然和谐相处。马克思和恩格斯的生态思想超越了时代，对于全球环境保护和生态文明建设具有普遍意义和重要价值，对于当代中国社会主义生态文明建设，促进人与自然、人

---

① 马克思.1844年经济学哲学手稿[M]//马克思，恩格斯.马克思恩格斯文集：第1卷.北京：人民出版社，2009：209.

② 吕莉媛.马克思主义理论视域下的REDD+公平正义问题研究[D].哈尔滨：东北林业大学，2017.

③ 马克思.1844年经济学哲学手稿[M]//马克思，恩格斯.马克思恩格斯文集：第1卷.北京：人民出版社，2009：209.

④ 恩格斯.自然辩证法(节选)[M]//马克思，恩格斯.马克思恩格斯文集：第9卷.北京：人民出版社，2009：559-560.

与社会和谐相处，具有非常重要的现实意义。

马克思主义的发展历史充分表明，不断发展和创新是马克思主义的强大生命力。中国共产党是以马克思主义为指导思想的政党。中国共产党结合了马克思主义的基本原理和中国的具体现实，并根据每个历史阶段的客观现实，进行了新的理论认识和理论概括，这也是马克思主义适应中国国情的过程。马克思主义结合中国的现实情况，用马克思主义理论解决中国的实际问题，是马克思主义中国化的价值追求。用毛泽东的话来说，就是用马克思列宁主义的“矢”来射中国革命的“的”。改革开放以来，中国经济发展迅速，但同时，资源枯竭、环境污染、生态破坏等日益严重的问题成为制约经济社会可持续发展的瓶颈。传统的粗放型经济发展方式已无法满足经济社会发展的需要。目前，我国正处于改革开放的关键时期，如何扭转生态形势的恶化，满足人民对清洁空气、清洁水源、安全食品和美化环境的需求，避免传统工业文明发展的弊端，对于全面建成小康社会、实现中华民族的伟大复兴至关重要。中国的生态文明建设必须坚持马克思主义生态文明思想与当代中国发展的具体实践相结合。马克思和恩格斯一生都在关注和思考人类的未来和命运，试图找到真正解决人与自然矛盾的方法。他们关于人与自然对立统一的思想、自然环境与社会再生产双向互动的思想、一切生产力最终归结为自然力的思想、自然资源适度利用与循环使用的思想、社会化的人合理地调节人与自然之间物质变换的思想等等，都与当代中国生态文明建设的主旨相吻合，深刻体现了人类追求永续发展的精神实质，为生态文明建设提供了方法论指导和价值观遵循①。

第二节　生态省建设理论

一、生态省建设的理论基础

生态省建设以可持续发展理论和生态经济学原理为理论基础，是可持续发展战略的重要组成部分。即在可持续发展理论的指导下，通过省级行政管理引入生态系统等自然科学概念。实质上，生态省就是在一个省域范围内，以科学发展观和可持续发展战略、保护环境基本国策统揽经济建设和社会发展

① 陆波.当代中国绿色发展理念研究[D].苏州：苏州大学，2017.

全局，转变经济增长方式，提高环境质量，同时遵循经济增长规律、社会发展规律和自然生态规律，推动整个社会走上生产发展、生活富裕、生态良好的文明发展道路。

可持续发展理论是生态建设的基础。可持续发展不仅要满足当代人的需求，而且还要避免危及子孙后代满足其需求的能力。其内涵是指生态可持续发展、经济可持续发展和社会可持续发展，其中生态可持续发展是基础，经济可持续发展是条件，社会可持续发展是目标。也就是说，可持续性发展是绝对的原则，并且在极限之内。当代人的发展不应影响子孙后代的生存发展。生态省建设是实施可持续发展战略的具体行动。

生态学是研究在生态系统内生物与其生存环境之间相互关系的科学。自然生态系统是一个开放的系统，它与外界不断地进行着物质、能量和信息的交换。而生态省建设是将自然科学融入社会科学中，人为地为生态系统设定边界、划分区域，即省级行政区域所辖的范围①。从自然科学研究领域来讲这是不严密的提法，但从目前学科相互交叉、相互渗透的发展趋势来看，自然科学与社会科学的融合是大势所趋，也可谓是一种创新，是适应社会发展趋势而产生的一门新的科学研究领域。

二、生态省建设的内涵

什么是生态省？原国家环保总局2003年印发的《生态县、生态市、生态省建设指标(试行)》指出，生态省是社会经济和生态环境协调发展，各个领域基本符合可持续发展要求的省级行政区域。生态省建设运用可持续发展理论和生态学、生态经济学原理，以促进经济增长方式的转变和改善环境质量为前提，抓住产业结构调整这一重要环节，充分发挥区域生态与资源优势，统筹规划和实施环境保护、社会发展与经济建设，基本实现区域社会经济的可持续发展②。实际上，建设生态省，就是发挥后发优势，争取跨越式发展，遵循特定的省情，以发展生态环保型效益经济为中心，以产业结构调整为主线，以现代科学技术和社会文明为支撑，以建设绿色经济强省、改善生态环境、提高人民生活质量、发展绿色产业为目标，将各省生态环境资源中蕴藏的经济增长潜能释

---

① 董洪霞.循环经济：生态经济发展的时代理念[J].商场现代化，2006(6)：207.

② 谢家雍.解读生态立省 发展循环经济[J].贵州林业科技，2006，34(1)：16-18.

放出来。可见,生态省建设也是一项系统工程,它把人、生态环境、经济社会、制度等系统中诸多要素采用生态学理论、系统科学理论和方法整合起来,求得技术上先进、经济上合算、时间上最省、运行上最可靠、社会效益上最佳的效果。

其内涵应包括以下五个方面。

(1) 生态省是经济社会发展到一定阶段和高度的产物,是一个具有社会文明象征的概念。发展是重中之重,没有深厚的物质基础,就不可能建立生态省。它的提出和有效实施将解决两个主要问题:一是解决工业革命以来人类发展与生态环境的失衡问题;二是解决环境保护与经济建设之间脱节的问题。

(2) 生态省是一个战略概念。这不是一项单一任务,而是关乎整体经济和社会发展的总体战略和目标。它也是省级地区许多发展战略的最佳组合和实施载体。生态省建设有一个渐进的发展过程,阶段不同,建设内容不同,目标不同。

(3) 改变经济增长方式是生态省建设的核心,用循环经济和生态经济模式取代传统的线性经济增长方式,这也是生态省建设的关键和难点。

(4) 综合考虑环境与发展是建设生态省的本质,根据自然生态系统的良性循环运行规律,利用生态学和生态经济学原理来组织规划人类经济活动、环境保护与经济建设、生态建设、社会发展,充分尊重和遵循自然规律,充分保护和发挥人类经济社会活动的生态功能支撑。

(5) 建设生态省的目的是营造最适合人类居住的环境,坚持以人为本,建设生态文化,追求人与自然、人与人和谐共处,在创造高度发达的现代文明同时,让人们在优美的生态环境中生活和工作。

三、生态省建设与经济发展的相互作用

生态省建设的发展模式是实现省内可持续发展。生态省建设不仅仅是环境保护和生态建设,还涉及环境污染防治、经济发展、生态保护和建设、生态产业发展、人居环境建设和生态文明建设等诸多方面。生态省建设是区域一级实施可持续发展战略的平台和切入点。生态省建设对清洁生产、循环经济和生态农业的发展以及资源保护起着积极的作用。

(1) 生态省建设的目标是走新型工业化道路。新型工业化的“新”意味着要改变以往工业化的旧路,要依靠新技术新发明,迈过以往高消耗高污染的发

展阶段，实现低能耗，减少污染，全面改善生态环境。毫无疑问，生态省的建设与“走新型工业化道路”的内涵基本一致。

(2) 生态省建设保障了农业生态的安全。生态安全是国家安全的重要组成部分。一旦生态安全遭到破坏，会造成工农业生产能力和人民生活水平的下降；如果生态环境出现进一步恶化趋势，雾霾、水污染、土壤污染等频发，还会产生大量的“生态难民”。土壤污染必然会影响耕地质量，化肥有效利用率低、农药农膜等不合理使用会造成农业面源污染日益严重。农产品的质量安全已成为政府迫切需要解决的问题。生态省建设就是要“从根上抓起”，保障农业生态安全及粮食安全。

(3) 生态省建设可以为中国产品进入国际市场奠定基础。随着中国加入 WTO 和全球经济一体化，关税壁垒和传统非关税壁垒等形式的贸易保护正在逐步减弱，对国际贸易限制的环境将变得更加苛刻，一个国家和地区的产品若无法达到绿色产品标准，将被排除在“绿色壁垒”之外。在中国，国内市场已经开始建立绿色壁垒，国家修订了强制性产品标准，提高了环境保护和消费者安全的技术要求。而生态省建设的战略措施之一就是大力发展绿色产业、生产绿色产品，无疑可以为我国产品进入国际市场奠定坚实基础①。

(4) 生态省建设可以保证国家资源安全。当前，资源稀缺已经成为国际社会共同面临的问题之一。世界资源分布不均匀，人均消费不平衡，导致了国家间、地区间对资源问题的激烈竞争。我国在资源总量上可称富裕国，但在人均资源分配量上却是贫乏国，水资源、矿产资源、石油资源尤为不足。基于能源安全考虑，我国必须把可持续发展经济确立为经济进步和社会发展的重要战略目标，并进行清洁生产和绿色工业的总体规划。从合理利用和科学布局区域资源入手，并循环利用自然资源，从而可以有效克服环境与资源危机，保证国家资源安全②。

(5) 生态省建设有利于区域内协调发展。生态省建设是在一个省域范围内实施生态、环境、经济统筹协调的可持续发展，在生态省建设过程中，整合优

---

① 孙海彬.建设生态省的战略意义与对策思考[J].黑龙江社会科学，2004(3)：56-58.

② 郭兰成.对生态省建设理论观点的梳理与评析[J].中共青岛市委党校.青岛行政学院学报，2006(1)：57-60.

化区域内资源配置，从而形成区域内工业、农业发展的比较优势和竞争优势，最终促进区域经济快速、稳定和可持续发展①。

第三节 循环经济理论

一、循环经济概念的由来

早在 1904 年，俄国科学家弗拉基米尔·伊万诺维奇·维尔纳茨基(Владимир Иванович Вернадский)②明确表示，为了在未来的地球上生存，人类不仅要对社会的命运负责，还应对整个生物圈的命运负责，因为生物圈的发展将受当时的人类活动影响。随着全球人口增加，资源短缺、环境污染和生态转型的形势日益严峻，循环经济成为人类了解自然、尊重自然和探索生态规律的产物。循环经济的思想最初起源于 20 世纪 60 年代环保潮流和运动的兴起。

在 20 世纪 60 年代，美国经济学家波尔丁(Kenneth E. Boulding)③指出，如果地球满足其资源需求并留下垃圾，就像宇宙飞船一样，那么当资源耗尽且航天器内部充满垃圾时，地球最终会像宇宙飞船那样被摧毁。假设地球由于资源耗尽而就此毁灭，就不得不用“宇宙飞船经济理论”(“太空舱经济理论”)取代“牛仔经济”，对经济发展提出新要求：第一，自然界与人类应该是彼此互动的相处模式；第二，采用全新的生态生产方式，尽量降低对环境的危害程度；第三，追求生态效益和社会效益，形成生态与经济有机结合的统一体④。关于未来对经济发展的设想，波尔丁引入循环经济概念，他认为，循环经济是指在包含人、自然资源和科学技术的大环境内，在资源投入、企业生产、产品消费及其废弃的全流程中，把之前传统的依赖资源消耗的线性增长的经济模式，转化

---

① 樊华.基于循环经济的山东生态省建设问题研究[D].青岛：中国石油大学(华东)，2007.

② 俄国及苏联矿物学及地球化学家，被认为是地球化学、生物地球化学和放射地质学的创始人之一。他关于人类圈的概念，影响了后来的俄国宇宙主义思潮。他最著名的著作是 1926 年的《生物圈》，他在这部著作中推广了爱德华·苏斯(Eduard Suess)于 1885 年提出的生物圈概念，认为生命是塑造地球的一种地质力。

③ 美国新制度学派的主要代表人物之一。

④ HEIMLICH R E.美国以自然资源保护为宗旨的土地休耕经验[J].杜群，译.林业经济，2008(5)：72-80.

为依靠生态型资源循环发展的经济模式。

循环经济的提出对20世纪60年代末开始的关于资源和环境的国际经济研究带来了一些启发。1968年4月，罗马俱乐部(Club of Rome)[①]提出人类经济增长的极限问题。1972年，罗马俱乐部发表《增长的极限》研究报告，第三章为《人均资源利用》，专门说明了资源循环的问题。循环经济也开拓了20世纪80年代的可持续发展相关领域的研究，把循环经济和生态系统结合起来，在联合国世界环境与发展委员会撰写的总报告《我们共同的未来》中有一部分为《公共资源管理》，专门探讨资源的高效利用、再生和循环问题，指出这些问题可以通过管理来解决[②]。20世纪90年代，知识经济研究给循环经济赋予了高科技产业化和学习型社会的内容[③]。

二、循环经济的内涵

"循环经济"一词是在当前世界人口剧增、资源匮乏及生态污染等情况下人类对大自然进行全新再认识而提出的资源循环经济和物质闭环流动性经济的简称[④]。它的目标是资源的有效和循环利用，遵循"减量化、再利用和再循环"的标准，要求人们在社会生产和日常生活中有意识地遵守生态法则，通过有效利用资源和循环利用，尽可能减少污染和废物排放，从而保护生态环境，实现社会、经济和资源的和谐发展。循环经济的发展模式已经取代传统经济"资源生产—污染排放"的单向物流模式，从而减少了许多生态资源浪费和环境污染。以可持续发展为指导思想，通过清洁生产和废物的最大化开发利用，实现节能减排的目标。其所参考的是自然生态的发展模式，是一种"资源—生产—再生资源"反复循环的流动过程，可从本质上解决存在已久的人类社会发展和自然资源环境的矛盾。

---

① 一个关于未来学研究的国际性民间学术团体、研讨全球问题的智囊组织。其主创始人是意大利的著名实业家、学者A.佩切伊和英国科学家A.金。俱乐部的宗旨是研究未来的科学技术革命对人类发展的影响，阐明人类面临的主要困难以引起政策制订者和舆论的注意。成立于1968年4月，总部设在意大利罗马。

② DAVID W P, JEREMY J W. World without End: Economics, Environment and Sustainable Development [M].Oxford: Oxford University Press,1993.

③ 马莉莉.关于循环经济的文献综述[J].西安财经学院学报，2006，19(1)：29-35.

④ 任勇，吴玉萍.中国循环经济内涵及有关理论问题探讨[J].中国人口·资源与环境，2005，15(4)：131-136.

三、循环经济的原则及特征

（一）循环经济的原则

一般而言，循环经济的核心内涵包括三个原则，即3R原则[①]（如表2.1所示）。

表2.1　循环经济3R原则

3R原则	针对对象	目　　的
减量化（Reduce）	输入端	减少进入生产和消费过程的物质和能源流量，从源头节约资源使用和减少污染物的排放
再利用（Reuse）	使用过程	延长产品使用和服务的时间，提高产品和服务的利用率。要求产品和包装容器以初始形式多次使用，减少一次性用品的污染
再循环（Recycle）	输出端	把废弃物再次变成资源以减少最终处理量，废品回收利用和废物综合利用，并实现制成使用资源减少的新产品

1. 减量化（Reduce）

作为循环经济三原则中的第一原则，减量化包括三个含义。在生产层面，要求通过提高劳动生产率和资源利用率，保证预期的生产结果，从而最大限度地减少不可再生资源的投入和污染物的排放。同时，通过提高技术稳定性或技术创新来降低废品率。在发展层面，需要尽可能多地探索新资源并将其投入使用，以减少不可再生材料和高污染材料的使用。在消费方面，它主张减少高能耗和高污染商品的使用，鼓励合理消费，减少浪费。

2. 再利用（Reuse）

再利用可以体现在三个方面：生产过程、产品结果和消费。生产过程强调材料和能源的多模式、多层次和多次使用。在产品结果方面，强调产品的耐用性和灵活性。在设计产品时，应考虑可以多种方式使用，延长产品的使用寿命，避免产品过早报废，变成垃圾。在消费和使用方面，它强调消费者应该主动多次使用购买的商品。

3. 再循环（Recycle）

再循环可分为两个层面上的再循环：第一是生态环境层面的物质能量循

① 樊华.基于循环经济的山东生态省建设问题研究[D].青岛：中国石油大学（华东），2007.

环，第二是生产层面上的循环。生态环境层面上的循环强调物品在使用功能完成后，可直接或间接变成可利用的资源，再次进行使用，而不是直接成为污染物和垃圾。而生产层面上的再循环则有两种方式：第一种为废品不经过改变物质性质可直接用来生产同类型产品，此方式可称为同级再循环；第二种为废品成为其他类型产品的原材料，此方式可称为次级再循环①。

（二）循环经济的特征

循环经济是一种新型的经济模式，和传统的经济有一定的区别。通过对比传统经济的特征，可概括出循环经济的特征。两种经济形态的特征对比如表 2.2 所示。

表 2.2　传统经济与循环经济基本特征比较

编号	项目比较	传 统 经 济	循 环 经 济
1	理论基础	机械论	生态学理论和系统论
2	经济增长方式	数量型增加	效率型（内生型）增长
3	物质运动方式	“资源—产品—污染物排放”	“资源—产品—再生资源”
4	对资源环境的影响	以牺牲生态环境为代价	环境友好型经济发展模式
5	经济评价指标	单一经济指标（GDP 等）	绿色核算体系（绿色 GDP）
6	追求的目标	经济效益和资本利润最大化	经济、社会、环境和谐发展

通过比较发现，循环经济的发展方式体现了多种形态，是人与自然和谐发展的最好体现，是人类认识的提升。

四、循环经济的发展模式

我国曾长期实行粗放型的经济发展模式，不惜以牺牲环境为代价来获得短期利益，先破坏环境后投入资金进行治理。这种发展模式导致资源严重浪费、环境严重破坏，生产模式越来越不合理，产业结构不合理的现象层出不穷，表明发展循环经济势在必行。如图 2.1 所示，从资源到产品再到废弃物，这是

① 刘学敏.英国伯丁顿社区发展循环经济的主要做法[J].山东经济战略研究，2005(3)：34-35.

粗放型经济的发展模式。但是“资源—产品—废弃物—产品—资源”这样一种循环，就是循环经济的运行流程①。运用这种模式不仅可以极大地减少资源的浪费，同时还有利于保护环境。

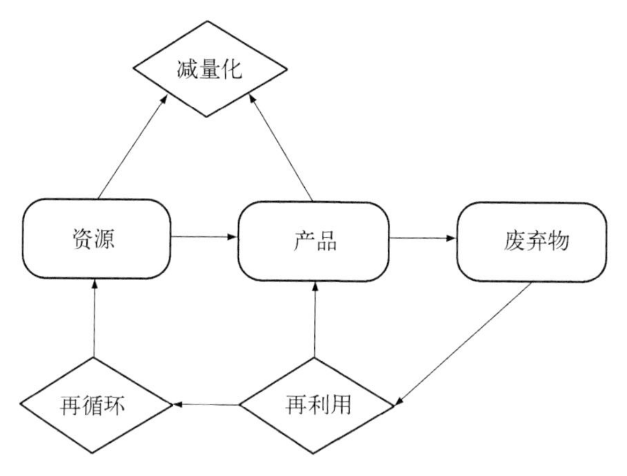

图 2.1　循环经济运行模式一

图 2.2 中为另一种循环经济的发展模式，展示了循环经济发展过程中保护环境、减少污染的原理，是一个生态系统的大循环。对社会生产生活过程中产生的垃圾进行排放，排放的垃圾一部分进行再次利用，另外一部分排放到自然生态系统中进行再循环，或者在自然能源（太阳能、风能）等作用下进行再生产，循环生产最终再次产生社会生活用品②。

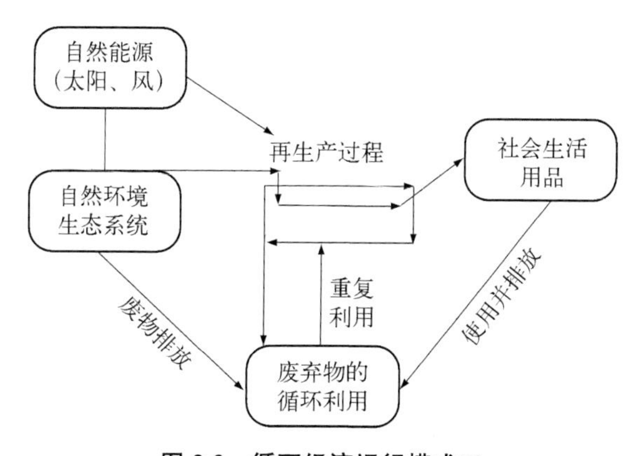

图 2.2　循环经济运行模式二

① 王国印.论循环经济的本质与政策启示[J].中国软科学，2012(1)：26-38.

② 杜文翠.促进循环经济发展的税收政策研究[D].贵阳：贵州财经大学，2017.

第四节　可持续发展理论

一、可持续发展概念的由来

1962年，美国生物学家蕾切尔·卡逊(Rachel Carson)[①]出版了《寂静的春天》(*Silent Spring*)一书，展示了工业化的经济增长给生态环境带来的伤害，在全球范围内激发了人们关于发展理念的思索。1972年，芭芭拉·沃德(Barbara Mary Ward)[②]和勒内·杜博斯(Rene Dubos)[③]合作完成的《只有一个地球》一书，再次促使人们重新思考经济发展中人与自然、人与人如何相处的问题。这不仅使人们认识到人类发展必须和环境保持友好的关系，而且使人们明白了人与人之间和睦共处、共同发展的意义。同年，现代可持续发展思潮的兴起中发生了具有里程碑意义的两个重要事件。一是罗马俱乐部发表了《增长的极限》一文，认为世界经济体系会在21世纪中叶濒于分崩离析是，其原因在于自然的约束。这个使人难以置信的结论，在遭到众多经济学家严厉批评的同时，还引发了人们对超负荷使用自然资源和未来经济规划的沉思。二是联合国人类环境会议[④]，第一次将环境问题列为全球性问题，引起了许多国家的重视。这次大会有来自114个国家的约6 000人参加，在会上通过了《联合国人类环境会议宣言》(United Nations Declaration of The Human Environment)[⑤]，建立了联合国环境规划署(United Nations Environment Programme)[⑥]，其后该机构便在支持和推动全球各国的环境保护管理工作方面担任十分重要的角

---

① 美国海洋生物学家，其代表作品《寂静的春天》催生了美国乃至全世界的环境保护事业。

② 英国经济学家，最早倡导可持续发展概念的人之一，其代表作品有《改变世界的五种理想》《印度和西方》《富国与贫国》《民族主义意识形态》以及《高低不平的世界》等。

③ 法国-美国微生物学家，其代表作品有《人类适应性》《人类、医学和环境》《人类是这样一种动物》等。

④ 为保护和改善环境，1972年6月5日—16日，在瑞典首都斯德哥尔摩召开了有各国政府代表团及政府首脑、联合国机构和国际组织代表参加的讨论当代环境问题的第一次国际会议。

⑤ 又称《斯德哥尔摩人类环境会议宣言》，简称《人类环境宣言》。1972年6月16日，联合国人类环境会议全体会议于斯德哥尔摩通过。《人类环境宣言》是这次会议的主要成果，阐明了与会国和国际组织所取得的七点共同看法和二十六项原则，以鼓舞和指导世界各国人民保护和改善人类环境。

⑥ 简称“环境署”，是联合国系统内负责全球环境事务的牵头部门和权威机构，环境署激发、提倡、教育和促进全球资源的合理利用并推动全球环境的可持续发展。

色，发挥着日益显著的作用。

1983年，联合国大会建立了世界环境与发展委员会(World Commission on Environment and Development)[①]，担任主席的是挪威前首相布伦特兰(Brundtland)。她在《我们共同的未来》中提出的定义被广泛引用："可持续发展是既满足当代人需要，又不对后代人满足他们自身需要的能力构成危害的发展。"此报告还明确提出转变发展方式，呼吁社会用可持续的发展模式来取代"旧的发展模式"。尽管如此，由于彼时脱贫致富仍然是各个国家面临的主要问题，为了保护环境而摒弃经济发展明显与时代主题有些格格不入。令人欣慰的是，布伦特兰的主张没有随时间流逝而被淡忘，反而越来越受到人们的重视。1992年6月在里约热内卢召开的联合国环境与发展大会就积极响应了布伦特兰的报告主张，通过了影响深远《里约环境与发展宣言》(Rio Declaration)[②]和《21世纪议程》(Agenda 21)[③]，建立了联合国可持续发展委员会，以确保联合国环境与发展大会后续工作有秩序地运行。同时，此次会议上还通过了具有约束力的《联合国气候变化框架公约》(United Nations Framework Convention on Climate Change)和《生物多样性公约》(Convention on Biological Diversity)，有150多个国家签署了以上两项公约。从此，可持续发展的理念在全世界迅速传播，越来越多的组织和个人对可持续发展的行动做出了回应。这对于改变每个人和每个国家的发展观、他们与自然的关系甚至他们与现在和未来之间的关系具有重要意义。到目前为止，所有国家仍在联合国可持续发展的原则和框架下努力开展环境保护工作。包括中国在内的许多国家将可持续发展提升到国家发展战略的高度，为全球环境保护和发展做出了重要贡献。

---

① 1983年的第38届联合国大会通过成立这个独立机构的决议。委员会的主要任务是：审查世界环境和发展的关键问题，创造性地提出解决这些问题的现实行动建议，提高个人、团体、企业界、研究机构和各国政府对环境与发展的认识水平。

② 联合国环境与发展会议于1992年6月3日至14日在里约热内卢召开，重申了1972年6月16日在斯德哥尔摩通过的《联合国人类环境会议宣言》，并谋求以之为基础。目标是通过在国家、社会重要部门和人民之间建立新水平的合作来建立一种新的公平的全球伙伴关系，为签订尊重大家的利益和维护全球环境与发展体系完整的国际协定而努力，认识到大自然的完整性和互相依存性。

③ 1992年6月3日至14日在巴西里约热内卢召开的联合国环境与发展大会通过的重要文件之一，是"世界范围内可持续发展行动计划"，它是在全球范围内各国政府、联合国组织、发展机构、非政府组织和独立团体在人类活动对环境产生影响的各个方面的综合的行动蓝图。

二、可持续发展的内涵

目前,世界上最受欢迎的可持续发展概念是由世界环境与发展委员会定义的,该委员会在文件《我们共同的未来》中提出,可持续发展是“既满足当代人的需要,又不对后代人满足他们自身需要的能力构成危害的发展”。显然,这一定义阐述了可持续发展中的代际关系。随着可持续发展研究的深入,人们逐渐认识到可持续发展理念的丰富内涵。

首先,可持续发展的核心是发展。发展是人类社会不断进步和文明延续的永恒主题和基础。可持续发展强调发展的可持续性,特别是几代人之间相对公平的发展机会和能力。我们不应该为了某一代人的发展而放弃或损害未来的发展。因此,可持续发展并不否认经济增长的必要性,只不过它要求经济增长应该是可持续的。这为探索可持续发展模式、战略和政策提供了广阔的空间。

其次,可持续发展的基础是合理使用自然资产。可持续发展理论认为,自然资源与人力资本和知识资本相同一样,是发展的重要资本。此外,由于大多数自然资源的稀缺性和不可再生性,自然资源是一种自然资产,并非取之不尽、用之不竭。因此,要实现可持续发展,必须实现自然资产的合理配置和利用,实现不同国家和地区不同层次、不同时期各种自然资产的合理利用,确保资源基础的可持续发展。

再次,可持续发展的目标是协调经济、社会和复杂的生态系统。从经济和社会生态的角度看,可持续发展突破了传统经济学的束缚,侧重物质资源的有效使用和社会财富的最大化创造,实现经济增长的发展,满足人的物质、精神、社会和生态需求,实现经济、社会、生态等子系统的协调发展,促进人类社会的物质文明和精神文明、社会文明和生态文明的和谐发展。

最后,可持续发展战略的实施要求系统决策和公众参与,二者缺一不可。因为可持续发展基本上是经济、社会和生态系统的和睦相处。因此,可持续发展战略的制定和实施必须从经济和社会、生态系统的角度考虑其发展模式、路径和其他问题,这是一个庞大的系统,要求每个个体都参与其中,提供一己之力并付诸行动。

三、可持续发展的基本原理

可持续发展理论对传统经济发展有许多重大突破,它坚持资源稀缺的基本前提，承认人类具有生理、心理、社会、生态四个方面基本需求，也就是必须尊重法律、自然、社会和经济发展面临资源和环境的制约，遵循公平、可持续和社区三个基本原则，妥善处理人与自然、人与人之间的关系。特别是，我们需要培养双赢合作促进发展的愿景，致力于解决发展问题。反之，就像微观经济学的假设之一——“理性人”一样，各个行业都盲目追求个人利益最大化，过度着眼于物质财富，人类社会必然会由于依靠自然资源消耗来实现经济增长，最终随着资源枯竭和生态系统的崩溃而陷入发展的停滞。因此，该理论不断冲破传统经济理论的束缚，尽量修复市场失灵，形成可持续发展的六个可行性原理①。

（一）资源配置原理

可持续发展理论认为，资源是“一切影响人类当前与长久福利的因素，不仅包括可市场化的资源，而且还包括一切虽然不能被市场化，但会对整个人类的利益产生影响的因素，空气质量、生态环境、生物多样性、社会资本等，都属于资源的范畴”②。并且，可持续经济的输出不仅涵盖可市场化的产品与服务，还涵盖空气、环境、生态等非市场化的因素。因此，可持续发展理论包括了传统经济的所有外部性问题，其所提倡的资源配置在时间、空间和目标等方面，都明显区别于传统经济学。它要求资源配置必须实现经济增长与环境保护相统一、代内公平与代际公平相统一。同时，可持续发展理论将资本划分为物质资本、生态资本和知识资本三类，并要求三种资本在资源配置方面相互促进，生态资本优先增长，实现人的物质需要、精神需要、社会需要和生态需要有机统一，相应的四种文明相对均衡和协调发展。

（二）资源保护原理

可持续发展理论认为，资源保护是实现可持续发展目标的必要条件。资源稀缺是一个很重要的制约条件。不管科技如何进步，由于地球是一个封闭系统，所以它的资源总是有限的。尤其是在现在高度依赖自然资源的指数式经济增长中，煤炭、石油和天然气等矿产资源将在不久的将来消耗殆尽，而淡水、森林和土地等更宝贵的自然资源也将被迅速消耗。因此，可持续发展必须通过提高资源利用率、循环经济等手段来节约资源，即控制生态经济学所重点

① 王汉祥.中国北疆民族地区旅游产业生态化发展研究[D].呼和浩特：内蒙古大学，2017：34-36.
② 杨文进.可持续发展经济学教程[M].北京：中国环境科学出版社，2005：214.

关注的通量，延长资源利用和经济发展的周期。

（三）资源代换原理

资源替代是指在经济发展过程中一部分资源被另一部分资源代替的过程。因为大量不可再生资源的数量十分有限，无论资源利用效率如何改善，在庞大的经济发展需求的作用下，其库存将在未来的某一刻耗尽。因此，人类发展不仅要节约资源，还要寻求更多的可替换资源，实现资源替代，保持发展的可持续性。

（四）经济系统整体演进原理

可持续发展是一项系统性任务，经济系统是一个统一体，其内部的各部分之间存在相互依存、相互制约的关系，可持续经济发展目标的实现自然是经济系统整体演进的过程。这要求可持续发展的决策和战略实施必须统筹各方面的发展要素，在广大民众积极参与下，统筹推进，协同发展。

（五）生态环境可持续利用原理

根据可持续发展理论，作为一种不可或缺的经济资源，生态环境是经济发展的内生变量，而非外生变量。忽视生态环境对包括经济增长在内的人类发展的重要性，已造成严重的生态灾难和人类福祉的丧失。经济可持续发展理论强调建立人与自然和谐共处的生态文明理念，通过生态环境立法、生态补偿机制、科技创新等方式保护生态环境，实现我们的目标。

（六）公平与效率统一原理

可持续发展理论认为，准确评判公平与效率关系是实现可持续发展的主要因素。公平与效率是相辅相成的，公平的缺失意味着效率的缺失，提高效率有助于促进公平。而且，公平与效率统一不仅包括代内两者统一，还包括代际两者统一。现在，大量不可持续的发展隐患都是由于资源占有、分配和经济贸易规则等方面的不公平现象造成的国家之间或国民之间收入差距增大。大量公地悲剧①式的生态环境问题的频繁发生是因为很多地区的人们为了生存和

① 1968年，英国学者哈定（Hardin）在《科学》杂志上发表的一篇题为《公地的悲剧》的文章提出这一理论。公地作为一项资源或财产有许多拥有者，他们中的每一个都有使用权，但没有权利阻止其他人使用，而每一个人都倾向于过度使用，从而造成资源的枯竭。过度砍伐的森林、过度捕捞的渔业资源及污染严重的河流和空气，都是“公地悲剧”的典型例子。之所以叫悲剧，是因为每个当事人都知道资源将由于过度使用而枯竭，但每个人对阻止事态的继续恶化都感到无能为力，而且都抱着“及时捞一把”的心态加剧事态的恶化。公共物品因产权难以界定而被竞争性地过度使用或侵占是必然的结果。这一概念经常运用在区域经济学、跨边界资源管理等研究领域。

缩小相对贫困而不惜破坏森林、污染河流。

第五节　生态承载力理论

一、生态承载力的内涵

生态承载力的研究起源于马尔萨斯①的人口理论，其中将人口增长的原因归总为粮食的多少，人口不可能没有限制地无限增长，因此在讨论增长极限的过程中，出现了生态承载力的相关概念。在日后的发展的过程中，人类生态学领域的研究指出，在某一特定环境条件下，表征生态系统中某种个体存在数量的最高极限即为生态承载力②。

人类的一切生产活动都必须依赖于周围的水、土、大气、森林、草地、海洋、生物等自然生态系统，这些自然生态系统为人类提供了必不可少的生命维护系统和从事各种活动所必需的最基本的物质资源，是人类赖以生存、发展的物质基础。人类与其所处的自然生态环境是互动的。当人类生存和发展所需的生态环境处于不受或少受破坏与威胁的状态，即人类的各种生产和生活活动对周围生态环境造成的影响未超过生态系统本身的调节能力，其所处的自然生态环境状况能够维持社会经济的生存与可持续发展的需求，这种状态就处于生态承载力的范围之内。反之，则超过了生态承载力的范围③。根据生态系统的差异，可分为宏观和微观的生态承载力。宏观的生态承载力是以整个地球作为一个完整的生态系统，地球上能维持生命体数量的极限值就是地球的生态承载力。微观的生态承载力就是指将地球上的某个生态系统，如水生态系统、土地生态系统乃至沟渠生态系统所能维持的最大数量的生物种群。

二、生态承载力的特征

生态承载力主要有动态性、客观性、学科交叉性等特征。

---

① 马尔萨斯(Thomas Robert Malthus，1766 年 2 月 14 日—1834 年 12 月 23 日)，英国人口学家、经济学家、牧师。因发表《人口论》(1798)著名。其倡导的人口理论被称为“马尔萨斯主义”。

② 骆艳.基于 MODIS 数据的山东省生态承载力时空分布研究[D].兰州：西北师范大学，2019.

③ 黄青，任志远.论生态承载力与生态安全[J].干旱区资源与环境，2004(02)：11-17.

1. 动态性

自然生态系统通常处在一种相对稳定的状态下，不存在绝对的稳定，它是在一定的时空条件下结构和功能相对稳定的系统。社会经济系统同样也是相对稳定的系统，即一直处于平衡与不平衡交替往复的恒动状态。在一定发展过程中，生态资源的开发利用、产业结构形式与生产力水平密切相关，也就是说生态承载力的主体和客体都处在不断的动态变化之中。

2. 客观性

从生态承载力的概念可以看出，无论是自然资源总量还是自然生态环境的调节能力，在特定时期，在一定区域内，它们的承载能力都是有限度的，因此在相应时期的技术条件和生产力水平下，生态环境所能支撑的社会经济发展水平、人口数量等都是确定的，即在某一时期，生态承载力是客观存在的。

3. 学科交叉性

生态承载力的研究面非常广泛，融入了环境科学、地理学、生物学、经济学、社会学、物理学、数学、化学等在内的不同的学科内容，这些学科内容相互交叉，相互渗透，相互延伸。所以，水生态承载力的研究受到各相关学科研究进展的共同影响①。

三、生态承载力的影响因素

生态承载力的影响因素众多，既有区域自然条件状况的，又有社会和经济等领域的。

1. 生态资源状况

生态资源状况对生态承载力的影响最大。生态资源可以保持生态承载力的稳定性，为生态承载力的进步打下资源的基石。拥有丰富生态资源的地区通常在经济发展和社会进步两方面具有较大潜力。生态资源可分为两类：可再生生态资源和不可再生生态资源。可再生生态资源主要包括水、空气和阳光等。这些资源能够自行循环再生，不断补充和更新。当然，如果上述可循环资源过度消耗，也会引起短期内相关资源的可循环利用系统遭到破坏。不可再生生态资源主要包括矿产资源和土地资源。由于此类资源的使用一直在增

① 冯浩源.水资源管理“三条红线”约束下的水生态承载力分析[D].兰州：西北师范大学，2018.

加，储备的数量慢慢减少。以石油资源为例，已经探明的可开采的石油资源最多可以使用 200 多年。总之，生态资源对生态资源承载力的影响十分关键[①]。

2. 环境调节能力

生态系统中各种生物的数量和所占的比例是相对稳定的状态。这种平衡是一种动态平衡，之所以会出现这种平衡是因为生态系统具有一定的自我调节能力。这种能力与生态系统中生物的种类和数量有关，生物的种类和数量越多，营养结构越复杂，这种能力就越强，反之就越弱；但这种自动调节能力有一定限度，如果人类为了自身生存和经济发展，对环境的干扰超过了这个限度，生态系统就会遭到破坏。

3. 人类生活水平

人类自诞生后，长期过着采集与狩猎生活，完全被动地受自然的调节，主要是利用环境中的自然生物资源。此时，人类只是自然界的成员之一，是自然生态系统的一个因素。人类对环境的作用则很小。工业革命后，科学和技术的进步大大提高和扩大了人类利用、改造自然的能力。人类在大量利用生物资源、气候、水利资源、土地资源的同时，又发掘了矿产资源，大大丰富了物质资料，也提高了环境对人口的承载力，促进了人类的发展，但同时也因环境污染和破坏，使人类付出了巨大的代价。

4. 政策与文化

政策和规划等政府的宏观调控措施，一方面可能会给现有的生态承载力造成负面影响，另一方面也可以促进生态环境的有效改善。人口和劳动力的受教育水平、现代科技掌握程度以及生态环境意识，影响着生态资源的使用效益和生态环境保护工作的开展。

第六节　复合生态系统理论

一、复合生态系统

复合生态系统概念是我国生态学家马世骏[②]于 20 世纪 80 年代初率先提

---

① 陈军.基于生态足迹的中原生态区典型城市生态承载力研究——以许昌市为例[D].成都：四川师范大学，2017.

② 马世骏(1915 年 11 月 5 日—1991 年 5 月 30 日)，山东兖州人，生态学家。曾任中国科学院动物研究所研究员、生态环境研究中心名誉主任。

出的。早在20世纪70年代，马世骏先生根据他多年研究生态学的实践，以及关于人类社会所面临的人口、粮食、资源、能源、环境等生态和经济问题的深入思考，提出了将自然系统、经济系统和社会系统复合到一起的构思。80年代初，马世骏、王如松[①]进一步提出复合生态系统是人与自然相互依存、共生的复合体系，是以人为主体的社会、经济系统和自然生态系统在特定区域内通过协同作用而形成的复合系统，并从复合生态系统的角度提出了可持续发展的思想，而生态工程是实现复合生态系统可持续发展的途径[②]。图2.3是王如松等描述的社会-经济-自然复合生态系统的结构示意图。

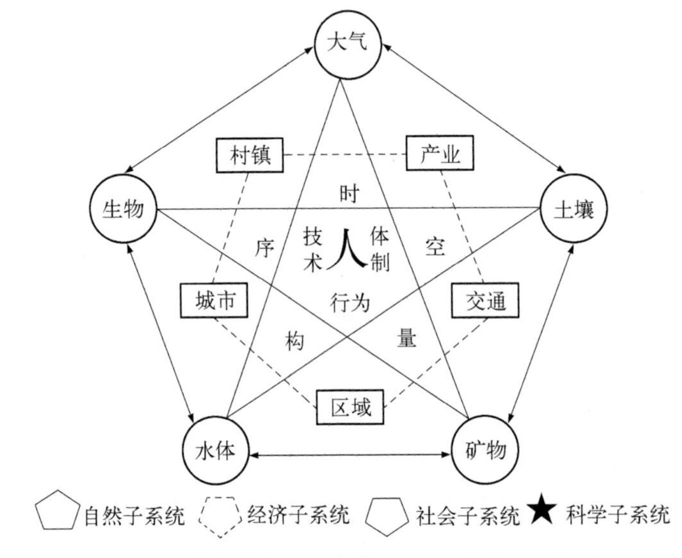

图2.3　社会-经济-自然复合生态系统结构示意图

二、复合生态系统的组成结构

（一）复合生态系统的三大子系统

1. 自然子系统

自然系统也可以称为天然系统，广义上来说，原始的系统都属于自然系

① 王如松(1947年9月12日—2014年11月28日)，出生于江苏南京，城市生态与生态工程专家，中国工程院院士，主要从事中国可持续发展及生态环境问题的研究，包括城市复合生态系统生态学和产业生态学理论及生态规划、生态管理和生态工程的应用研究。

② 马世骏，王如松.社会-经济-自然复合生态系统[J].生态学报，1984,4(1)：1-9.

统，它是宇宙巨系统中亿万年来天然形成的各种自循环系统，诸如天体、地球、海洋、生态及生态系统、气象、生物等。它也是一个高阶复杂的自平衡系统，如天体的先天运转、季节的周而复始、地球上动植物的生态循环，直至食物链等维持人体生命的各种系统都是自动高速平衡的。系统内的个体按自然法则存在或演变，产生或形成一种群体的自然现象与特征。人类对自然系统干扰并对自然环境构成危害，始于大约 10 000 多年前的早期农业并持续。这种干扰导致一系列生态环境问题的发生，如森林大量被砍伐后，不仅导致森林植被的退化，加剧水土流失，造成区域环境的变化，而且还会因此造成许多生物生境的破坏、生物多样性的丧失等。

2. 经济子系统

经济子系统由消费者、流通者和调控者等基本关系组成，是复合系统内为个体或集体创造效益的系统，同时也是联系人类与自然子系统之间的重要媒介。具体表现在人类通过经济活动获取其所需生产资源，而正是通过这个过程，人类对自然环境产生破坏和影响；但与此同时，经济的发展水平又可以提升人类社会与自然环境的协调程度。因此，经济子系统直接影响和制约着人类与环境的关系，同时又促进社会和人类的升级演变①。

3. 社会子系统

社会的核心是人，人的观念、体制和文化构成了社会生态子系统。第一是人的观念，包括哲学、科学、技术等；第二是体制，是由社会组织、法规、政策等形成的；第三是文化，是人在长期进化过程中形成的观念、伦理、信仰和文脉等。三足鼎立，构成社会生态子系统中的核心控制系统②。

（二）三大子系统的关系

生态学的基本规律要求系统在结构上协调，功能上平衡。生产管理模式不能违反生态技术，否则将给自然环境带来严重的负担和破坏。稳定的经济发展不仅需要自然资源不断地供应，同时还需要相应的良好工作环境和持续的技术革新。必须通过有效的社会组织和合理的社会政策才能使大规模的经济活动实现其相应的经济效应。另一方面，经济振兴必然伴随着社会的发展、

① 康凯.基于复合生态系统理论的区域水生态承载力评价研究[D].哈尔滨：东北农业大学，2019.

② 王如松，欧阳志云.社会-经济-自然复合生态系统与可持续发展[J].中国科学院院刊，2012，27(3)：337－345，403－404，254.

增加和积累，人的物质和精神生活水平得到提高，也会令社会对自然环境的保护和改善意识加强①。

复合生态系统具有复杂的经济属性、社会属性和自然属性，其中最活跃的建设因素是人，最强烈的破坏因素也是人。第一，社会经济活动的主体是人类，以其特有的文明和智慧，人驱使大自然为自己服务，使其以正反馈为特征的物质文化生活水平持续上升；第二，人类终归属于大自然，其一切宏观活动，都不能违背自然生态系统的基本规律，都被自然条件所约束和调节。这两种力量之间的此消彼长，促进了人类生态系统螺旋式地演进。三个子系统间通过生态流、生态场在一定的时空尺度上耦合，形成了一定的生态格局和生态秩序②③。

第七节　生态经济学理论

长期以来，尽管人类社会最基本的实践活动之一是经济活动，但人们对它的认识依旧相当有限。特别是当人类生产活动范围有限且对生态环境没有实质性损害时，重点仍然放在食物获取和财富积累上。随着生产技术不断进步，人类社会中形成了日益复杂的生产、交换、分配和消费的经济关系。英国的工业革命以惊人的速度加快了经济活动的演变。1776 年，亚当・斯密《国富论》的出版标志着现代经济理论的诞生。在这部经典作品中，国家财富的本质和原因受到亚当・斯密的质疑，亚当・斯密的理论以“看不见的手”为核心，随着大英帝国的崛起席卷全球。到目前为止，以亚当・斯密经济思想为源头的西方经济学已成为市场经济国家的社会科学，许多人为充分发挥市场在资源配置中的核心作用而不懈努力。然而，半个多世纪以前，全球环境危机逐渐显现，人们突然发现在指导社会经济实践中，传统经济理论其实难以解决人与自然、经济与生态的关系，以至政府和市场的关系。与“理性人”假设的局限性一样，它的理论局限性同样明显。在重新审视人与自然的关系的基础上，经济思想理论需要在更高的层次上扩展。

---

① 王亚力.基于复合生态系统理论的生态型城市化研究[D].长沙：湖南师范大学，2010.

② 马世骏，王如松.社会-经济-自然复合生态系统[J].生态学报，1984，4(1)：1-9.

③ 王如松.论复合生态系统与生态示范区[J].科技导报，2000，18(6)：6-9.

一、生态经济理论的产生和发展

20世纪60年代，工业化和城市化的快速发展带来了越来越严重的环境问题，包括空气污染、水污染、动物灭绝、土地荒漠化等，这些问题直接地危害了自然环境并且造成了生态破坏，对现代人不单是影响到其最基本的生活条件，也是对其子孙后代生存和发展的巨大威胁。这意味着一个新的时代即将到来，全球范围的生态危机正在加剧，现代生态保护意识正在觉醒。所以，许多学者和有识之士开始呼吁改变发展观，要求正视市场经济和工业化的弊端，寻求长远健康发展的新途径。20世纪60年代末，美国经济学家波尔丁正式提出“生态经济学”这一概念。如何化解经济增长、资源利用和环境保护之间的矛盾，渐渐成为国内外学者探究的新课题。1972年，经济学家德内拉·梅多斯等人发表的《增长的极限》在世界范围内产生了持续的影响力，不断启迪着人们对发展方式的思考。1976年，日本学者坂本藤良出版了《生态经济学》一书，此书是全球第一部生态经济学专著。20世纪80年代后，生态经济学在国际上的影响开始迅速提升，终于在80年代末作为一门学科被提出来，随后国际生态经济学会也应运而生。

20世纪80年代初，有关生态经济学的研究开始出现在中国。作为我国生态经济学的倡导者和奠基人，著名经济学家许涤新很早就提出了“人类为了生存，为了发展，是不可能离开一定的自然条件，是不可能离开一定的环境体系的”的观点。1980年9月，由许涤新先生主持了第一届中国生态经济研讨会。在研讨会结束以后，他出版了第一本关于“生态平衡”的生态经济学论文集，拉开了建立中国生态经济学的序幕。自此，中国的生态经济学家们就一直对关乎国家发展的问题保持着密切的关注，并在环境保护、生态经济协调发展、生态环境可持续发展和社会经济等问题上投入了极大的热情和心血。一方面，中国的生态经济学理论不断深化与发展；另一方面，生态经济学理论始终与我国的发展实践相结合，有效地促进了中国经济社会的发展以及与时俱进的发展观和政策的建立与推进实施。

二、生态经济学的五个基本观点

（一）经济系统是生态系统的子系统

生态经济学重新审视了经济系统与自然环境之间的关系，明确地否定了传统经济学只关注宏观经济整体却忽视环境存在的实践。生态系统在生态经济学中占据重要的位置，它涵盖了陆地、大气的各种自然系统，以及经济系统的外延拓展，成为一个更加宏观复杂的封闭系统，拥有更大的整体范围和规模。人类生存和发展的大空间“地球系统”，就像是一艘船在宇宙中航行，物质和能量在系统内循环。因此，生态经济学的重要基本观点之一，就是将经济系统看作生态系统的一个子系统，它的演化状态很明显地由生态系统决定，并给生态系统以十分重要的影响（如图 2.4所示）。

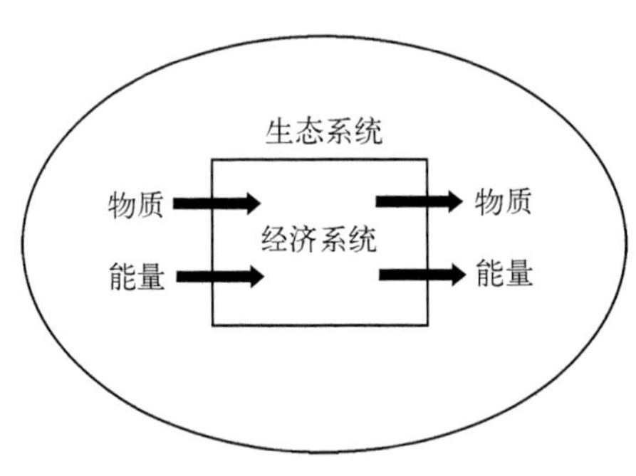

图 2.4　经济系统与生态系统

根据生态经济学的观点，宏观经济作为生态系统的一个部分，经济规模（经济系统）是无法做到无限扩张的，因为它的物理性增长总是会侵占有限而不增长的整体的其他部分，故而使我们被迫去牺牲某些东西，即经济学上所讲的机会成本。要是经济扩张总是存在机会成本的话，那么就意味着增长总是通过牺牲自然空间或功能的方式来实现。也就是说，增长需要通过付出代价来换取。著名的生态经济学家赫尔曼・E. 达利说：“地球的生态系统不是一个空洞的世界，而是一个维持生命的包容圈。”由于生态和环境成本的限制，宏观经济增长不可能无限期地继续下去。

（二）“存量-流量资源”和“基金-服务资源”

在传统的资源稀缺经济观的基础上，生态经济学从全球生态系统的角度进一步拓展补充了对资源的认识。从生态经济学家的角度来看，资源可以被划分为两大类：“存量-流动资源”和“基金-服务资源”。后者只是在服务生产中丢失，却不会变成产品的一部分，它提供的服务以每单位时间的物理输出作为衡量标准。正因为这个原因，它不能被存储以备日后利用。举一个由木材制成的家具的例子：家具由木材制成，木材来自森林，森林则来自自然生态系统。整个自然生态系统为全人类提供了不可取代的生态服务，这种生态服务是一种巨大而宝贵的“资金服务资源”。很明显，在现代工业经济发展中必不可少的各种矿产资源（包括煤炭、铁矿石、石油）和日益稀缺的淡水，都是库存和流动资源。这两种不同类型的资源，在它们支持人类社会经济发展和生活福利过程中所发挥的作用是有着明显区别的（如表 2.3 所示）。在数千年前，亚里士多德就讨论过这一重要的差别，他把与原材料变成比萨饼这一现象相仿的现象称作物质因，把厨师和厨房所施展的作用称作动力因。现如今看来，这种关于资源区别的因果分析还是十分有借鉴意义的。

表 2.3　存量-流量资源和基金-服务资源区别

两种资源	特　征	举　例
存量-流量资源	物质上转化为其生产的东西(物质因) 可以按照任何所需的速率使用，生产率通常用所生产的产品物理数量衡量 可以储存 可以用完，而不是损耗	各类原材料，如钢材、煤炭、石油、玻璃、木材、面粉等
基金-服务资源	不是物质性地转化为其生产的东西(动力因) 只能按照给定的速率使用，生产率通常以单位时间产出量来衡量 不能储存 可以损耗，而不是用完	各类人造资本，如机器设备、厂房等，以及很多自然资本，如土地、森林、海洋、大气、环境等

（三）经济活动受热力学定律约束

从生态经济学家的观点来看，生态系统中所涵盖的经济系统受热力学定律的制约。依照热力学第一定律，即能量守恒定律和物质守恒定律，在稳态平衡的条件下，那些输入经济子系统的所有原材料最后将转化为废物输出。变化的终点有两个：环境源消耗和环境汇污染。不同于交换值，通量流不是循环的，它是从低熵源到高熵汇的单向流。相反地，这涉及热力学第二定律的结果，即熵定律。按照熵定律，能量不能完全地回收；或者说回收所需要的能量总是多于前一个循环的，而且能量的再循环从物理上来看是不可能实现的，而且在经济上不太划算。任何经济体都不会直接再利用自己的废物作为原料。它总是渴求着更多的能量投入来实现新的发展。在一个封闭的地球生态系统中，即使太阳能输入是源源不断的，但对于一定时期的人类而言，能量总是有限且稀缺的，加上各种各样的能源消耗和经济发展的需求，基本上都是在“低熵材料—能量进入高熵物质—废物”的过程中。例如，每年都消耗大量的煤炭、石油，它们最终以残留物的形态被丢弃在陆地环境中，或者变为温室气体隐身于雨水排放到大气中。如果通过地球生态系统有序地回收能源的过程没有实现，经济增长所依赖的因素最终就会变得更加匮乏。

（四）从“空的世界”到“满的世界”

依照传统经济学观点和思维逻辑，即使认可经济系统是生态系统的子系统，但是只要这个子系统与更大规模的生态系统相比较而言是很小的，环境就不能算是稀缺性资源，经济系统居于一个“空的世界”之中。因而经济规模可以持续地扩张，并且扩张的机会成本是微乎其微的，所以使经济增长停止的必要性就不存在。然而，在生态经济学家看来，经济增长是在一个有限制的不增长的生态系统中实现的。在生态经济学中，资本被定义为“一种可以在未来收获商品和服务流的存量”，它由人造资本和自然资本两大类组成。“人造资本的存量包括人的身体、思想、人类创造的人造物品等”；“自然资本则是一种可以收获自然服务和有形自然资源流的存量，包括太阳能、土地、矿物和矿物燃料、水、活有机体，以及生态系统中所有这些元素相互作用下提供的服务”。在地球生态系统中，尽管各类资源在数量层面似乎都显得十分充足，但是有一个十分要紧的事实是：从原材料输入到废弃物输出的新陈代谢过程，也就是说通量是严格遵循物理学定律的。它和传统经济学抽象的交换价值循环流程所描述的不同：经济系统能够做到“永动机”般地不停增长。实际上，世界会由于经济活动使熵不断增加，被挤占的非经济的生态系统空间越来越多，地球正在从一个“空的世界”逐渐演化为一个“满的世界”（如图 2.5 所示）①。

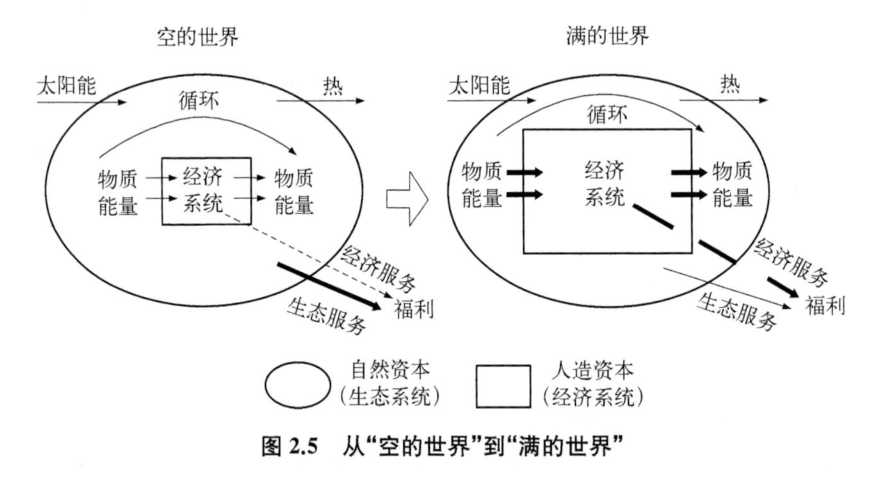

图 2.5　从“空的世界”到“满的世界”

① 戴利，法利.生态经济学：原理和应用（第二版）[M].金志农，陈美球，蔡海生，译.北京：中国人民大学出版社，2014.

（五）边际报酬递减和不经济的增长

伴随着经济的增长，自然资本会物理性地逐步转化成人造资本，难免会造成自然资本存量减少并使其所提供的生态服务缩小的后果。因为理性的人总是会首先餍足其最为殷切的愿望，所以，人造资本所产生的经济服务会出现边际报酬递减的情况。与此同时，经济对生态系统的侵占会使我们被迫放弃某些自然资本带来的生态服务。在理性选择这一过程中会率先舍弃最不重要的生态服务（单凭市场价值这种重要性很容易去衡量），现实中就是葬送越来越多的蓝天、绿地、碧水、青山，以及舒适、健康和闲暇等。这种情况下，边际效用递减的同时经济增长还会出现“边际无效用”的递增现象（如图 2.6 所示）。

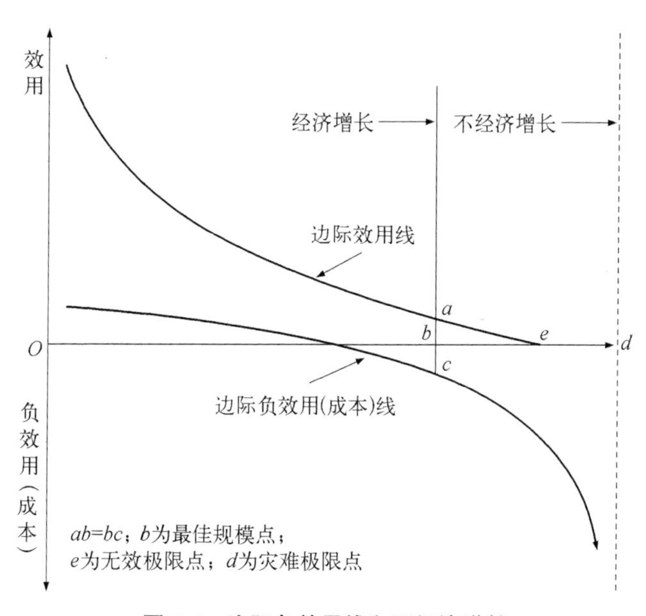

图 2.6　边际负效用线和不经济增长

在生态经济学家眼中，宏观经济增长是有极限的。在经济增长边际无效用迅速增加时，当其边际效用被超过，便呈现经济增长停滞的状态，即图 2.6 中 b 点以后的增长状况。在这个时候，尽管经济规模越来越大，速度也可以称之为快，但是同时生态环境遭到的却是更加严重的破坏，生态代价的增加已然超过了经济服务所带来的福利。很明显，宏观经济是有最优规模存在的，即 b 点所对应的经济规模。此时，一个理想的、可持续的最优规模经济增长图景展现出来了，并且应当是在生态系统最大承载力制约下的稳态增长。就像美国著名生态学者莱斯特・R. 布朗所说的，虽然世界经济发展取得了巨大的成就，但“只要你注意生态方面的指标，那就难以乐观了”，因为在生态方面“每一个全球性的指标，都是朝着恶化的方向发展的”。他还做出了进一步阐释：“经济政策造成世界经济的超速增长，也正是这些经济政策正在破坏经济的支持系统。按照任何可以想象的生态尺度，这些政策都是失败的政策。”[①]因此可以认为，转变经济发展方式，走可持续的生态化发展之路是一个必然的选择[②]。

① 布朗.生态经济：有利于地球的经济构想[M].林自新，等译.北京：东方出版社，2002：5.

② 王汉祥.中国北疆民族地区旅游产业生态化发展研究[D].呼和浩特：内蒙古大学，2017.

第三章
生态山东建设的基础条件与实践进程

第一节　生态山东建设的基础条件

一、山东省概况

（一）地理条件

山东省地处中国东部、黄河下游，是中国主要沿海省（区、市）之一。河网密布，黄河、淮河和海河都流经省内。全省由半岛和内陆两部分组成。东部的山东半岛是中国最大的半岛，伸出于黄海与渤海之间，北与辽东半岛隔渤海海峡相望，东与日本、朝鲜半岛隔海相望，海岸线总长达 3 345 千米；内陆部分北与河北相邻，西与河南交界，南与安徽、江苏接壤，陆地总面积 157 900 平方千米，占全国总土地面积的 1.63％。境内地貌复杂，大体可分为中山、低山、丘陵、台地、盆地、山前平原、黄河冲积扇、黄河平原、黄河三角洲等 9 个基本地貌类型。平原面积占全省面积的 65.56％，主要分布在鲁西北地区和鲁西南局部地区。台地面积占全省面积的 4.46％，主要分布在东部地区。丘陵面积占全省面积的 15.39％，主要分布在东部、鲁西南局部地区。山地面积占全省面积的 14.59％，主要分布在鲁中地区和鲁西南局部地区。

1. 气候条件

山东省的气候属于暖温带季风气候类型，降水集中，雨热同季，春秋短暂，冬夏较长。年平均气温 11～14℃，山东省气温地区差异东西大于南北。全年无霜期由东北沿海向西南递增，鲁北和胶东一般为 180 天，鲁西南地区可达 220 天。光照资源充足，光照时数年均 2 290～2 890 小时，热量条件可满足农作物一年两作的需要。年平均降水量一般在550～950毫米，由东南向西北递减。降水季节分布很不均衡，全年降水量有60%～70%集中于夏季，易形成涝灾，冬、春及晚秋易发生旱象，对农业生产影响最大。

2. 土壤状况

山东省土地利用类型按一级分类，共有耕地、园地、林地、牧草地、城乡居民点及工矿用地、交通用地、水域、未利用土地等8类，其特点是垦殖率高，后备资源少。因受生物、气候、地域等因素影响，山东省土壤呈多样化，共有15个土类、36个亚类、85个土属、257个土种，适宜于农田和园地的土壤主要有潮土、棕壤、褐土、砂姜黑土、水稻土、粗骨土等6个土类的15个亚类，其中尤以潮土、棕壤和褐土的面积较大，分别占耕地的48%、24%和19%。

3. 生物状况

山东省境内有植物3 100余种，其中野生经济植物645种。树木600多种，分属74科209属，以北温带针、阔叶树种为主。各种果树90种，分属16科34属。山东因此被称为"北方落叶果树的王国"。中药材800多种，其中植物类700多种。山东省是全国粮食作物和经济作物重点产区，素有"粮棉油之库，水果水产之乡"之称。小麦、玉米、地瓜、大豆、谷子、高粱、棉花、花生、烤烟、麻类产量都很大，在全国占有重要地位。陆栖野生脊椎动物500种，其中，兽类73种，鸟类406种(含亚种)，爬行类28种，两栖类10种。陆栖无脊椎动物(特别是昆虫)种类繁多，居全国同类物种之首。在山东省境内的动物中，属国家一、二类保护的珍稀动物有71种，其中国家一类保护动物有16种。

4. 河流湖泊状况

山东省境内河湖交错，水网密布，干流长50千米以上的河流有1 000多条。被誉为"中华民族母亲河"的黄河自西南向东北斜穿山东境内，流程长610多千米，从渤海湾入海。京杭大运河自东南向西北纵贯鲁西平原，长630千米。山东省比较重要的河流还有徒骇河、马颊河、沂河、大汶河、小清河、胶莱河、淮河、大沽河、五龙河、弥河、潍河、泗水、万福河、洙赵新河等。山东省内较大的湖泊有南四湖和东平湖，其中由微山湖、昭阳湖、独山湖和南阳湖组成的南四湖，总面积1 375平方千米。

5. 海洋状况

山东省近海海域占渤海和黄海总面积的37%，滩涂面积占全国的15%。

近海栖息和洄游的鱼虾类达 260 多种，主要经济鱼类有 40 多种，经济价值较高、有一定产量的虾蟹类近 20 种，浅海滩涂贝类百种以上，经济价值较高的有 20 多种。其中，对虾、扇贝、鲍鱼、刺参、海胆等海珍品的产量均居全国首位。有藻类 131 种，经济价值较高的近 50 种，其中，海带、裙带菜、石花菜为重要的养殖品种。山东是全国四大海盐产地之一，丰富的地下卤水资源为盐业、盐化工业的发展提供了得天独厚的条件。此外，山东还有可供养殖的内陆水域面积 26.7 万公顷，淡水植物 40 多种，淡水鱼虾类 70 多种，其中主要经济鱼虾类 20 多种。

（二）社会经济条件

2017 年底，山东省共辖 17 个地级市，下设 137 个县（区、市），其中市辖区 55 个、县级市 26 个、县 56 个；乡镇级行政单位共 1 824 个，其中街道办事处 660 个、镇 1 094 个、乡 70 个。

山东省地区生产总值（GDP）多年来一直以年均 10%左右的速度增长，2016 年以68 024亿元位居全国第三位，是中国东部沿海经济大省（如表 3.1 所示）。

表 3.1　2016 年全国地区生产总值前十位历年数据　（单位：亿元）

地　区	2010 年	2011 年	2012 年	2013 年	2014 年	2015 年	2016 年
广东省	46 013	53 210	57 068	62 475	67 810	72 813	80 855
江苏省	41 425	49 110	54 058	59 753	65 088	70 116	77 388
山东省	39 170	45 362	50 013	55 230	59 427	63 002	68 024
浙江省	27 722	32 319	34 665	37 757	40 173	42 886	47 251
河南省	23 092	26 931	29 599	32 191	34 938	37 002	40 472
四川省	17 185	21 027	23 873	26 392	28 537	30 053	32 935
湖北省	15 968	19 632	22 250	24 792	27 379	29 550	32 665
河北省	20 394	24 516	26 575	28 443	29 421	29 806	32 070
湖南省	16 038	19 670	22 154	24 622	27 037	28 902	31 551
福建省	14 737	17 560	19 702	21 868	24 056	25 980	28 811

数据来源：国家统计局。

2017 年，山东省人口自然增长率 10.14%，常住人口规模过亿，人口城镇化率达到 60.58%。2017 年全省生产总值为 72 678.2 亿元。其中，第一产业增加值 4 876.7 亿元，增长 3.5%；第二产业增加值 32 925.1 亿元，增长 6.3%；第三产业增加值 34 876.3 亿元，增长 9.1%。三大产业构成比为 6.7∶45∶48.3。人均产值 72 851 元，折合年率10 790美元[①]。

二、有利条件

（一）优越的地域位置，明显的区位优势

在辽阔的黄河流域中，山东省位于黄河下游地区，在黄河腹地经济圈中起着重要的作用，临近黄渤海地区的地理优势也让它在与其他国家的贸易中，壮大了自己的经济实力。除此之外，山东省位于东部沿海经济发达地区的南北经济链中，北接京津冀经济区，南邻长江三角洲。山东省利用交流的便捷加强与发达地区在经济、科技等领域的广泛交流与合作。同时，因为发达便利的海上交通，山东省沿海港口也成为贸易大港。这不仅加速发展了海上交通的变革，更为沿海城市带来了可观的经济利益。山东省还利用欧亚大陆桥头堡的地缘优势，在国际市场中站住了脚跟。除此之外，山东省充分发挥自身优势，利用丰富的资源和低廉的劳动力成本吸引到许多海外投资。

（二）良好的经济基础，稳定的社会保障

自改革开放以来，山东省的经济驶向了发展的高速路，在交通、通信、能源等基础设施建设方面取得了显著成就。随着经济外向度、开放度和质量的提高，出口商品的产品结构发生了改变。在很多公共设施方面都有了明显的提升和发展，例如教育、卫生、环保、社会保障和社会福利等。人口增长过度的趋势已经得到了有效控制，城市化水平也一直在提高，社会秩序稳定，已具有生态省建设的良好的经济和社会基础。

（三）丰厚的文化底蕴，馥郁的人文环境

山东历史悠久，文物丰富。儒家的天人思想是一种简单朴素的生态观，山东省的生态文明建设也可从儒家文化思想的精髓中得到启发。同时，在长期的革命和建设实践中，山东全省已形成良好的文化环境，“忠诚守信，勤奋勇敢，务实勤奋，开放创新”，这是生态文明和生态文明建设的人文基础。

---

① 山东省统计局，国家统计局山东调查总队.2017 年山东省国民经济和社会发展统计公报[A].2018-02-27.

（四）实在的工作基础，有益的示范经验

山东省建立了65个自然保护区和15个生态功能保护区，省内有9个城市被评为国家环保模范城市。日照市被省环保局列为循环经济示范城市，市委、市政府做出了发展循环经济、建设生态市的决定，启动了先期工作和规划编制工作。潍坊市政府也做出了加快循环经济发展的决定。烟台经济技术开发区被省环保局列为山东省生态工业园区建设试点示范单位，在政府层面，开发区通过实施严格的生态规划，成功地成为ISO14000国家示范区，目前园区已经有数百家通过清洁生产审核或者ISO14000认证的企业生产作业。山东省内已有6个县(市)成为国家生态示范区，还有48个县(市)被列为国家级和省级生态示范区建设试点。这些发展循环经济、建设生态省的经验，为山东省的发展打下了坚实的基础。

（五）可靠的组织保障，浓厚的社会氛围

山东省人大设立了城乡建设与环境资源保护委员会，同时省委、省政府积极贯彻落实可持续发展战略和加强环境保护是经济社会发展的重要任务的思想。为了强化对环境保护和生态建设的保障，省政府颁布实施了《山东省生态环境建设与保护规划纲要》。山东省推动并实施了《山东省党政领导干部环境保护工作实绩考核办法》和《山东省环境污染行政责任追究办法》。同时各级部门实施了领导干部的环境保护目标责任制，也将环保工作纳入目标管理。成立了以省长为组长的生态省建设工作领导小组，并且充分利用各种新闻媒体的渠道进行广泛宣传，种种举措逐步加强了市民的生态环境意识，浓厚的社会氛围为建设生态省打下坚实基础。

（六）结构复杂的生态系统，多种多样的生物资源

山东省位于暖温带的中部，处于南北交错地区，同时又濒临海洋，既具有典型的暖温带生物区系特点，又兼具温带与亚热带生物区系特点。独特的地理位置让山东省坐拥多种多样的生态系统和丰富的生物资源。同时，由于地处黄河入海口，山东省拥有世界上最独特的河口湿地景观。与同纬度其他地区相比，3 000多种高等植物和500余种陆生脊椎动物，更是让山东省成了资源富饶之地。同时，山东省的农业、牧业、渔业种质资源也丰富多样、各具特色①。

---

① 山东省人民政府关于印发《山东生态省建设规划纲要》的通知：鲁政发〔2003〕119号[A].2005-11-14.

三、不利条件

（一）主要自然资源供需矛盾突出

由于山东省人口众多，水资源严重短缺，水生态平衡出现一定程度失衡。2016年，山东省水资源总量为220.32亿立方米，其中地表水资源量为121.18亿立方米，地下水资源与地表水资源不重复量为99.14亿立方米。当地降水形成的入海、出境水量为52.66亿立方米①。水资源储备量的不足，使生态用水无法得到保证，同时也严重制约了工农业生产作业，限制了城乡建设的进程和建设规模。目前省内有耕地面积1.14亿亩，土地的高垦殖率使耕地后备资源变得更加匮乏②。

（二）环境污染严重

大量的主要污染物的排放，使得结构污染问题越发突出。山东省的化学需氧量(COD)和二氧化硫等主要污染物的排放总量位居全国前列。造纸业、酿造业、电力煤业的二氧化硫排放总量以及水泥等一些建材业的粉尘排放量分别约占总量的3/4、3/5及17/20。山东省的高强度工业排放，使城市环境质量受到了严重的破坏。山东省的众多设区市城区中，空气质量普遍低于国家二级标准，汽车尾气对空气的污染愈发严重，连地表水也受到了严重污染，V类水质标准的截面占总数监控部分的50%。近海海域也受到了严重的影响，轻中度和严重污染海域占18.6%和13.4%。由于农药化肥的大强度施用，农业污染面积也在持续扩大，农产品的质量安全受到威胁。危险废物和医疗废物的不合理处理，对环境和人体健康也造成潜在威胁。

（三）生态环境不稳定

森林覆盖率低、结构不合理，水土保持、风固沙、清洁空气等生态功能较弱。水土流失严重，土地沙漠化严重，山东全省沙漠化土地面积超过300万公顷，占土地总面积的20%以上，尤以黄土地为主。生物多样性减少，120多种高等植物和超过200种陆栖脊椎动物面临濒危的威胁，栖息地破碎，呈现总体

① 2016年山东省水资源公报［EB/OL].http://www.shandong.gov.cn/art/2017/10/13/art_2529_10801.html.

② 山东省耕地质量提升规划(2014—2020)［EB/OL].http://www.shandong.gov.cn/art/2014/12/23/art_2267_18813.html.

恶化的趋势，沿海水域的生物多样性减少，入侵物种对生态安全的威胁正在增加。平原与水位超过6米的透支面积为27 500平方千米。2007年，超过2 000平方千米的海水侵入山东省，最长的距离达到45千米①。粗放野蛮和乱砍滥伐的开采行为对植被和景观造成了不可逆转的破坏，湿地面积逐渐减少，自然环境对自然灾害的适应能力和调节功能显著降低。洪涝灾害的威胁变得更加严重。

（四）粗放型经济增长方式仍占主导地位

从生产要素投入看，山东省的经济增长在很大程度上是依靠资金、劳动力和自然资源等生产要素的粗放投入实现的。从资源有效利用率看，由于产业技术水平落后，山东省的资源有效利用率也较低，综合能源利用率不足35%，工业用水重复利用率只有60%。同时，资源有效利用率低、资源消耗量大，必然带来污染物的高排放和环境的高污染。

（五）城市环境的基础设施建设落后

山东省内部分城镇特点不突出、功能不匹配，加上环境污染，不仅影响了居民生活质量，还使投资的环境受到了破坏。据统计，2003年，山东省废水排放总量高达24.6亿吨，与上年相比增长了6.5%。在排放量中，生活污水排放量占比52.8%，比上年增长了4.7%；工业废水排放量47.2%，比上年增长8.7%。在工业废水排放量排行中，造纸行业排放约3.3亿吨废水，位居排行榜首位，与上年相比基本持平，大约占工业废水排放总量的30.1%；化学原料及化学制品制造业排放废水1.4亿吨，位列排行榜第二，比上年增长了15.8%，占工业废水排放总量的12.7%。2003年，城市建成区面积2 195.4平方千米；建成区绿化覆盖率35.5%；全省设市城市人口密度901人/平方千米，城市内人均公共绿地面积11.7平方米；城市用水普及率98.2%；用气普及率95.4%；城市人均日生活用水量139.8升；城市住宅集中供热面积15 152.3万平方米，热化率32.7%②。

（六）人口基数大、整体文化素质偏低

2016年，山东省总人口9 947万人，是全国第二人口大省（如表3.2所示）。

---

① 2007年山东省海洋环境质量公报[EB/OL]. http://m.sd.gov.cn/art/2014/8/5/art_2530_10746.html.

② 2003年度环境状况公报[EB/OL]. http://xxgk.sdein.gov.cn/wryhjjgxxgk/zlkz/zkgb/201412/t20141212_820919.html.

庞大的人口基数不仅导致人均资源占有量明显低于全国平均水平，而且对教育、就业、养老、医疗等构成巨大压力。同时，人口整体文化素质偏低，每万人中的大专以上学历人数和科技人员数量均低于全国平均水平。

表 3.2　2010—2016 年全国地区人口数前十位　（单位：万人）

地区	2010 年	2011 年	2012 年	2013 年	2014 年	2015 年	2016 年
全国	134 091	134 735	135 404	136 072	136 782	137 462	138 271
广东	10 441	10 505	10 594	10 644	10 724	10 849	10 999
山东	9 588	9 637	9 685	9 733	9 789	9 847	9 947
河南	9 405	9 388	9 406	9 413	9 436	9 480	9 532
四川	8 045	8 050	8 076	8 107	8 140	8 204	8 262
江苏	7 869	7 899	7 920	7 939	7 960	7 976	7 999
河北	7 194	7 241	7 288	7 333	7 384	7 425	7 470
湖南	6 570	6 596	6 639	6 691	6 737	6 783	6 822
安徽	5 957	5 968	5 988	6 030	6 083	6 144	6 196
湖北	5 728	5 758	5 779	5 799	5 816	5 852	5 885
浙江	5 447	5 463	5 477	5 498	5 508	5 539	5 590

数据来源：《中国统计年鉴 2017》。

第二节　生态山东建设的实践进程

一、建设背景与规划

（一）2003 年山东生态省建设规划纲要

2003 年 6 月 3 日，中共山东省委八届五次全委会议审议通过了《中共山东省委关于进一步解放思想干事创业加快现代化建设步伐的决定》，指出发展循环经济的重要性，提出建设生态省的思想规划。同年 9 月 26 日，山东省十届人大常委会第四次会议通过了关于建设生态省的决议。为了建设生态省，山东省委、省政府于同年 9 月 29 日在烟台举行了动员会议，提出了一系列山东生态省建设的相应实施方法。

山东生态省的建设坚持以人为本的科学发展观以及全面协调的可持续发展观，遵循生态发展规律和循环经济的理论，同时在建设过程中把握三个关键点：环境保护、生态建设与循环经济；注意管理和促进结构调整、优化配置水资源、改善土地污染和丰富国土绿化四个关键环节。预计到2020年，山东省在第一种形式的生态经济系统的引导下，运用循环经济的概念，拥有可持续利用的资源保障体系，生态环境系统的美丽风景和自然和谐人居系统也基本恢复和建成，支持保障体系的可持续发展。体现了现代文明的生态文化系统，与其他六个系统一起，从各个方面共同提升社会的可持续发展能力，努力建设成为经济蓬勃发展、百姓和谐富足、生态环境优美、社会高度文明的生态省[①]。

山东生态省建设需要历经近期、中期和远期三个不同的阶段。

1. 近期阶段——*启动和推进*（2003—2005年）

2005年，山东省GDP已经达到1.4万亿元，第三产业的占比已从2002年的36.5%提高到40%，城市化水平也提升至43%。全省总人口控制在了9 300万左右，已经初步缓解了水资源短缺问题，基本实现了水资源每年平均的动态平衡。全省主要流域和地区的环境质量得到了很大改善，30%的水体符合水功能区划和水环境功能区划标准。在农业方面，已经基本建立农业标准化体系，可以集中处理城市约45%污水，对水资源的利用率达20%，无害化的生活垃圾处理率达50%，矿山生态环境恢复稳步进行，目前处理率可以达到40%，城区内新增许多绿化，逐渐增长的绿地面积是建成区绿地覆盖总面积的33%。乱砍滥伐得到治理后，森林覆盖率上升到24%。水土保持处理率也在多方努力下达到60%，保护区面积达到全国范围的10%。省内有13个全国环保示范城市、100个生态示范区、100个自然保护区和生态功能保护区、10个循环经济工业园区，还有30个国家生态示范区通过了验收检查。

2. 中期阶段——*发展和提升*（2006—2010年）

2010年，山东省GDP已经达到2.1万亿元，第三产业占比由2005年的40%提升至45%。城市化水平也以每年增长的态势提升到50%，总人口控制在9 600万合理范围以内。山东省已经有效缓解了水资源短缺状况，也基本实现了干旱年水资源能快速调动达到动态平衡的目标。省内的污染问题基本得

① 依靠科技创新加快山东生态省建设[C]//山东生态省建设研究，2004.

到解决和控制，重点流域和地区的环境质量得到较大的提高。水资源的污染情况得到了有效改善，省内符合水功能区划和水环境功能区划标准的水体比例提升到60%，安全放心的水质从根本上保证了农产品的质量和安全性，而在禁止秸秆焚烧后，农作物秸秆物尽其用，其综合利用率迅速增至80%。省内所有城市地区的空气环境质量都达到国家2级标准。城市污水中心处理率达60%，复用水利用率达30%，生活垃圾无害化处理率达65%，建成区绿地覆盖率达到35%。森林覆盖率为28%，矿山生态环境恢复处理率达60%。水土保持处理率达到65%，保护区面积达到国土面积的15%，建有30个循环经济产业园；有2个以上设区城市基本达到生态市标准，30%的县或县级市达到生态县标准，50%的市建成国家环境保护模范城市。

3. 远期阶段——全面发展（2011—2020年）

预计到2020年，山东省GDP总量可达到4.2万亿元，第三产业占比可达到50%，城镇化水平达到60%，实现人口零增长，水资源短缺的问题得到根本解决，确保主要河流生态水、战略储备地下水。环境污染和生态破坏的问题在全省已基本解决，环境的质量已经从根本上得到改善，所有水体已经达到标准功能分区和水环境功能分区，所有近岸海域水质已达到Ⅰ类或Ⅱ类标准，所有的城市空气环境质量优于国家一级标准。省内约有70%的县或县级市达到生态县标准，80%的设区市达到生态市标准，并且随着作物秸秆合理利用的继续推动，其综合利用率达到95%以上，非点源污染得到有效控制。城市污水处理系统的提升将其集中处理率提升至80%，循环水利用率达50%，无害化处理生活垃圾比重达90%，建成区绿地覆盖率达到40%。森林生态系统的恢复使森林覆盖率达到稳定占比30%，保护区面积能够达到全省土地面积的18%，矿山区域的生态环境恢复程度和污染处理率均达到80%；建设100个循环经济产业园区的目标全面完成。

（二）2012年关于建设生态山东的决定

中国共产党第十七次全国代表大会的报告提出要“建设生态文明，基本形成节约能源资源和保护生态环境的产业结构、增长方式、消费模式。……生态文明观念在全社会牢固树立”。这是我党第一次将“生态文明”纳入党的代表大会的政治报告中。它是我们党的科学和谐发展观的升华。2012年，中国共产党第十八次全国代表大会将生态文明建设纳入了中国特色社会主义事业的整体布局，并正式扩大为经济建设、政治建设、社会建设、文化建设与生态文明建设的“五位一体”，同时提出城市化、工业化、信息化、农业现代化要齐头并进同时发展的理念。

2012年1月17日，为全面贯彻落实科学发展观，全面提高生态文明水平，促进并加快经济发展模式转变，山东省委和山东省人民政府做出了关于建设生态山东的决定。提出的目标为：到2020年，山东省基本形成经济社会发展与资源环境承载力相适应的生态经济发展格局，可持续发展能力显著增强，城乡环境质量全面改善，自然生态系统得到有效保护，生态文明观念更加牢固，人民群众富裕文明程度明显提高，率先建成让江河湖泊休养生息的示范省，努力走出一条生产发展、生活富裕、生态良好的文明发展道路。

2014年2月，经国务院批准，国家发改委、科技部、财政部、国土资源部、环境保护部、住房城乡建设部、水利部、农业部、国家统计局、国家林业局、中国气象局、国家海洋局等12个部(委、局)联合发布了《全国生态保护与建设规划(2013—2020年)》(发改农经〔2014〕226号)。国家发改委于2014年7月印发了《关于做好〈全国生态保护与建设规划〉落实工作的通知》(发改农经〔2014〕1528号)，该通知中明确了国家有关部委的分工，并指出各省(自治区、直辖市)要抓紧编制本区域2014—2020年生态保护与建设规划。

为将国家和山东省委、省政府的部署要求贯彻到底、落到实处，由山东省发改委、山东省环保厅、山东省林业厅牵头，会同省直有关部门，编制完成了《山东省生态保护与建设规划(2014—2020年)》，该规划按照全国规划的有关要求，与《山东省主体功能规划》及有关行业规划进行了充分衔接，是全省各行业和市县编制相关专项规划的重要依据，是近年山东省生态保护与建设的行动纲领。生态保护与建设涉及生态建设、资源节约、环境保护等多方面内容。

生态环境问题在国内外政治、经济活动中的地位越来越重要。2014—2020年六年的时间给山东省生态保护与建设提供了一个良好机遇，但与此同时，资源环境约束加剧的矛盾也更为凸显。山东省在“两区一圈一带”区域的发展战略实施推进中，将五化(城镇化、新型工业化、信息化、农业现代化和绿色化)共同推进，生态保护与建设的任务日益繁重。要深究问题根本，从源头上扭转生态环境恶化趋势，不断提高生态环境承载力，努力维护生态安全，为人民群众创造良好生态环境，积极营造“碧水蓝天”，把生态保护与建设推向新的阶段。

二、建设现状与成效

山东省委、省政府十分重视生态建设与生态保护，在推动实施“海上山东”①“黄河三角洲高效生态经济区”②“山东半岛蓝色经济区”③“生态山东”等重大战略、努力打造“碧海蓝天”上有极为显著的成效。一是继续加大造林力度，大力提高造林率，改善森林生态系统；二是加强湿地保护，抢救和修复一些重要功能性湿地，增强生态系统的自我修复功能；三是大力推进节能降耗，减少污染、防治污染，着力发展绿色生产，改善河流、湖泊、海洋的生态和土壤环境，加强水源污染和大气污染的综合治理；四是重点保护各类动植物特别是濒危资源，努力维护自然生态系统；五是各级生态建设投资不断增加，积极性不断增强，政府主导、市场驱动、社会参与的良好格局已形成，生态保护与建设已成为政府和社会的共同责任。

（一）森林是陆地生态系统的主体

在森林生态系统的建设与保护方面，山东省已经取得了显著成效。山东省将各级森林资源的培育工作放在重要地位，除此之外，省内还大力进行流域生态绿化的培育、重点防护林建设、山地造林、退耕还林等重点林业项目的尝试。同时，将植树造林的情况纳入科学发展观的评估，严格创建“国家森林城市”“国家模范绿化城市”，实行森林采伐限额和林地审批。采取森林资源的管理和执法调查等措施，全省森林覆盖率快速上升，林区材积增长情况良好。自“十二五”时期以来，全省造林面积增加860 000公顷，总投资 155 亿元。2017年，全省森林绿化率达到 25%。

---

① “海上山东”的概念首次在官方文件中提出是在 1990 年底，当时全国第一次大规模的海洋工作会议在北京召开，山东省作为三面环海的海洋大省在会上发表了许多关于海洋保护的见解，并做了以《开发保护海洋，建设海上山东》为主题的汇报。

② 2009 年 11 月 23 日，《黄河三角洲高效生态经济区发展规划》正式由国务院批复，该规划为黄河三角洲的发展和繁荣提出了建设性的指导意见。建设发展中的黄河三角洲高效生态经济区是以黄河历史冲积平原和鲁北沿海地区为基础，向周边延伸扩展形成的经济区域，它主要涉及 6 个设区市的 19 个县（市、区），总面积 2.65 万平方千米，面积占山东全省的 1/6。

③ 《山东半岛蓝色经济区发展规划》于 2011 年 1 月 4 日由国务院批复。山东半岛蓝色经济区范围包括山东全部海域和沿海八市及两个沿海县所属陆域，所占海洋面积 15.95 万平方千米，陆地面积 6.4万平方千米。

（二）农业生产环境持续改善

面对土壤质量退化、农业大面积污染、重金属点源污染等问题，要不断加强农田生态系统自我修复功能，着力提升可持续发展能力。通过实施测土配方施肥、土壤有机质提升等工程，重点区域的土壤有机质含量显著提高。2014年，山东省提出了提高耕地质量的规划，重点抓好六个工程：土壤改良与修复、地膜污染防治、秸秆综合利用、农药残留治理、畜禽粪便无害化处理和重金属污染修复。同时推广应用综合防治技术，增加科学投入，加快农业废弃物处理和资源化利用，有效控制农药污染。建设现代化生态农业基地，建设占地面积87 000公顷的1 200个生态循环农业基地。推广保护性耕作技术，培肥土力、蓄水保墒，保护性耕作面积达到113万公顷。发展生态畜牧业，推动实施堆肥还田、发酵床养殖、有机肥生产和沼气工程，畜禽污染得到有效治理，全省畜禽粪便利用率92%以上、处理利用率67%左右，污水处理利用率44%左右。

（三）沙化、荒漠化生态系统治理取得积极进展

要想有效改善山东省黄河故道、沿海风沙区等重点区域的生态环境，就必须采取各种生物和工程措施，加大沙化、荒漠化治理工作力度。根据山东省林业厅2016年公布的全省第五次荒漠化和沙化监测结果，截至2014年底，全省沙化土地总面积68.17万公顷，较上一个监测期(2009年)减少8.57万公顷，减少的原因主要是造林工程和基本建设占用土地；全省荒漠化土地总面积95.58万公顷，较上期减少1.17万公顷，减少的主要原因是近年来造林绿化水平的提高及农业垦殖指数的提高，使荒漠化治理有了一定的效果①。

（四）湿地修复和河湖生态保护成效明显

在湿地保护与建设方面，山东省出台了《湿地保护工程规划(2006—2020)》，加强省级河道生态建设和湿地保护的措施和意见也相继出台，为保护和管理湿地提供政策保障。先后完成了黄河三角洲、黄河河口湿地、南四湖、东平湖、马踏湖的生态补水和马鞍山湿地保护、湿地修复等修复工程，初步构建起以自然保护区和湿地公园为主体，各种湿地保护区、湿地多用途区为补充的湿地保护系统，湿地生态系统得到了恢复和改善。国际上已经把黄河三角洲纳入重要湿地的范围，微山湖国家湿地公园也被评为“中国最美丽的十大湿

① 山东荒漠化沙化土地面积五年减少9.74万公顷[N/OL].大众网，http://www.dzwww.com/shandong/sdnews/201606/t20160617_14476484.htm.

地之一”。2016 年，山东省的湿地总面积为 1 737.5 万公顷(不包括稻田)，占全省土地总面积的比例为 11.1%[①]。2016 年，划定 533 条陆地生态保护红线，成为完成陆地地区红线分界的第 4 省。建有 3 个国家级生态城市(区)，8 个省级生态县、市，50 个省级生态村镇。建立了自然保护区生态补偿制度，还完成了 2 038 个村庄的综合整治，规范化建设 57 个国家级和省级自然保护区(包括主要生态功能保护区)。截至 2016 年底，全省有 51 处国家级森林公园、65 处国家级湿地公园、65 处省级森林公园、126 处省级湿地公园、130 处市级森林公园、23 处湿地类型自然保护区。河湖水生态治理方面，实施全过程污染防治，将人工湿地和生态河道建立在主要排污口下游，把支流引入干流，根据当地条件，在沿江湖泊周围建立大型生态带，提高了流域的环境承载能力。2010 年，山东省控制了所有 59 条关键河流，以恢复鱼类的生长。2016 年，全省水环境质量连续 14 年改善，省控重点河流化学需氧量(COD)平均浓度下降 2.7%，氨氮平均浓度下降 10.8%[②]。南水北调输水干线稳定运行，使东线工程的成功通水得到了强有力的保障。稳步推进湖泊生态环境保护试点工作，同时，马踏湖退化湿地修复试点取得进展。在省政府挂牌督办下打开了 253 个污水直排口后，山东省在国家重点流域治污考核中，七次蝉联淮河流域第一名，五次蝉联海河流域第一名。

(五) 城市生态质量不断提高

山东省积极协调城市水系统、环境卫生、粉尘治理、景区保护等关键任务，建设和完善城市生态系统，并加强城市景观绿化建设，实现城市绿地数量的可持续增长。近年来，山东省每年增加 5 000 公顷的绿地面积，包括 3 000 多公顷的公园绿地。2016 年，省城市污水处理厂共处理了 422.8 亿吨城市污水，减少 COD 1.368 万吨，并减少了 13 万吨氨氮，同比分别增长 7.0%、3.0%、8.5%。全省共利用再生水 10.5 亿吨，再生水利用率达到 21%以上；无害化处理污泥(80%湿泥计)344 万吨，无害化处理处置率达到 75%以上。全省共无害化处理生活垃圾 2 383.6 万吨，其中焚烧处理 916.7 万吨，占无害化处理总量的 38.5%，同比提高 6.5 个百分点[③]。全省开展城市建设扬尘治理，在建设工地、

---

① 数据来自《中国统计年鉴 2017》。

② 坚持绿色发展道路推进生态山东建设——2016 年生态山东建设情况简析[A].山东省统计局，2017-03-21.

③ 山东 2016 年处理城市污水 42.28 亿吨 同比增长 7.0%[N/OL].中国污水处理工程网，http://www.dowater.com/news/2017-02-08/525811.html.

房屋拆除、渣土运输、道路保洁、裸露地绿化等方面开展集中整治。2015年，建立了省会城市群大气污染联防联控机制，覆盖济南、淄博、泰安、莱芜、德州、聊城、滨州7市。2015年，经过整治后，山东省内细颗粒物（PM2.5）、颗粒物（PM10）、二氧化氮和二氧化硫的平均浓度分别下降了13.2%、8.4%、7.3%和22.2%，而空气质量良好的天数比例同比增长8.4%～56.9%。2016年，平均数量的"蓝天白云，繁星闪烁"（能见度大于10千米）天数是248.9天，与2015年相比增加34.2天，上升15.9%。在全省17个城市，"蓝天白云，繁星闪烁"天数不同程度增加，其中最显著的是济宁、淄博和济南，分别增加65天、60天、59天。平均重污染天数为23.1天，比2015年减少6.8天，下降22.8%。重污染天数出现最少的是威海市，为3天，而德州市则以45天位列重污染天数榜首。与上年重污染天数相比，所有省内城市基本都有所下降，济南市和淄博市都减少了16天，减少得最多；而日照市污染天数比上年增加了8天，成为污染天数增加最多的城市。

（六）海洋生态建设水平不断提升

立足于海洋大省的现状，着力于海洋生态保护和建设，山东省先后出台了《山东省海洋环境保护条例》《山东省海洋特别保护区管理暂行办法》《山东省海洋与渔业保护区发展规划（2009—2020年）》《山东半岛蓝色经济区海洋生态环境保护与建设专项规划》等，为推进海洋生态保护工作打下了较为完善的法律、政策体系基础，并在国内率先开展了海洋生态文明示范区建设，在昌邑市等10个县（市、区）开展省级海洋生态文明示范区建设首批试点，日照、威海、长岛被列为海洋生态文明建设的首批国家级示范区。山东省率先建立和实施了渤海海洋生态红线系统，指定了73条红线，其中23项被禁止，50项受限，总面积6 534.4平方千米，在其管辖范围内的区域和自然海岸线的比例均超过40%。海洋保护区网络体系建设初显成效，全省获批省级以上海洋自然保护区、海洋特别保护区、海洋类水产种质资源保护区共67处，总面积约27万公顷。通过海洋生态恢复与治理工作的不断开展，全省破损岸线治理率达到74%以上。海洋生态保护国际合作全面展开，昌邑海洋特别保护区加入联合国东北亚海洋保护区网络。2016年，全省海洋环境质量状况总体较好。3月、5月、8月和10月符合第一类海水水质标准的海域面积分别为143 313、146 850、149 144和148 036平方千米，约占全省海域面积的89.9%、92.1%、

93.5%和92.8%;与上年相比,近岸海域海水环境有所改善,劣于第四类海水水质标准的海域面积减少326平方千米。全省海洋生物多样性和群落结构基本稳定,但近岸海域典型生态系统仍处于亚健康状态[①]。

(七) 综合治理水土流失取得了显著成效

山东省往年水土流失累计9 000万多吨,是我国水土流失最严重的省份之一。2011年3月新修订的《中华人民共和国水土保持法》开始施行后,山东省第一时间颁布了《山东省水土保持条例》,加快在革命老区实施国家重点水土保持项目、坡耕地综合水土流失治理项目及其他水土保持工程,以小流域为单元,集中治理、示范带动,水土流失综合治理工作取得成效。全省年均综合治理水土流失面积超过1 600平方千米。根据全国第一次水利普查结果,山东省水土保持措施总面积为328万公顷。

(八) 地下水资源得到切实保护

实施严格的水管理制度,在全国范围内率先出台用水总量控制管理办法,并实施《山东省水功能区划》《山东省浅层地下水超采区划》《山东省地下水超采区综合整治实施方案》等,加强了对进水许可的管理。全省城镇中有106个集中的地下水源,其中58个被指定为水源保护区,比例为54.7%。为加强对水资源的保护及有效利用,山东省切实推进地下水污染防治,开展年度地下水基础环境状况调查评估工作,加强废弃矿井治理,调查摸底废弃矿井1 248个,对458口废弃矿井实施封堵治理,编制完成了《山东省废弃矿井治理规划(2009—2015年)》。建成海咸水入侵监测网点47处,不断加强海咸水入侵地质环境调查和监测。全省地下水超采区面积从2003年的286万公顷下降到104万公顷,减少63.7%。2016年,山东省的工业复用率达到90.3%,比上年同期高出0.5%。其中,重工业的复用率为92.2%,轻工业为74.1%。五个行业的复用率超过90%。

(九) 对生物多样性的保护力度正在增加

山东省先后颁布了《山东省森林和野生动物类型自然保护区管理办法》《山东省环境保护条例》《山东省风景名胜区管理条例》,为保护生物多样性提供了法律依据。此外,还组织开展野生动植物资源调查,以及泰山、昆嵛山、黄

---

① 2016年山东省海洋环境状况公报[EB/OL]. http://www.shandong.gov.cn/art/2017/7/6/art_2530_10738.html.

河三角洲等重点区域生物多样性研究，完成了山东省自然保护区基础调查。到 2014 年底，全省已建成自然保护区 78 个，总面积 101.2 万公顷，占全省土地总面积的 6.4%；建成省级以上风景名胜区 40 个，面积 26.8 万公顷，占全省土地总面积的 1.7%。省内还强化外来入侵物种预防控制，加强野生动植物迁地保护和种质资源异地保存工作。

（十）生态建设气象保障能力不断增强

围绕山东经济社会发展需求，气象防灾减灾服务能力得到提升。气象服务公众满意率达 87.6%。气象防灾减灾工作体系建设初显成效，突发气象灾害预警信息覆盖率达到 85%，各部门间的信息共享和联动进一步增强，气象信息传播的覆盖面进一步扩大。全省初步建成了立体化的综合气象观测网，天气预报的准确率达到 89%，精确程度不断提升，能够提前 15 分钟以上预测突发灾害性天气时间。围绕山东当地农业生产、水资源供给、生态环境改善等服务需求，开展人工影响天气作业服务，作业规模居全国前列。

三、建设中存在的问题

山东省与生态建设密切相关的林木、水和其他资源极为匮乏，加之人口密度大，人均占有量远远低于全国平均水平，仅列全国第二十多位，生产力布局与生态资源可持续发展不协调的矛盾较为突出，人多物少、生态环境破坏严重、综合治理形势严峻都将是山东省在生态保护与建设中需要长期面对的问题。尽管治理区显示出良好的生态改善势头，但在经济快速发展的过程中，逆转的潜在威胁仍然存在。从实际情况可以看出，山东省生态的整体恶化趋势已经减缓，但尚未从根本上得到遏制。经济发展给生态保护带来的压力仍然相对较大。全球气候变暖背景下的水土流失、土地荒漠化、湿地萎缩、生物多样性减少、海洋自然海岸线减少、频繁的气象灾害等生态领域的问题，严重制约了山东省经济社会的可持续发展。与此同时，在山东省生态保护与建设中存在区域之间、生态系统之间生态保护与建设进展不平衡、生产投入与实际需求有较大差距、生态保护与建设技术落后、生态脆弱区农民增收困难等问题。生态问题是制约山东省经济社会可持续发展的重要因素，而生态差距也会进一步加大山东省与先进地区的经济差距。

虽然生态省建设开展以后，山东省生态保护与建设取得了一定成效，但还面临着许多亟待解决的问题。

（一）林业生态方面

根据2012年全省第八次森林资源连续清查数据，山东省森林面积、林地面积和活立木总蓄积量均排在全国23位以后，森林面积仅占全省土地总面积的16.73%（如表3.3所示）。造林难度大、成本代价高、经济效益不可观、群众造林积极性低，给森林生态系统建设与发展带来较大困难。

表3.3　全国分地区森林资源情况

地区	林业用地面积（万公顷）	森林面积（万公顷）	森林覆盖率（%）	活立木总蓄积量（万立方米）	森林蓄积量（万立方米）
全　国	31 259.00	20 768.73	21.63	1 643 280.62	1 513 729.72
内蒙古	4 398.89	2 487.90	21.03	148 415.92	134 530.48
云　南	2 501.04	1 914.19	50.03	187 514.27	169 309.19
四　川	2 328.26	1 703.74	35.22	177 576.04	168 000.04
黑龙江	2 207.40	1 962.13	43.16	177 720.97	164 487.01
西　藏	1 783.64	1 471.56	11.98	228 812.16	226 207.05
广　西	1 527.17	1 342.70	56.51	55 816.60	50 936.80
湖　南	1 252.78	1 011.94	47.77	37 311.50	33 099.27
陕　西	1 228.47	853.24	41.42	42 416.05	39 592.52
新　疆	1 099.71	698.25	4.24	38 679.57	33 654.09
广　东	1 076.44	906.13	51.26	37 774.59	35 682.71
江　西	1 069.66	1 001.81	60.01	47 032.40	40 840.62
甘　肃	1 042.65	507.45	11.28	24 054.88	21 453.97
福　建	926.82	801.27	65.95	66 674.62	60 796.15
贵　州	861.22	653.35	37.09	34 384.40	30 076.43
吉　林	856.19	763.87	40.38	96 534.93	92 257.37
湖　北	849.85	713.86	38.40	31 324.69	28 652.97
青　海	808.04	406.39	5.63	4 884.43	4 331.21
山　西	765.55	282.41	18.03	11 039.38	9 739.12
河　北	718.08	439.33	23.41	13 082.23	10 774.95

（续表）

地区	林业用地面积（万公顷）	森林面积（万公顷）	森林覆盖率（%）	活立木总蓄积量（万立方米）	森林蓄积量（万立方米）
辽　宁	699.89	557.31	38.24	25 972.07	25 046.29
浙　江	660.74	601.36	59.07	24 224.93	21 679.75
河　南	504.98	359.07	21.50	22 880.68	17 094.56
安　徽	443.18	380.42	27.53	21 710.12	18 074.85
重　庆	406.28	316.44	38.43	17 437.31	14 651.76
山　东	331.26	254.60	16.73	12 360.74	8 919.79
海　南	214.49	187.77	55.38	9 774.49	8 903.83
宁　夏	180.10	61.80	11.89	872.56	660.33
江　苏	178.70	162.10	15.80	8 461.42	6 470.00
北　京	101.35	58.81	35.84	1 828.04	1 425.33
天　津	15.62	11.16	9.87	453.98	374.03
上　海	7.73	6.81	10.74	380.25	186.35

数据来源：《中国统计年鉴 2017》。

（二）农业生产方面

山东省多年来一直追求产量为主的生产方式，导致农业化学投入标准化水平不高，种植和饲养的废弃物处理和资源利用程度不高，造成部分损失。耕地质量、水资源问题和大气污染、农药残留过多，使农业发展面临着双重压力，需要进行产业转型升级。

（三）沙化、荒漠化治理方面

由于缺乏科学合理规划和监督力度，重治理、轻保护，山东部分地区土地资源破坏现象严重；未能将防治沙化、荒漠化与当地群众的实际情况相结合；水资源缺乏科学管理，生态用水得不到有效保障。

（四）湿地与河湖生态方面

湿地保护意识薄弱，湿地资源破坏较严重，面积逐渐减少，功能退化，缺乏多元化、适应性、动态的生态补偿机制，以及长期运行的管理机制和市场激励机制。山东省水系统整体造林水平较低，一些河流和湖泊受到严重污染。

（五）城市生态方面

由于原有的自然生态资源受到不同程度的破坏，城市绿地生态空间受到了压缩。城市绿化总量不足、城市间绿地分布不平衡、区域发展不平衡。城市水系统污染严重，尤其是水体富营养化、污水管网不匹配、雨污分布不均、生活垃圾沿河排放等问题对河流水质有很大影响；扬尘治理建设尚未全面覆盖全省，监管力量薄弱。

（六）海洋生态方面

山东省近岸海域的生态环境压力凸显，海洋储量管理体系尚不健全，保护海洋生物多样性的能力不足。沿海生态系统变得越来越脆弱；典型海洋生态系统受到极大损害，生态环境面临威胁；各类海洋环境灾害增长较快；全省近岸海域受海水入侵、土壤盐渍化影响严重。

（七）防治水土流失方面

由于山东省水土流失面积仍然很大，防治任务十分艰巨。各治理区域经营管理力度不够且都存在着逆转的可能。人类土壤侵蚀的增长趋势尚未得到有效遏制。土地生产力下降与耕地面积减少，仍存在水土流失、河湖水库淤积、洪涝灾害加剧等隐患。

（八）保护生物多样性方面

山东省对生物多样性保护投入不足，监测和预警体系不完善，管护水平有待提高；一些森林退化，生态系统服务水平很低。随着城市化和工业化进程的推进，生境分化严重，异质性降低；生物资源的开发利用方式不合理，野生生物资源减少，外来物种入侵严重，占用了当地物种的生态位。

（九）保护地下水资源方面

山东省地下水污染具有长期性、复杂性、隐蔽性、难以治理等特征，地下水污染来源广泛，治理难度大。全省有12个市存在地下水超采问题，2014年年均地下水超采量为4.55亿立方米。地下水超采造成地下水位下降，引发水资源枯竭、地面沉降、海水入侵、地下水污染加重等严重问题。

（十）生态灾害方面

省内干旱、高温、大风、暴雨、暴雪、雾霾、风暴潮等极端天气事件多发，加之生态破坏，导致病虫草害、地质灾害增多。山东作为一个“十年九旱”的省份，阶段性和区域性干旱连年发生。

第四章
生态山东建设评价指标体系构建

生态山东建设评价指标体系为衡量山东省生态文明建设的成效提供了严谨的定量方法，它可以有效地对实践信息进行量化，对过去十几年来山东生态省建设的成果和生态文明建设规划中的不足提供评价依据。例如，2003 年山东省人民政府发布的《山东生态省建设规划纲要》中，规划指标表包含了 35 个指标，部分指标在后来的生态建设中有所更改，部分规划数据也根据后来的实际情况有所变化，山东省统计年鉴和各地市统计年鉴中同一指标的命名与统计方式也有所改变，例如，一般预算收入、农民人均纯收入和文化机构数的名称与统计方式。所以，生态山东建设评价指标体系的建立，也帮助山东省生态文明建设不断进步和完善。

第一节　评价指标体系的构建原则

由于生态山东建设具有其自身特殊的地域性和文化性特点，并且设计的指标体系的初衷及方向是更好地服务于实践，因此在思考普遍问题及构建此指标体系的研究中，设计工作的基本原则应包含以下六个方面。

一、科学性

在进行生态山东建设评价指标体系设计时，应该准确选取指标，用科学的方法设计体系，确定各指标的权重，并且运用科学的方法建立评价模型，计算评价指数。生态文明是人类在重新认识到自然与发展的矛盾后追求的一种新的平衡，也是在工业文明的基础上进行的一次思想上的飞跃，是人类重新梳理自身社会发展和自然之间的关系而取得的物质与精神成果的总和。深刻认识生态文明的内涵，合理设计规划，让资源、经济、环境实现最优配置，符合经济学的研究目的，缓解经济发展与环境保护之间的冲突，实现人与自然的和谐发展。

二、完整性

生态文明是一个涉及自然、资源、经济、文化、社会、科技、环境等多领域的科学理论，是一个完整的系统。应从多角度完整地反映出生态文明建设的动态变化和发展趋势，要有反映经济发展、生活环境和社会文化水平等各个系统的主要特征和状态的指标。各个指标在避免交叉和重叠的情况下，应具有代表性，应是综合的、基础的指标。为此，本书从生态经济、生态环境、生态文化三个系统层面来构建生态山东评价指标体系的具体指标。

三、目的性

在设计评价指标体系的过程中，要回归评价的目的来分层次讨论。设计的初衷是为了能对资源、经济和环境的协调发展起到推动作用，因此在构建该评价指标体系时，要充分考虑到此项原则，实现生态经济、生态环境和生态文化三大系统的协调与统一，服务于评价生态山东建设实现的程度和效果。

四、动态性

生态文明建设不是一个目标，而是一个发展过程，是不断变化的。只有指标数据来源于不同的时间和不同的地域，才能够观测到生态山东建设的现状和动态变化。又因为生态文明建设规划是一个持续改进的过程，所以设计指标体系时对系统的动态变化应给予充分考虑，综合地反映出生态山东建设的实现程度和发展趋势，便于预测与管理。

五、可操作性

在指标选取上，要充分考虑统计数据的可测性、真实性、难易性和可获取性，使指标数据可收集、可对比、易于量化处理。慎重选择数据来源，各具体指标要能够被公众理解和接受，简洁明了，符合国家关于生态省建设的指标设计，也要避免因为偏僻的、未公开或者无统计的数据影响采集工作。只有这样，得到的评价结果才是准确和客观的。

六、可比性

研究设计的指标体系可以对生态山东建设与各地市生态文明水平进行不同时段的纵向比较，也可以进行同一时间不同地市之间的横向比较，以便于分析山东省生态文明建设的效果以及17个地级市之间的差距，从而提出合理的改进措施和对策①。

第二节　评价指标体系的构建思路

设计生态山东建设评价指标体系就是设计能够有效评价并呈现具有山东生态文明建设特点质量和水平的标准。通过构建评价指标体系，能够有效地检测出哪些因素会对经济发展、生态环境和社会文化氛围的和谐发展产生影响，实现以人为本、生态环境良好、经济发展和社会文明相协调的目标。生态山东建设是“生态经济—生态环境—生态文化”三个子系统实现协调、科学发展的过程，因而生态山东指标体系也是从这三方面着手构建。

一般而言，生态文明建设评价指标体系的构建，要充分考虑到能够代表生态文明建设的指标，本书中生态山东建设评价指标体系的构建重点参考了中国省域生态文明建设评价指标、《山东生态省建设规划纲要》、生态城市综合评价体系、《生态县、生态市、生态省建设指标》等，将生态山东建设评价指标划分为生态经济、生态环境和生态文化三个子系统，选取指标25个，具体如表4.1所示。

表4.1　生态山东建设评价指标体系②

目标层	系统层	指　标　层
生态山东建设评价	生态经济B1	人均地区生产总值C11(元)
		一般公共预算收入C12(亿元)
		农民人均纯收入C13(元)

① 李晴梅.山东省生态文明建设评价及对策研究[D].济南：山东师范大学，2015.

② 《山东生态省建设规划纲要》规划指标表。

（续表）

目标层	系统层	指　标　层
生态山东建设评价	生态经济B1	城镇居民人均可支配收入C14(元)
		高新技术产业产值C15(亿元)
		第三产业占地区生产总值比例C16(%)
		全省万元GDP能耗[1] C17*(%)
		全省万元GDP电耗[2] C18(%)
		环境污染治理投资占GDP比重C19*(%)
	生态环境B2	森林覆盖率C21(%)
		城市建成区绿化覆盖率C22*(%)
		综合治理水土流失面积C23(平方千米)
		矿山环境恢复面积C24(公顷)
		二氧化硫排放总量C25(万吨)
		工业固体废物综合利用量C26*(万吨)
		生活垃圾无害化处理量C27*(万吨)
		城市污水年处理量C28*(万吨)
		农用化肥施用量(实物量)C29*(万吨)
	生态文化B3	人口自然增长率C31(‰)
		城镇化率C32(%)
		自然保护区面积C33(万公顷)
		全体居民教育文化娱乐消费支出C34(元/人)
		高等学校招生数C35*(人)
		文化机构数C36(个)
		人均公园绿地面积C37(平方米)

注：带*号为《山东生态省建设规划纲要》结合山东省实际增加的指标。

第三节　生态山东建设评价指标说明

生态山东建设评价指标体系中上述3个系统层的全部25个指标在本节

①② 比上一年上升或下降的百分比。

展开了分层说明与解析。

一、生态经济(B1)

(一) 人均地区生产总值(C11)

人均地区生产总值选用了山东地区一年省内生产总值与年中总人口的比值。人均地区生产总值能从总体上反映一个地区经济社会发展水平,既是一地区的综合实力的体现,又是人民生活水平和质量的反映。目前,人均地区生产总值成为衡量经济发展与贫富状况的重要指标,也是宏观经济的最重要指标之一,它可以帮助人们快速对一个地区的宏观经济运行状况有一个大概的了解。

(二) 一般公共预算收入(C12)

一般公共预算收入是以税收为主体的财政收入,也是财政收入的来源之一,安排用于保障和改善民生、推动经济社会发展、维护国家安全、维持国家机构正常运转等方面的收入预算,一般分为固定收入和分享收入(亦称分成收入)。分享收入中有增值税、海洋石油资源以外的资源税以及证券交易税等。固定收入指固定为各级财政的预算收入,由中央固定收入和地方固定收入构成。本文选取的地方固定收入,包括个人所得税、房产税、地方企业上缴利润、城镇土地使用税、印花税、农业特产税、车船税、土地增值税、地方企业所得税(不含地方银行和外资银行及非银行金融企业所得税)、耕地占用税、国有土地有偿使用收入、营业税、城市维护建设税等。

(三) 农民人均纯收入(C13)

农民人均纯收入是指农村住户当年从各个来源得到的总收入相应地扣除所发生的费用后的收入总和。农民人均纯收入可以直接或间接地呈现农民的生产、收入、消费和各种其他社会活动情况,可以帮助我们了解农民生活质量的变化。农村的进步与发展对于我国全面建成小康社会贡献突出,它可以为国家有关部门提供国民经济核算的数据支持,辅助制定农村相关政策。

(四) 城镇居民人均可支配收入(C14)

城镇居民人均可支配收入是指居民家庭全部现金收入能用于安排家庭日常生活的那部分收入,是家庭幸福指数的一种体现。计算城镇居民人均可支配收入时,在家庭的所有收入中,除了普遍的工资性收入和经营性收入之外,还要加入转移性收入和财产性收入，但是要刨除出售财物和借贷收入，之后再扣除缴纳的所得税、个人缴纳的社会保障费以及调查户的记账补贴。

（五）高新技术产业产值(C15)

高新技术产业产值是指从事一种或者多种高新技术以及其产品的研究、开发、生产和技术服务的企业所产生的产值。高新技术主要包括信息技术、生物技术、新材料技术三大领域。根据2002年7月国家统计局印发的《高技术产业统计分类目录》，航天航空器制造业、电子计算机及办公设备制造业、电子及通信设备制造业、医药制造业和医疗设备及仪器仪表制造业等行业被列为高新技术产业①。

（六）第三产业占地区生产总值比例(C16)

根据《国民经济行业分类》，我国的三大产业含义如下：农、林、牧、渔业为第一产业；采矿业、制造业、建筑业以及电力、热力、燃气及水生产和供应业为第二产业；除第一、二产业以外的其他行业为第三产业。第三产业拥有极大的发展潜力，在第二产业增长减速的情况下，大力发展第三产业，能够保持近中期经济持续增长。第三产业占地区生产总值比例越高，表明该地区创新驱动力越强。

（七）全省万元GDP能耗(C17)

万元GDP能耗是指一个地区一年内创造每一万元GDP所耗费的综合能源消费量，计算公式为：万元GDP能耗＝综合能源消费量(吨标准煤)/GDP(万元)。综合能源消费量为一个地区一定时期的三次产业、居民生活所耗费的油品、煤品等能源品种折算成标准煤的合计数，GDP按不变价计算。它是一个能源利用效率指标，说明一个地区经济活动中对能源的利用程度，反映经济结构和能源利用效率的变化。本书选取的数据来源于《山东统计年鉴》，指当年比上一年上升或下降的百分比，因此可为正数，也可为负数。国家统计局、国家发展改革委、国家能源局联合发布的《2017年分省(区、市)万元地区生产总值能耗降低率等指标公报》显示，2017年，我国绝大多数省区市万元GDP能耗持续呈现下降趋势。

（八）全省万元GDP电耗(C18)

全省万元GDP电耗是衡量电力消费水平和节能降耗状况的主要指标，表

① 王琪，赖玮.浅析高新技术产品出口现状及发展[J].法制与经济，2011(3)：87-88.

现为一次电力供应总量与地区生产总值(GDP)的比率,是一个电力资源利用效率指标。该指标说明一个地区经济活动中对电力资源的利用程度,反映经济结构和电力资源利用效率的变化。中国的总消费电量较高,主要原因是人口总数大,近几年经济的快速增长也是用电量持续增长的主要原因。本书选取的数据来源于《山东统计年鉴》,指当年比上一年上升或下降的百分比,因此可为正数,也可为负数。国家统计局、国家发展改革委、国家能源局联合发布的《2017 年分省(区、市)万元地区生产总值能耗降低率等指标公报》显示,山东省 2017 年万元 GDP 电耗降幅为 6.17%,位居全国第一。

(九) 环境污染治理投资占 GDP 比重(C19)

环境污染治理投资指投入对污染源的治理和城市环境基础设施建设中,形成了固定资产的部分资金。污染源治理投资由两部分组成:工业污染源治理投资和"三同时"①项目环保投资。

二、生态环境(B2)

(一) 森林覆盖率(C21)

森林覆盖率是指森林面积占土地总面积的比率,一般用百分比表示,是较为科学地衡量生态环境状况的一项重要指标,它可以表示一个国家或地区森林资源和林地占有的覆盖程度。国家林业局 2016 年 5 月印发的《林业发展"十三五"规划》提出,"十三五"期间我国森林覆盖率要提高到 23.04%。这项指标的数字越大,也就代表某一地区森林资源愈丰富,且生态和社会的发展处于愈加良好的态势。同时,在意义更加深远的方面,也代表着和人类处于同一生态圈内的野生动植物拥有更加适宜的生态环境,人与动植物更加趋向于和谐生存,达到一个更好的平衡状态。我国国土辽阔,森林资源具有地区分布不均衡的特征,以东北、西南、东南等偏远地区为主要分布地区。第九次全国森林资源连续清查结果显示,山东省森林覆盖率为 17.51%。

(二) 城市建成区绿化覆盖率(C22)

城市建成区绿化覆盖率指在城市建成区的绿化覆盖面积占建成区的百分

① "三同时"是具有中国特色并行之有效的环境管理制度。2015 年 1 月 1 日开始施行的《中华人民共和国环境保护法》第四十一条规定:"建设项目中防治污染的设施,应当与主体工程同时设计、同时施工、同时投产使用。防治污染的设施应当符合经批准的环境影响评价文件的要求,不得擅自拆除或者闲置。"

比。绿化覆盖面积是指城市中乔木、灌木、草坪等所有植被的垂直投影面积。目前，许多国家或地区都认同了城市绿地在城市发展和建设中的重要作用，它一方面可以为居民提供各种服务，除了休闲娱乐、观赏、美化等，还发挥着生态功能；另一方面还可以平衡发展与环境的关系，是衡量城市生态环境的重要指标，其数量与空间结构将直接影响城市的环境质量①。

（三）综合治理水土流失面积（C23）

综合治理水土流失面积是指在山丘地区水土流失面积上，按照综合治理的原则，采取各种治理措施，如水平梯田、淤地坝、谷坊、造林种草、封山育林育草（指有造林、种草补植任务的）等，以及按小流域综合治理措施治理的水土流失面积总和。水土流失是由于自然或人为因素的影响，雨水不能就地消纳、顺势下流、冲刷土壤，造成水分和土壤同时流失的现象。主要原因是地面坡度大、土地利用不当、地面植被遭破坏、耕作技术不合理、土质松散、滥伐森林、过度放牧等。水土流失的危害主要表现在土壤耕作层被侵蚀、破坏，使土地肥力日趋衰竭；淤塞河流、渠道、水库，降低水利工程效益，甚至导致水旱灾害发生，严重影响工农业生产，对山区农业生产及下游河道造成严重威胁。

（四）矿山环境恢复面积（C24）

矿山环境恢复是对矿业废弃地污染进行修复，实现对土地资源的再次利用。开采矿山资源时，周围环境会遭到破坏，废弃的石、土、渣、灰会造成粉尘，不仅导致空气质量下降，其有害气体和液体也会直接或间接地进入生态系统，对人们的身心健康造成损害，对地面的破坏还会带来泥石流等地质灾害的隐患。为了维持生态平衡，人们必须在开采的同时注意保护和治理双管齐下，使矿区周围的生产和生活环境得到改善。从另一方面来说，对矿区环境的保护也是对耕种土地的保护，可以增加耕种面积以及提高土地的质量②。

（五）二氧化硫排放总量（C25）

二氧化硫排放量是燃料燃烧和生产生活过程中排入大气的二氧化硫数量。二氧化硫在日光照射下可氧化成三氧化硫。大气中若含有起催化作用的二氧化氮和臭氧气体，这种反应的速度更快。三氧化硫在空气中遇水滴就形

---

① 魏晓双.中国省域生态文明建设评价研究[D].北京：北京林业大学，2013.

② 王帅杰，马静，李爱勤.浅议矿山环境恢复治理的必要性与对策[J].科技展望，2015，25(11)：229.

成硫酸雾。二氧化硫还可溶于水滴形成亚硫酸，然后再氧化成硫酸。酸雾遇到其他物质(金属飘尘、氨等)形成硫酸盐，再由降水冲刷形成酸雨降落地面①。

(六) 工业固体废物综合利用量(C26)

工业固体废物综合利用量指通过回收、加工、循环、交换等方式，从固体废物中提取或者使其转化为可以利用的资源、能源和其他原材料的固体废物量(包括当年利用往年的工业固体废物累计贮存量)。综合利用量由原产生固体废物的单位统计。工业固体废物是指在工业生产活动中产生的固体废物，如工业生产过程中排入环境的各种废渣、粉尘及其他废物，可分为一般工业废物(如高炉渣、钢渣、赤泥、有色金属渣、粉煤灰、煤渣、硫酸渣、废石膏、脱硫灰、电石渣、盐泥等)和工业有害固体废物(即危险固体废物)。工业废物经过适当的工艺处理，可成为工业原料或能源，较废水、废气容易实现资源化。一些工业废物已制成多种产品，如水泥、混凝土骨料、砖瓦、纤维、铸石等建筑材料；从中可提取铁、铝、铜、铅、锌、钒、铀、锗、钼、钪、钛等稀有金属；可用于制造肥料、土壤改良剂等。此外，还可用于处理废水、矿山灭火以及用作化工填料等。

(七) 生活垃圾无害化处理量(C27)

生活垃圾无害化处理量反映一地区防治生活垃圾二次污染的治理程度。无害化，亦称安全化，是将废物内的生物性或者化学性的有害物质，进行无害化或安全化处理，例如，通过物理、化学、生物以及热处理等方法处理垃圾，以达到不危害人体健康、不污染周围环境的目的。垃圾在焚烧过的基础上，产生的热量可以发电。垃圾焚烧发电技术不但解决了垃圾露天焚烧带来的环境污染，同时有效地利用了垃圾所含的能量，一举两得。另外，随着垃圾处理技术的不断发展和完善，城市垃圾正从堆放处理向填埋方式过渡，在此过程中，填埋技术也得到了进一步的提高，使垃圾填埋在更加卫生且经济的情况下提高了工作效率。

(八) 城市污水年处理量(C28)

城市污水处理是为了减弱甚至消灭污水对其环境水域所产生的影响而实施的一系列相应方法及行动。城市地区范围内的生活污水、工业废水和径流污水一般由城市管渠汇集并经城市污水处理厂处理后排入水体。城市污水中

---

① 环境保护部科技标准司.国家污染物环境健康风险名录：化学第一分册[M].北京：中国环境科学出版社，2009.

除含有大量有机物及病菌、病毒外，由于工业的高度发展，工业废水（约占城市污水总量的60%～80%）水质日趋复杂，径流污水的污染日趋严重，使城市污水含有各种类型、不同程度的有毒、有害污染物。

（九）农用化肥施用量（C29）

农用化肥施用量指一定时间段内实际用于农业生产的化肥数量，包括氮肥、复合肥、钾肥和磷肥。《山东统计年鉴》中关于化肥施用量有实物量和折纯量两种统计方式。其中，折纯量是把氮肥、磷肥、钾肥分别按含氮、含五氧化二磷、含氧化钾的百分之一百成分进行折算后的数量。复合肥按其所含主要成分折算。

三、生态文化（B3）

（一）人口自然增长率（C31）

人口自然增长率是一定时期内（通常为一年）人口自然增加数（出生人数－死亡人数）与同期平均总人口数之比，用千分数表示。人口自然增长率是反映人口增长速度和制定人口计划的重要指标，是反映人口再生产活动的综合性指标。

（二）城镇化率（C32）

城镇化率是指一个地区城镇常住人口占该地区常住总人口的比例。这里的城镇化其实是广义上的。具体来讲，从城市和人口两方面来看，是城市在数量上的增加、规模上的扩大和城市人口的增加。城镇化水平是衡量一个国家和一个地区社会经济发展水平的重要标志①。

（三）自然保护区面积（C33）

自然保护区不仅在生态上具有重要意义，也是我国绿色发展观的重要体现。自然保护区根据保护对象的不同可分为自然生态系统类、野生生物类、自然遗迹类。自然保护区作为生态系统的重要组成部分，在其中扮演了举足轻重的角色，包括：为人类提供研究自然生态系统的场所；提供生态系统的天然“本底”；对于人类活动的后果提供评价的准则；作为各种生态研究的天然实验室，专家学者在这里可以系统地进行最直接的长期性、连续性的观察以及珍稀

① 周素珍.城镇化率指标体系的构建[J].统计与管理，2013(4)：133-134.

物种的繁殖、驯化的研究等;保护区中的部分地域可以开展旅游活动。

(四)全体居民教育文化娱乐消费支出(C34)

全体居民教育文化娱乐消费支出是指人们接受教育、享受文化和娱乐商品获得精神愉悦的一类消费支出。根据国家统计局2018年2月发布的《2017年国民经济和社会发展统计公报》,2017年全国人均教育文化娱乐消费2 086元。

(五)高等学校招生数(C35)

高等学校是由国家教育部或省级教育行政部门主管的实行高等教育的学校。大学、高等专科学校、职业技术学院/职业学院、独立学院等教育机构实施普通高等教育。大学、独立学院主要实施本科层次教育;职业技术学院/职业学院、高等专科学校主要实施专科(高职高专)层次教育。其招生方式主要有教育部和省级教育行政部门组织的普通高等学校招生全国统一考试、部分省市的普通高等学校春季招生考试、对口单独招生考试、普通高等学校专升本考试等。

(六)文化机构数(C36)

文化机构是指专门从事文化工作,具有法人资格,独立核算的事业、企业单位,以及单独核算,附属于事业单位的经营性专业文化活动单位。包括艺术表演团体和场馆、文化馆、博物馆、公共图书馆、文化行政主管部门、艺术展览创作机构、文化站、文物商店、文艺科研机构、文物保护管理机构、文物科研机构等。

(七)人均公园绿地面积(C37)

公园绿地是公众可以游玩休憩,并且有助于绿化城市、平衡生态的公共用地,是城市建设用地、城市绿地系统和城市市政公用设施的重要组成部分,除了可以展示城市的绿化环境以外,还可以体现居民的生活状况①。人均公园绿地面积指公园绿地面积的人均占有量,园林城市、园林县城和园林城镇达标值均为≥9平方米/人,生态市达标值为≥11平方米/人。具体计算时,根据《城市绿地分类标准》(CJJ/T85—2002),公园绿地、防护绿地、附属绿地、生产绿地和其他绿地为城市绿地的五大类别。公园绿地又有五个详细的类别,分别为综合公园、专类公园、带状公园、社区公园和街旁绿地。计算公式为:人均公园绿地面积=公园绿地面积/城市人口数量②。

---

① 刘荣增,耿纯.基于AHP的城市景观生态评价与优化——以开封市为例[J].国土与自然资源研究,2012(3):57-59.

② 魏晓双.中国省域生态文明建设评价研究[D].北京:北京林业大学,2013.

第五章
生态山东建设评价实证分析

第一节　生态山东建设评价方法的选择

一、层次分析法

（一）层次分析法

层次分析法（Analytic Hierarchy Process，AHP）是20世纪80年代由美国运筹学教授萨蒂（Thomas L. Saaty）[①]提出的一种灵活简便而又实用的多准则决策方法，它根据问题的性质和要达到的目标分解出问题的组成因素，并按因素间的相互关系将因素层次化，组成一个层次结构模型，然后按层分析，最终获得最低层因素对于最高层（总目标）的重要性权值。

实际上，作为研究对象的问题通常都比较复杂，指标多、方案多是研究时的难点，需要综合比较。每个方案都会有优点和不足，所以在分析时，也要求研究人员在多个指标和方案中仔细地选择并组合。在应用过程中，人们尽量把多个问题简单化的结果就是在数学上把多个方案拆分成两两一组，再组合结果，提出解决方案，这就是AHP法的基本思想。

对于生态山东建设的评价，其指标体系结构特征与上述基本思想中的特征保持一致。因此，采用层次分析法是可行且科学的，本书将用此方法分析并确定各指标的相对权重。为规范研究，我们选取相关领域的工作人员作为专

① 萨蒂，1926年生，美国国家工程院院士，宾夕法尼亚大学沃顿商学院教授，匹兹堡大学杰出教授，层次分析法（AHP）和网络程序法（ANP）创始人。

家，进行问卷调研，经过反复询问、修正和计算，最后提取专家们看法相对一致的部分。基于此，这一部分作为预测结果，在专家看法中的主观部分，就在某种程度上有了一定的客观性。

（二）层次分析法的基本步骤

1. 建立层次结构模型

在理解了生态山东建设评价指标体系的构建原则和参数的基础上，在指标体系中，将各因素划分为不同的层次，如目标层、系统层、指标层，再将各种不同层次之间的递进关系、因素与因素之间的从属关系用层次结构图来说明。

2. 构造判断矩阵

设要比较 n 个因素 $y=(y_1, y_2, \cdots, y_n)$ 对目标 z 的影响，从而确定它们在 z 中所占的比重，每次取两个因素 y_i 和 y_j，用 a_{ij} 表示 y_i 与 y_j 对 z 的影响程度之比，按 1～9 的比例标度来度量 a_{ij}，n 个被比较的元素构成一个两两比较（成对比较）的判断矩阵 $A=(a_{ij})_{n\times n}$。显然，判断矩阵具有如下性质：

$$A=\begin{pmatrix} a_{11} & a_{12} & \cdots & a_{1n} \\ a_{21} & a_{22} & \cdots & a_{2n} \\ \vdots & \vdots & & \vdots \\ a_{n1} & a_{n2} & \cdots & a_{nn} \end{pmatrix}$$

$$a_{ij}>0,\ a_{ji}=\frac{1}{a_{ij}},\ a_{ii}=1(i,\ j=1,\ 2,\ \cdots,\ n)$$

所以，又称判断矩阵为正互反矩阵（简称正互阵，又称成对比较阵）。

现在，来看看如何确定 a_{ij} 的取值。萨蒂的做法是用数字1～9及其倒数作为标度（如表 5.1 所示）。选择 1～9 方法是基于下述根据。

（1）在无法用数据准确地界定事物的界限时，人们以习惯上的五种描述性质的词表示比较与分级，即相等、较强、强、很强、绝对强。当这五个词无法满足需求时，就再在相邻的两个词之间做出二级比较来表示更精确的度量，从而得出九个等级，它们的特点就是以强连贯性，辅助人们确定不同的性质。

（2）心理学家认为，人们需要一次性比较较多的事物性质时，能够在心理上达到的极限为 7±2 个对象，也就是说，这样的差异就是 9 个数字。为了证明 9 个数字的标准是可以在实践中被理解且使用的，萨蒂还将 1～9 标度方法同另外一种 26 标度方法进行比较，认为 9 个数字的方法可以使人们将主观的差异数量化表达出来。

表 5.1　层次分析法标度

含　　义	量化值
表示两个因素相比，同等重要	1
表示两个因素相比，前者比后者稍微重要	3
表示两个因素相比，前者比后者较强重要	5
表示两个因素相比，前者比后者强烈重要	7
表示两个因素相比，前者比后者极端重要	9
两相邻判断的中间值	2，4，6，8

3. 一致性检验

虽然通过两两比较得到的判断矩阵不一定满足一致性，但人们还是希望能找到一个数量标准，用它来衡量矩阵 A 不一致的程度。假设把一块单位重量分成小块 $y_i(i=1, 2, \cdots, n)$，其重量分别为 $w_i(i=1, 2, \cdots, n)$，则 y_1，y_2，…，y_n 在 z 中所占的比重可按其重量排序，即为 $(w_1, w_2, \cdots, w_n)^T$，$y_i$ 与 y_j 的相对重量为 $a_{ij}=\frac{w_i}{w_j}$，这样就能得到判断矩阵如下：

$$A=\begin{bmatrix} \frac{w_1}{w_1} & \frac{w_1}{w_2} & \cdots & \frac{w_1}{w_n} \\ \frac{w_2}{w_1} & \frac{w_2}{w_2} & \cdots & \frac{w_2}{w_n} \\ \vdots & \vdots & & \vdots \\ \frac{w_n}{w_1} & \frac{w_n}{w_2} & \cdots & \frac{w_n}{w_n} \end{bmatrix}$$

显然，矩阵 A 是满足一致性的互反矩阵，并且有：$A=[w_1, w_2, \cdots, w_n]^T\left[\frac{1}{w_1}, \frac{1}{w_2}, \cdots, \frac{1}{w_n}\right]$。

记 $\vec{w}=(w_1, w_2, \cdots, w_n)^T$，则 $A\vec{w}=\vec{w}\cdot\left[\frac{1}{w_1}, \frac{1}{w_2}, \frac{1}{w_n}\right][w_1, w_2, \cdots, w_n]^T=n\vec{w}$，即对于一致的判断矩阵而言，排序向量 $\vec{w}$ 就是 A 的特征向量。反之，若 A 是一致性的正互反矩阵，则有性质：

$$a_{ii}=1,\ a_{ij}=\frac{1}{a_{ji}},\ a_{ij}\cdot a_{ik}=a_{ik}$$

因此，$a_{1i}\cdot a_{ij}=a_{1j}$，即 $a_{ij}=\frac{1}{a_{1i}}a_{1j}$，这样的话，就有 $A=(a_{ij})_{n\times n}=\left[\frac{1}{a_{11}},\frac{1}{a_{12}},\cdots,\frac{1}{a_{1n}}\right]^T(a_{11},a_{12},\cdots,a_{1n})$。类似地，可以证明 $w'=\left\{\frac{1}{a_{11}},\frac{1}{a_{12}},\cdots,\frac{1}{a_{1n}}\right\}^T$ 是A的属于特征根 n 的特征向量，并且由于A是相对变量 $\vec{w}$ 关于目标的判断阵，故 w' 为诸对象的一个排序。

除了以上性质外，一致的正互反矩阵A还具有以下性质：A的转置 A^T 也是一致的；每一行均为任意指定的一行的倍数，从而 $rank(A)=1$，A的最大特征根 $\lambda_{max}=n$，其余的特征根为0；设A的最大特征根 λ_{max} 对应有特征向量 $\vec{w}=(w_1,w_2,\cdots,w_n)^T$，则 $a_{ij}=\frac{w_i}{w_j}$。

由上面的性质可知，当A是一致阵时，$\lambda_{max}=n$，将 λ_{max} 对应特征向量标准化后，仍记为 $\vec{w}=(w_1,w_2,\cdots,w_n)^T$，即 $\vec{w}$ 满足：

$$\sum_{i=1}^{n}w_i=1$$

称 $\vec{w}$ 为权向量，权向量 $\vec{w}$ 在层次分析法中有很重要的作用，表示 y_1，y_2，…，y_n 在目标 z 中的比重。

关于正互反矩阵，根据 Perron-Frobenius 定理有以下结论。

(1) 正互反阵存在正实数的最大特征根，这个特征根是单根，其余的特征根的模均小于它，并且这个最大的特征根有正的特征向量（特征向量的每一分量皆为正）。

(2) n 阶正互反矩阵 $A=(a_{ij})_{m\times n}$ 一致阵的充分必要条件是 $\lambda_{max}=n$。

这样，若判断矩阵不具有一致性，则 $\lambda_{max}>n$，并且这时的权向量就不能真实地反映 $\{y_1,y_2,\cdots,y_n\}$ 在目标 z 中所占的比重，衡量不一致程度的数量指标被称作一致性指标，为 $CI=\frac{\lambda_{max}-n}{n-1}$。

由于 $\sum_{i=1}^{n}\lambda_i=n$，实际上 CI 相当于 $n-1$ 个特征根 λ_2，…，λ_n（最大特征值

λ_{max}除外)的平均值。当然对于一个阵来说,一致性指标 CI 等于 0,并且由此可知 CI 的值越小越好。

但是仅仅依靠 CI 值来判断矩阵 A 是否具有较好的一致性是不够的,因为可能产生的片面性跟问题的因素多少、规模大小有关,即随着值的增大误差将增大。为此,萨蒂又提出平均随机一致性指标 RI。

对于固定的 n,随机构造正互反矩阵 A,其中,a_{ij} 是从 1, 2, …, 9, $\frac{1}{2}$, $\frac{1}{3}$, …, $\frac{1}{9}$ 中随机抽取的,这样的 A 最不一致,取充分大的子样(500 个样本)得到 A 的最大特征根的平均值 λ'_{max} 定义 RI(其标准值如表 5.2 所示)如下:

$$RI=\frac{\bar{\lambda}_{max}-n}{n-1}$$

表 5.2 平均随机一致性指标 *RI* 标准值(标准不同,*RI* 的值也会有微小的差异)

矩阵阶数	1	2	3	4	5	6	7	8	9	10
RI	0	0	0.58	0.90	1.12	1.24	1.32	1.41	1.45	1.49

令 $CR=\frac{CI}{RI}$,称 CR 为随机一致性比率,当 $CR<0.1$ 时,认为判断矩阵具有满意的一致性,否则就需要调整判断矩阵,使之具有满意的一致性。组合的随机一致性比率 $CR=CR_1\frac{CI}{RI}$,其中,CR_1 为准则层—目标层的随机一致性比率,$CI=(CI_1, CI_2, \cdots, CI_i)W_1$,$RI=(RI_1, RI_2, \cdots, RI_i)W_1$,$W_1$ 是准则层—目标层的权数向量,CI_i、RI_i 是方案层对准则层各元素的值,$i=1, 2, \cdots, n$。

4. 层次单排序和层次总排序

当判断矩阵为一致性矩阵时,可以用它对应于特征根 λ 的特征向量作为被比较因素的权向量,当判断矩阵基本符合完全一致性条件时,不一致程度可接受,能够允许其特征向量作为权数向量,否则要重新成对比较,对判断矩阵加以调整。当方案小于等于两个时不用考虑一致性问题,方案越多,其不一致程度就越大,CI 越大,判断矩阵的不一致程度越严重。

所谓层次单排序,是指根据判断矩阵,计算对于上一层某因素而言本层次与之有联系的因素的重要性次序的权数。它是本层次所有因素相对于上一层次而言的重要性进行排序的基础。层次单排序可以归结为计算判断矩阵的特征根和特征向量问题，即对判断矩阵 B，计算满足 $BW=\lambda_{max}W$ 的特征根与特征向量。式中，λ_{max}为 B 的最大特征根；W 为对应于λ_{max}的正规化特征向量；W 的分量 W_i 只是相应因素单排序的权值。

层次总排序利用同一层次单排序的结果，就可以计算针对上一层次而言本层次所有因素重要性的权数，这就是层次总排序。层次总排序需要从上而下逐层顺序进行，对于最高层下面的第二层，其层次单排序即为总排序，假定上一层所有因素 A_1，A_2，…，A_m 得到的总排序已完成，得到的权数分别为 a_1，a_2，…，a_m，与 a_i 对应的本层因素 B_1，B_2，…，B_n 单排序结果为 b_1^i，b_2^i，…，b_n^i。这里，若 B_j 与 A_i 无关，则 $b_j^i=0$。层次总排序如表 5.3 所示。显然，$\sum_{i=1}^{n}\sum_{j=1}^{m}a_ib_j^i=1$，即层次总排序仍然是归一化正规向量。

表 5.3　层次总排序

层　次	A_1	A_2	…	A_m	层次总排序
	a_1	a_2	…	a_m	
B_1	b_1^1	b_1^2	…	b_1^m	$\sum_{i=1}^{m}a_ib_1^i$
B_2	b_2^1	b_2^2	…	b_2^m	$\sum_{i=1}^{m}a_ib_2^i$
⋮	⋮	⋮	⋮	⋮	⋮
B_n	b_n^1	b_n^2	…	b_n^m	$\sum_{i=1}^{m}a_ib_n^i$

此外，最后的层次总排序及一致性检验还可以根据因素层各层从下往上的顺序，每层都作排序和一致性检验，直至得到各因素对目标层（S）的权数向量 W，以各方案对准则层每个因素的权数向量 W_i 和准则层的各因素对目标层的权数向量 W_2 计算组合权数向量，对各方案做最后的排序，并通过一致性检验，组合权数向量 W 的计算公式为 $W=W_3\cdot W_2$，其中，W_3 为将 W_i 作为列向量所构成的矩阵。

5. *群组判断的综合方法*

判断矩阵的构造是层次分析法重点所在，矩阵的获得是第一步，之后就是要确定矩阵的排序权值，这一步可以灵活使用不同的计算方法。本研究在第一步构造判断矩阵时，咨询了大量的学者专家，而不同的人都由于个体的差异，构造出了带有个人色彩及偏向的判断矩阵。这些带有个体差异的矩阵也就随之表现出了不同的权重分配。评价指标的最后权重分配值就是计算权重的算术或几何平均值。

二、德尔菲法

德尔菲法是由 O.赫尔姆和 N.达尔克在 20 世纪 40 年代首创，之后，兰德公司和 T.J.戈尔登进行了改良和发展，1946 年首次使用这种方法，其优良性迅速显现，被大众迅速广泛采用。

德尔菲法也称专家调查法，以各个专家为调查对象。专家们会单独接收到问卷，被征询面对问题不同的看法和见解，并将回答发送回去。这些见解被阅读、分析并综合出相对客观有意义的部分，加上预测的问题，再次进行对专家们的二次反馈，并不停地提取相对客观的部分进行讨论，如此反复，在统计、分析、提取中得出比较一致的预测结果。

在这个过程中，需严格遵循此预测方法的理论及程序步骤，要保证专家与专家之间是没有任何讨论的，只能保持专家与调查人员的联系关系。所有问题采用匿名的方式，对专家的意见最大限度地保持独立性，通过上述反复询问、综合、修改的过程，最后提取基本一致的看法作为客观的预测结果。这种方法的优点是具有代表性和可靠性。

咨询结果如表 5.4、表 5.5、表 5.6、表 5.7、表 5.8 所示。

表 5.4　各系统层之间相对重要性的判断矩阵

A	B1	B2	B3	W_i
B1	1	2	3	0.539 6
B2	0.5	1	2	0.297
B3	0.333 3	0.5	1	0.163 4

对 A 的权重为 1.000 0；$\lambda_{max}=3.009\ 2$。

$CI=0.004\ 6$；$RI=0.58$；$CR=0.007\ 9<0.1$ 一致性检验通过。

表 5.5 生态经济系统各指标之间相对重要性的判断矩阵

B1	C11	C12	C13	C14	C15	C16	C17	C18	C19	W_i
C11	1	2	2	2	2	0.5	0.5	0.5	1	0.109
C12	0.5	1	1	1	1	0.333 3	1	1	0.5	0.080 6
C13	0.5	1	1	0.5	0.5	0.333 3	0.5	0.5	0.5	0.056 6
C14	0.5	1	2	1	0.5	0.5	0.5	0.5	0.5	0.069
C15	0.5	1	2	2	1	0.5	0.333 3	0.333 3	0.5	0.074 6
C16	2	3	3	2	2	1	2	0.333 3	1	0.161 5
C17	2	1	2	2	3	0.5	1	1	1	0.136 3
C18	2	1	2	2	3	3	1	1	1	0.178 5
C19	1	2	2	2	2	1	1	1	1	0.133 9

B1 对 A 的权重为 0.539 6；$\lambda_{max}=9.563\,9$。

$CI=0.070\,5$；$RI=1.45$；$CR=0.048\,6<0.1$ 一致性检验通过。

表 5.6 生态环境系统各指标之间相对重要性的判断矩阵

B2	C21	C22	C23	C24	C25	C26	C27	C28	C29	W_i
C21	1	2	3	3	3	3	3	3	4	0.253 3
C22	0.5	1	3	3	2	2	1	2	3	0.158 2
C23	0.333 3	0.333 3	1	1	0.5	0.5	0.333 3	0.25	0.5	0.045 8
C24	0.333 3	0.333 3	1	1	0.5	0.5	0.5	0.333 3	0.5	0.048 8
C25	0.333 3	0.5	2	2	1	0.5	1	2	2	0.100 7
C26	0.333 3	0.5	2	2	2	1	0.5	2	2	0.110 8
C27	0.333 3	1	3	2	1	2	1	1	2	0.120 9
C28	0.333 3	0.5	4	3	0.5	0.5	1	1	2	0.099 7
C29	0.25	0.333 3	2	2	0.5	0.5	0.5	0.5	1	0.061 6

B2 对 A 的权重为 0.297 0；$\lambda_{max}=9.460\,8$。

$CI=0.057\,6$；$RI=1.45$；$CR=0.039\,7<0.1$ 一致性检验通过。

表 5.7 生态文化系统各指标之间相对重要性的判断矩阵

B3	C31	C32	C33	C34	C35	C36	C37	W_i
C31	1	0.333 3	2	1	2	2	2	0.163 6
C32	3	1	4	2	2	2	2	0.289 5
C33	0.5	0.25	1	4	2	2	2	0.168 7
C34	1	0.5	0.25	1	1	2	1	0.104 6
C35	0.5	0.5	0.5	1	1	2	2	0.111 5
C36	0.5	0.5	0.5	0.5	0.5	1	0.5	0.070 1
C37	0.5	0.5	0.5	1	0.5	2	1	0.092 1

B3 对 A 的权重为 0.163 4；$\lambda_{max}=7.637\ 6$。

$CI=0.106\ 3$；$RI=1.32$；$CR=0.080\ 5<0.1$ 一致性检验通过。

表 5.8 生态山东建设评价体系指标权重

目标层	系统层	权重	指标层	在目标层中所占权重	在系统层中所占权重	性质
生态山东建设评价	生态经济B1	0.539 6	人均地区生产总值 C11(元)	0.058 8	0.109 0	正指标
			一般公共预算收入 C12(亿元)	0.043 5	0.080 6	正指标
			农民人均纯收入 C13(元)	0.030 6	0.056 6	正指标
			城镇居民人均可支配收入 C14(元)	0.037 2	0.069 0	正指标
			高新技术产业产值 C15(亿元)	0.040 3	0.074 6	正指标
			第三产业占地区生产总值比例 C16(%)	0.087 1	0.161 5	正指标
			全省万元 GDP 能耗[①] C17* (%)	0.073 5	0.136 3	逆指标
			全省万元 GDP 电耗[②] C18(%)	0.096 3	0.178 5	逆指标
			环境污染治理投资占 GDP 比重 C19* (%)	0.072 3	0.133 9	正指标

①② 比上一年上升或下降的百分比。

（续表）

目标层	系统层	权重	指标层	在目标层中所占权重	在系统层中所占权重	性质
生态山东建设评价	生态环境B2	0.297	森林覆盖率C21(%)	0.075 2	0.253 3	正指标
			城市建成区绿化覆盖率C22*(%)	0.047 0	0.158 2	正指标
			综合治理水土流失面积C23(平方千米)	0.013 6	0.045 8	正指标
			矿山环境恢复面积C24(公顷)	0.014 5	0.048 8	正指标
			二氧化硫排放总量C25(万吨)	0.029 9	0.100 7	逆指标
			工业固体废物综合利用量C26*(万吨)	0.032 9	0.110 8	正指标
			生活垃圾无害化处理量C27*(万吨)	0.035 9	0.120 9	正指标
			城市污水年处理量C28*(万吨)	0.029 6	0.099 7	正指标
			农用化肥施用量(实物量)C29*(万吨)	0.018 3	0.061 6	逆指标
	生态文化B3	0.163 4	人口自然增长率C31(‰)	0.026 7	0.163 6	逆指标
			城镇化率C32(%)	0.047 3	0.289 5	正指标
			自然保护区面积C33(万公顷)	0.027 6	0.168 7	正指标
			全体居民教育文化娱乐消费支出C34(元/人)	0.017 1	0.104 6	正指标
			高等学校招生数C35(人)	0.018 2	0.111 5	正指标
			文化机构数C36(个)	0.011 4	0.070 1	正指标
			人均公园绿地面积C37(平方米)	0.015 1	0.092 1	正指标

注：带*号为《山东生态省建设规划纲要》规划指标表中结合山东省实际增加的指标。

从表5.8可以看出，生态山东建设受到人均地区生产总值、一般公共预算收入、高新技术产业产值、第三产业占地区生产总值比例、全省万元GDP能耗、全省万元GDP电耗、环境污染治理投资占GDP比重、森林覆盖率、城市建成区绿化覆盖率和城镇化率等因素的影响。其中，影响力最强的指标是全省万元GDP电耗、第三产业占地区生产总值比例、森林覆盖率、全省万元GDP能耗、环境污染治理投资占GDP比重等。因此，为保证生态山东建设顺利进行，首先应该大力实行节能降耗；其次要提高第三产业和高新技术产业水平，提高财政收入，增加在环境污染治理领域的投资；最后应增加绿化覆盖面积。

三、生态山东建设评价指数

采取加权求和的方法得出生态山东综合发展指数，单项要素评价的模型公式如下。

计算各要素得分：$F_{ij}=\sum x_{ij}\cdot w_{ij}(i=1, 2, \cdots, 6; j=1, 2, \cdots, n)$，$x_{ij}$ 为第 i 个系统层第 j 个指标的评价值；w_{ij} 为第 i 个系统层第 j 个指标的权重；n 为评价指标个数。

生态山东综合发展指数 SD 利用加权和表示为 $SD=\sum F_{ij}(i=1, 2, 3; j=1, 2, \cdots, n)$。

各系统层子指标发展指数的计算公式为 $I_i=F/w_i=\sum F_{ij}w_{ij}/w_i(i=1, 2, 3; j=1, 2, \cdots, n)$，$w_i$ 为第 i 个系统层子指标的权重①。

第二节　生态山东建设实证分析

一、指标数据的收集

指标数据(如表 5.9 所示)来源于 2011—2018 年山东省统计年鉴，2011—2017 年中国环境统计年鉴，2010—2018 年山东省国民经济和社会发展统计公报、山东省教育事业发展统计公报，2011—2018 年山东各地市国民经济和社会发展统计公报、山东各地级市环境质量报告书和《国家生态文明建设示范县、市指标(试行)》以及国家统计局、山东统计信息网、原山东省环境保护厅网站等。

表 5.9　2010—2017 年生态山东建设各指标数据

指　标	2010 年	2011 年	2012 年	2013 年	2014 年	2015 年	2016 年	2017 年
人均地区生产总值 C11(元)	41 106	47 335	51 768	56 885	60 879	64 168	67 706	72 807
一般公共预算收入 C12(亿元)	2 749.38	3 455.93	4 059.43	4 559.95	5 026.83	5 529.33	5 860.18	6 098.63

① 李广杰，颜培霞，袁爱芝.生态山东评价指标体系研究[J].生态经济，2015，31(11)：185-191.

（续表）

指　标	2010年	2011年	2012年	2013年	2014年	2015年	2016年	2017年
农民人均纯收入C13(元)	6 990	8 342	9 446	10 620	11 809	12 849	13 954	15 118
城镇居民人均可支配收入C14(元)	19 946	22 792	25 755	26 882	29 222	31 545	34 012	36 789
高新技术产业产值C15(亿元)	31 602	28 125	33 661	39 583	44 566	47 719	51 401	52 133
第三产业占地区生产总值比例C16(%)	36.6	38.3	40.0	42.0	43.5	45.3	47.3	48
全省万元GDP能耗C17(%)	−4.39	−3.77	−4.55	−4.48	−5	−3.72	−5.15	−6.94
全省万元GDP电耗C18(%)	−0.3	−0.58	−4.89	−1.78	−4.84	−6.49	−2.09	−6.17
环境污染治理投资占GDP比重C19(%)	1.5	1.35	1.59	1.55	1.39	1.1	1.15	1.15①
森林覆盖率C21(%)	16.72	16.72	16.72	16.73	16.73	16.73	16.73	16.73
城市建成区绿化覆盖率C22(%)	38.6	39.2	39.6	39.7	40.2	40.12	42.3	42.1
综合治理水土流失面积C23(平方千米)	1 600②	1 600	1 662	1 600	1 600	1 793	1 262	1 320
矿山环境恢复面积C24(公顷)	3 278	3 817	2 235	4 069	2 120	4 001	1 349	1 349③
二氧化硫排放总量C25(万吨)	188.1	182.7	174.9	164.5	159	152.6	113.5	74
工业固体废物综合利用量C26(万吨)	15 297	18 298	17 043	17 134	18 380	18 308	18 976	19 026
生活垃圾无害化处理量C27(万吨)	911.63	887.85	1 041.7	1 002	958.5	1 377.5	1 466.2	1 591.3
城市污水年处理量C28(万吨)	222 691	247 328	261 415	266 889	280 596	289 339	307 953	317 772

①③　研究期间《中国环境统计年鉴2018》尚未发布，故采用2016年数据。

②　《2010年山东省国民经济和社会发展统计公报》没有公布该项数据，故采用2011年数据。

（续表）

指　标	2010 年	2011 年	2012 年	2013 年	2014 年	2015 年	2016 年	2017 年
农用化肥施用量（实物量）C29（万吨）	1 439.48	1 427.09	1 423.5	1 412.93	1 407.1	1 395.22	1 374.54	1 332.28
人口自然增长率 C31(‰)	5.39	5.4	4.95	5.01	7.39	5.88	10.84	10.14
城镇化率 C32(%)	48.3	50.9	52.43	53.75	55.01	57.01	59.02	60.58
自然保护区面积 C33(万公顷)	113.5	109.8	108.2	110	111.9	111.9	111.9	113.6
全体居民教育文化娱乐消费支出 C34（元/人）	1 401.8	1 538.4	1 655.9	1 136.6	1 303	1 557.3	1 754.6	1 948.4
高等学校招生数 C35(人)	475 215	480 753	466 695	491 557	533 622	540 809	555 211	548 479
文化机构数 C36（个）	20 162①	20 162	18 484	17 023	15 363	16 955	15 131	14 575
人均公园绿地面积 C37(平方米)	15.84	16	16.4	16.8	17.1	17.4	17.9	17.8

二、指标数据的无量纲化处理

数据无量纲化处理的方法主要有最小-最大标准化、Z-score 标准化及按小数定标标准化等。本文选用最小-最大标准化法来进行指标数据的无量纲化处理。用公式可表示为

$$x_{ij}=\frac{a_{ij}-\min a_{ij}}{\max a_{ij}-\min a_{ij}},\ a_{ij}\text{为正向指标}$$

$$x_{ij}=\frac{\max a_{ij}-a_{ij}}{\max a_{ij}-\min a_{ij}},\ a_{ij}\text{为逆向指标}$$

式中，a_{ij} 是指标的原始数据，x_{ij} 是指标标准化之后的数据。

标准化后的指标数据如表 5.10 所示。

① 自 2011 年开始，文化机构数统计方式与之前年份不同，网吧数量也包含在内，导致 2010 年的数据与 2011 年以后的年份数据差异大，没有可比性，故采用 2011 年的数据，减小对数据标准化的影响。

表 5.10　2010—2017 年生态山东建设各指标数据标准化[①]

指标	2010 年	2011 年	2012 年	2013 年	2014 年	2015 年	2016 年	2017 年
C11	0.000 1	0.196 5	0.336 3	0.497 8	0.623 7	0.727 5	0.839 1	1.000 0
C12	0.000 1	0.211 0	0.391 1	0.540 6	0.680 0	0.830 0	0.928 8	1.000 0
C13	0.000 1	0.166 3	0.302 2	0.446 6	0.592 9	0.720 8	0.856 8	1.000 0
C14	0.000 1	0.169 0	0.344 9	0.411 8	0.550 7	0.688 7	0.835 1	1.000 0
C15	0.144 8	0.000 1	0.230 6	0.477 3	0.684 8	0.816 1	0.969 5	1.000 0
C16	0.000 1	0.149 1	0.298 2	0.477 6	0.603 7	0.763 2	0.938 6	1.000 0
C17	0.208 1	0.015 5	0.257 8	0.236 0	0.397 5	0.000 1	0.444 1	1.000 0
C18	0.000 1	0.045 2	0.741 5	0.239 1	0.733 4	1.000 0	0.289 2	0.948 3
C19	0.816 3	0.510 2	1.000 0	0.918 4	0.591 8	0.000 1	0.102 0	0.102 0
C21	0.000 1	0.000 1	0.000 1	1.000 0	1.000 0	1.000 0	1.000 0	1.000 0
C22	0.000 1	0.162 2	0.270 3	0.297 3	0.432 4	0.410 8	1.000 0	0.945 9
C23	0.636 5	0.636 5	0.753 3	0.636 5	0.636 5	1.000 0	0.000 1	0.109 2
C24	0.709 2	0.907 4	0.325 7	1.000 0	0.283 5	0.975 0	0.000 1	0.000 1
C25	0.000 1	0.047 3	0.115 7	0.206 8	0.255 0	0.311 1	0.653 8	1.000 0
C26	0.000 1	0.804 8	0.468 2	0.492 6	0.826 8	0.807 5	0.986 6	1.000 0
C27	0.033 8	0.000 1	0.218 7	0.162 3	0.100 4	0.696 1	0.822 2	1.000 0
C28	0.000 1	0.259 1	0.407 3	0.464 8	0.609 0	0.701 0	0.896 7	1.000 0
C29	0.000 1	0.115 6	0.149 1	0.247 7	0.302 1	0.412 9	0.605 8	1.000 0
C31	0.925 3	0.923 6	1.000 0	0.989 8	0.585 7	0.842 1	0.000 1	0.118 8
C32	0.000 1	0.211 7	0.336 3	0.443 8	0.546 4	0.709 3	0.873 0	1.000 0
C33	0.981 5	0.296 3	0.000 1	0.333 3	0.685 2	0.685 2	0.685 2	1.000 0
C34	0.326 7	0.494 9	0.639 7	0.000 1	0.205 0	0.518 2	0.761 3	1.000 0
C35	0.096 3	0.158 8	0.000 1	0.280 9	0.756 1	0.837 3	1.000 0	0.923 9
C36	1.000 0	1.000 0	0.699 7	0.438 2	0.141 0	0.426 0	0.099 5	0.000 1
C37	0.000 1	0.077 7	0.271 8	0.466 0	0.611 7	0.757 3	1.000 0	0.951 5

① 为避免标准化后的值出现 0 的情况，用 0.000 1 替代 0。

三、生态山东建设指数计算结果与分析

（一）总体分析

通过评价结果可知（如表5.11所示），2010—2017年，生态山东建设指数分别是0.17、0.22、0.39、0.48、0.59、0.65、0.68、0.86，呈逐年上升趋势，说明山东省自从开始生态山东建设之后，生态文明程度总体上不断提升（如图5.1所示）。

表5.11　2010—2017年生态山东建设综合发展指数

	2010年	2011年	2012年	2013年	2014年	2015年	2016年	2017年
指　数	0.17	0.22	0.39	0.48	0.59	0.65	0.68	0.86

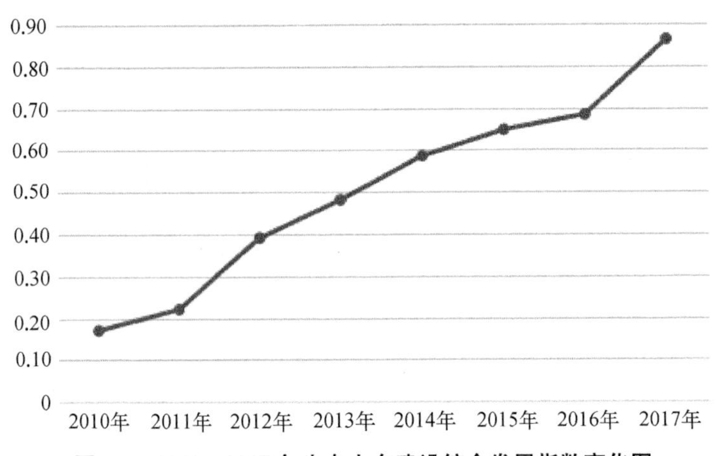

图5.1　2010—2017年生态山东建设综合发展指数变化图

根据生态山东建设综合发展指数的变化，可见在2012年山东省委、山东省人民政府做出关于建设生态山东的决定之前，山东生态省建设已有成效，处于快速发展阶段。2012—2016年的增长速度较缓，主要是由于生态经济系统的各项指标增长速度较慢，生态环境系统的部分指标甚至出现了降低的情况。例如，综合治理水土流失面积在2010—2014年变化不大，2015年升高到1 793平方千米后，2016年和2017年分别下降到1 262和1 320平方千米；工业固体废物综合利用量2012年与2013年的数值低于2011年，2014年回到2011年的水平；生活垃圾无害化处理量在2012—2014年呈下降趋势。生态文化系统的部分指标也没有呈现稳步上升趋势，例如，2012年和

2013年人口自然增长率较低，分别是4.95‰和5.01‰，低于2010年和2011年；全体居民教育文化娱乐消费支出在2012—2014年呈现下降趋势，甚至低于2010年和2011年的消费额；文化机构数2011年之后一直呈现下降趋势。2016年与2015年相比，指数只上涨了0.03，主要是由于综合治理水土流失面积、矿山生态环境恢复面积和二氧化硫排放总量这几项指标大幅度低于2015年。2017年指数显著上涨，主要是由于全省万元GDP电耗显著下降，全体居民教育文化娱乐消费支出显著上升，生态经济系统的各项指标均呈现上升趋势。

（二）三大系统分析

为了进一步说明山东省自2010年以来生态省建设情况，下面从生态山东建设三大子系统（生态经济、生态环境和生态文化）指数加以分析（如表5.12所示）。

表5.12　2010—2017年生态山东建设三大子系统指数

	2010年	2011年	2012年	2013年	2014年	2015年	2016年	2017年
生态经济	0.15	0.16	0.48	0.46	0.61	0.60	0.62	0.87
生态环境	0.07	0.23	0.23	0.53	0.57	0.71	0.81	0.90
生态文化	0.43	0.41	0.40	0.45	0.54	0.71	0.66	0.77

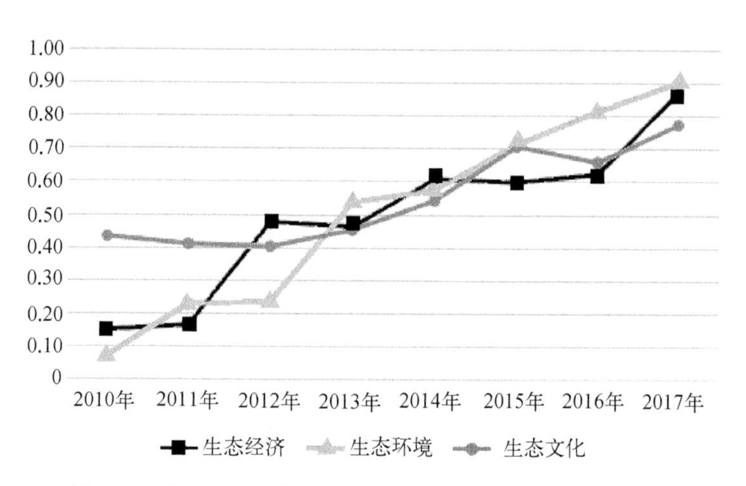

图5.2　2010—2017年生态山东建设三大子系统指数变化图

从图5.2可以看出，生态山东建设三大子系统（生态经济、生态环境和生态文化）指数总体呈上升趋势。2010年，生态文化的得分最高，其次是生态经济，最后是生态环境。2017 年之后，生态文化系统得分最低，得分最高的是生态环境，其次是生态经济。变化较明显的是生态环境曲线，可见生态环境系统各项指标增长较快。就目前来看，三大子系统已经取得了明显的进步，但是三者发展不平衡。

从生态经济系统曲线的变化趋势来看，2012 年指数大幅增加，主要是由于城镇居民人均可支配收入明显增加，万元 GDP 电耗明显减少。2013 年，该指标减少的幅度小于上年，导致 2013 年生态经济系统指数下降 0.2。

从生态环境系统曲线的变化趋势来看，2012 年与 2013 年指标持平，主要原因是矿山环境恢复面积和工业固体废物综合利用量两个指标呈现下降趋势，矿山环境恢复面积在 2013 年增长约 1.8 倍，是该年系统指数上升的主要原因。

从生态文化系统曲线的变化趋势来看，2010—2012 年下降的原因是自然保护区面积和文化机构数两个指标下降。人口自然增长率上升导致系统指数在 2016 年下降明显。

第三节　山东省各地级市生态文明建设实证分析

由于山东各地级市的统计年鉴中关于综合治理水土流失面积 C23、矿山生态环境恢复面积 C24 和自然保护区面积 C33 等指标没有公开数据或数据不全，故在对山东省各地级市的生态文明建设评价中，删除这三个指标，新的权重如表 5.13、表 5.14、表 5.15、表 5.16、表 5.17 所示。

表 5.13　各系统层之间相对重要性的判断矩阵

A	B1	B2	B3	W_i
B1	1	2	3	0.539 6
B2	0.5	1	2	0.297
B3	0.333 3	0.5	1	0.163 4

对 A 的权重为 1.000 0；$\lambda_{max}=3.009\ 2$。

$CI=0.004\ 6$；$RI=0.58$；$CR=0.007\ 9<0.1$ 一致性检验通过。

表 5.14　生态经济系统各指标之间相对重要性的判断矩阵

B1	C11	C12	C13	C14	C15	C16	C17	C18	C19	W_i
C11	1	2	2	2	2	0.5	0.5	0.5	1	0.109
C12	0.5	1	1	1	1	0.333 3	1	1	0.5	0.080 6
C13	0.5	1	1	0.5	0.5	0.333 3	0.5	0.5	0.5	0.056 6
C14	0.5	1	2	1	0.5	0.5	0.5	0.5	0.5	0.069
C15	0.5	1	2	2	1	0.5	0.333 3	0.333 3	0.5	0.074 6
C16	2	3	3	2	2	1	2	0.333 3	1	0.161 5
C17	2	1	2	2	3	0.5	1	1	1	0.136 3
C18	2	1	2	2	3	3	1	1	1	0.178 5
C19	1	2	2	2	2	1	1	1	1	0.133 9

B1 对 A 的权重为 0.539 6；λ_{max}=9.563 9。

CI=0.070 5；RI=1.45；CR=0.048 6<0.1 一致性检验通过。

表 5.15　生态环境系统各指标之间相对重要性的判断矩阵

B2	C21	C22	C25	C26	C27	C28	C29	W_i
C21	1	2	3	3	3	3	4	0.311
C22	0.5	1	2	2	1	2	3	0.176 3
C25	0.333 3	0.5	1	0.5	1	2	2	0.108 7
C26	0.333 3	0.5	2	1	0.5	2	2	0.122 9
C27	0.333 3	1	1	2	1	1	2	0.134
C28	0.333 3	0.5	0.5	0.5	1	1	2	0.089
C29	0.25	0.333 3	0.5	0.5	0.5	0.5	1	0.058 1

B2 对 A 的权重为 0.297 0；λ_{max}=7.266 8。

CI=0.044 5；RI=1.32；CR=0.033 7<0.1 一致性检验通过。

表 5.16 生态文化系统各指标之间相对重要性的判断矩阵

B3	C31	C32	C34	C35	C36	C37	W_i
C31	1	0.333 3	1	2	2	2	0.185 8
C32	3	1	2	2	2	2	0.301 1
C34	1	0.5	1	1	2	1	0.149 6
C35	0.5	0.5	1	1	2	2	0.154 3
C36	0.5	0.5	0.5	0.5	1	0.5	0.086 8
C37	0.5	0.5	1	0.5	2	1	0.122 4

B3 对 A 的权重为 0.163 4；$\lambda_{\max}=6.259\,1$。

$CI=0.051\,8$；$RI=1.24$；$CR=0.041\,8<0.1$ 一致性检验通过。

表 5.17 生态山东建设评价体系指标权重总排序结果

目标层	系统层	权重	指标层	在目标层中所占权重	在系统层中所占权重	性质
生态山东建设评价	生态经济B1	0.539 6	人均地区生产总值 C11(元)	0.058 8	0.109 0	正指标
			一般公共预算收入 C12(亿元)	0.043 5	0.080 6	正指标
			农民人均纯收入 C13(元)	0.030 6	0.056 6	正指标
			城镇居民人均可支配收入 C14(元)	0.037 2	0.069 0	正指标
			高新技术产业产值 C15①(亿元)	0.040 3	0.074 6	正指标
			第三产业占地区生产总值比例 C16(%)	0.087 1	0.161 5	正指标
			全省万元 GDP 能耗② C17*(%)	0.073 5	0.136 3	逆指标
			全省万元 GDP 电耗② C18(%)	0.096 3	0.178 5	逆指标
			一般预算中环境保护支出额 C19③(万元)	0.072 3	0.133 9	正指标

① 没有公开高新技术产业产值数据的地市，用高新技术产业产值占规模以上工业比重这一指标替代。

② 比上一年上升或下降的百分比。

③ 大部分地级市统计年鉴中没有环境污染治理投资占 GDP 比重这一指标，故使用一般预算中环境保护支出额替代这一指标。

（续表）

目标层	系统层	权重	指　标　层	在目标层中所占权重	在系统层中所占权重	性质
生态山东建设评价	生态环境B2	0.297	森林覆盖率C21①(%)	0.092 3	0.311 0	正指标
			城市建成区绿化覆盖率C22*②(%)	0.052 4	0.176 3	正指标
			二氧化硫排放总量C25(万吨)	0.032 3	0.108 7	逆指标
			工业固体废物综合利用量C26*(万吨)	0.036 5	0.122 9	正指标
			生活垃圾无害化处理量C27*③(万吨)	0.039 8	0.134 0	正指标
			城市污水年处理量C28*④(万吨)	0.026 4	0.089 0	正指标
			农用化肥施用量C29*⑤(万吨)	0.017 2	0.058 1	逆指标
	生态文化B3	0.163 4	人口自然增长率C31(‰)	0.030 4	0.185 8	逆指标
			城镇化率C32(%)	0.049 2	0.301 1	正指标
			全体居民教育文化娱乐消费支出C34⑥(元/人)	0.024 4	0.149 6	正指标
			高等学校招生数C35(人)	0.025 2	0.154 3	正指标
			文化机构数C36⑦(个)	0.014 2	0.086 8	正指标
			人均公园绿地面积C37(平方米)	0.020 0	0.122 4	正指标

注：带*号为《山东生态省建设规划纲要》规划指标表中结合山东省实际增加的指标。

山东省各地级市生态文明建设评价指数计算与无量纲化方法和生态山东建设评价部分相同。指标数据来源于2011—2018年山东省与各地级市统计

① 没有公开森林覆盖率数据的地级市，用绿化覆盖面积这一指标替代。

② 各地级市统计年鉴统计口径不同，部分地级市为城市建成区绿化覆盖率，部分地级市为城市建成区绿化覆盖面积。

③ 各地级市统计年鉴统计口径不同，部分地级市为生活垃圾无害化处理量，部分地级市为生活垃圾无害化处理率。

④ 各地级市统计年鉴统计口径不同，部分地级市为城市污水年处理量，部分地级市为城市污水年处理率。

⑤ 各地级市统计年鉴统计口径不同，部分地级市统计实物量，部分地级市统计折纯量。

⑥ 各地级市统计年鉴统计指标不同，部分地级市只统计了城镇居民或者农村居民。

⑦ 没有公开文化机构数数据的地级市，用卫生机构数这一指标替代。

年鉴、2010—2018 年山东省与各地级市国民经济和社会发展统计公报以及政府工作报告、山东省与各地级市统计信息网站等。

一、济南市生态文明建设

（一）数据的收集（如表 5.18 所示）

表 5.18　2010—2017 年济南市生态文明建设指标体系原始数据

指　　标	2010 年	2011 年	2012 年	2013 年	2014 年	2015 年	2016 年	2017 年
人均地区生产总值 C11（元）	57 947	64 310	69 444	74 994	82 052	85 919	90 999	98 967
一般公共预算收入 C12（亿元）	266.13	324.93	380.82	482.07	543.13	614.32	641.22	677.21
农民人均纯收入 C13（元）	8 903	10 411	11 786	13 247	14 726	14 231	15 345	16 593
城镇居民人均可支配收入 C14（元）	25 321	28 892	32 569	35 647	38 762	39 888	43 052	46 642
高新技术产业产值占规模以上工业比重 C15（%）	41.54	38.66	39.55	40.56	41.58	42.63	43.65	45.15
第三产业占地区生产总值比例 C16（%）	52.6	53.1	54.4	55.3	55.8	57.2	58.9	59.9
万元 GDP 能耗 C17（%）	−4.12	−3.78	−4.68	−5.68	−6.22	−9.92	−3.94	−18.62
万元 GDP 电耗 C18（%）	−0.13	−5.13	−9.74	−7.07	−6.93	−6.47	−1.68	−8.63
一般预算中环境保护支出额 C19（万元）	114 270	95 831	119 029	106 518	147 421	213 501	264 260	248 290
森林覆盖率 C21（%）	30	31.1	32.3	34	35.2	35.24	35.24①	35.24②
城市建成区绿化覆盖率 C22（%）	37.04	37.1	38.21	39.03	39.62	39.94	40.12	40.57
二氧化硫排放总量 C25（万吨）	8.16	12.06	11.45	10.73	9.72	9.97	4.44	3.25
工业固体废物综合利用量 C26（万吨）	986.6	1 116.8	1 010.5	920.4	1 019.4	850.9	910.8	712.5
生活垃圾无害化处理量 C27（万吨）	84.50	86.27	92.52	110.54	93.39	137.28	167.32	178.46
城市污水年处理量 C28（万吨）	22 211	25 893	27 497	34 605	28 644	28 721	34 973	38 830
农用化肥施用量（实物量）C29（万吨）	86.38	86.73	85.78	84.22	82.63	81.48	80.35	76.75

①② 官方数据未发布，为不影响数据分析结果，采用 2015 年数据替代。

（续表）

指　标	2010年	2011年	2012年	2013年	2014年	2015年	2016年	2017年
人口自然增长率 C31(‰)	2.78	4.34	3.67	4.53	11.11	5.09	8.34	7.96
城镇化率 C32(%)	71.35	71.45	71.59	66.00	66.41	67.96	69.46	70.53
城镇居民教育文化娱乐消费支出 C34(元/人)	1 897.6	2 146.5	2 439.8	2 604.3	2 855.0	2 852.0	2 878.0	3 054.9
高等学校招生数 C35(人)	154 770	155 257	156 604	151 129	167 203	155 136	165 547	162 311
文化机构数 C36(个)	244	235	250	257	264	273	288	294
人均公园绿地面积 C37(平方米)	10.25	10.9	11.16	11.27	11.52	11.55	11.81	11.79

（二）指标数据的无量纲化处理(如表 5.19 所示)

表 5.19　2010—2017 年济南市生态文明建设指标体系原始数据标准化

	2010年	2011年	2012年	2013年	2014年	2015年	2016年	2017年
C11	0.000 0	0.155 1	0.280 3	0.415 6	0.587 6	0.681 9	0.805 8	1.000 0
C12	0.000 0	0.143 0	0.279 0	0.525 3	0.673 8	0.847 0	0.912 4	1.000 0
C13	0.000 0	0.196 2	0.374 9	0.564 9	0.757 1	0.692 9	0.837 7	1.000 0
C14	0.000 0	0.167 5	0.340 0	0.484 3	0.630 4	0.683 2	0.831 6	1.000 0
C15	0.443 8	0.000 0	0.137 1	0.292 8	0.449 9	0.611 7	0.768 9	1.000 0
C16	0.000 0	0.068 5	0.246 6	0.369 9	0.438 4	0.630 1	0.863 0	1.000 0
C17	0.022 9	0.000 0	0.060 6	0.128 0	0.164 4	0.413 7	0.010 8	1.000 0
C18	0.000 0	0.520 3	1.000 0	0.722 2	0.707 6	0.659 7	0.161 3	0.884 5
C19	0.109 5	0.000 0	0.137 7	0.063 5	0.306 3	0.698 6	1.000 0	0.905 2
C21	0.000 0	0.209 9	0.438 9	0.763 4	0.992 4	1.000 0	1.000 0	1.000 0
C22	0.000 0	0.017 0	0.331 4	0.563 7	0.730 9	0.821 5	0.872 5	1.000 0
C25	0.442 7	0.000 0	0.069 0	0.151 4	0.265 9	0.237 8	0.864 9	1.000 0
C26	0.678 2	1.000 0	0.737 1	0.514 2	0.759 1	0.342 3	0.490 7	0.000 0
C27	0.000 0	0.018 8	0.085 4	0.277 1	0.094 6	0.561 7	0.881 4	1.000 0
C28	0.000 0	0.221 6	0.318 1	0.745 8	0.387 1	0.391 7	0.767 9	1.000 0
C29	0.035 1	0.000 0	0.094 7	0.251 2	0.410 4	0.525 7	0.639 0	1.000 0
C31	1.000 0	0.812 7	0.893 2	0.789 9	0.000 0	0.722 7	0.332 5	0.378 2

（续表）

	2010 年	2011 年	2012 年	2013 年	2014 年	2015 年	2016 年	2017 年
C32	0.956 6	0.974 1	1.000 0	0.000 0	0.073 2	0.350 5	0.619 0	0.810 4
C34	0.000 0	0.215 1	0.468 5	0.610 6	0.827 3	0.824 6	0.847 1	1.000 0
C35	0.226 5	0.256 8	0.340 6	0.000 0	1.000 0	0.249 3	0.897 0	0.695 7
C36	0.152 5	0.000 0	0.254 2	0.372 9	0.491 5	0.644 1	0.898 3	1.000 0
C37	0.000 0	0.416 7	0.583 3	0.653 8	0.814 1	0.833 3	1.000 0	0.987 2

（三）济南市生态文明建设指数计算结果与分析

1. 总体分析

通过评价结果（如表 5.20、图 5.3 所示）可得，2010—2017 年，济南市的生态文明建设指数分别是0.15、0.24、0.40、0.43、0.53、0.64、0.71、0.91，整体呈平稳的上升趋势，但发展缓慢，这主要是因为城镇化率的退步，二氧化硫排放总量在一段时间内居高不下，工业固体废物综合利用量等指标出现提升后退步的现象，这制约了生态文明建设，使指数上涨缓慢。2012—2013 年，生态文明建设发展缓慢，这是因为一般预算中环境保护支出、工业固体废物综合利用量等指标出现下降的趋势。

表 5.20　2010—2017 年济南市生态文明建设综合发展指数

	2010 年	2011 年	2012 年	2013 年	2014 年	2015 年	2016 年	2017 年
指　数	0.15	0.24	0.40	0.43	0.53	0.64	0.71	0.91

2. 三大系统分析

为了进一步说明济南市自 2010 年以来生态文明建设变化情况，下面从三大子系统（生态经济、生态环境和生态文化）指数加以分析（如表 5.21 所示）。

表 5.21　2010—2017 年济南市生态文明建设三大子系统指数

	2010 年	2011 年	2012 年	2013 年	2014 年	2015 年	2016 年	2017 年
生态经济	0.05	0.16	0.35	0.39	0.50	0.64	0.63	0.97
生态环境	0.13	0.21	0.34	0.53	0.63	0.66	0.84	0.88
生态文化	0.52	0.57	0.68	0.35	0.44	0.56	0.71	0.78

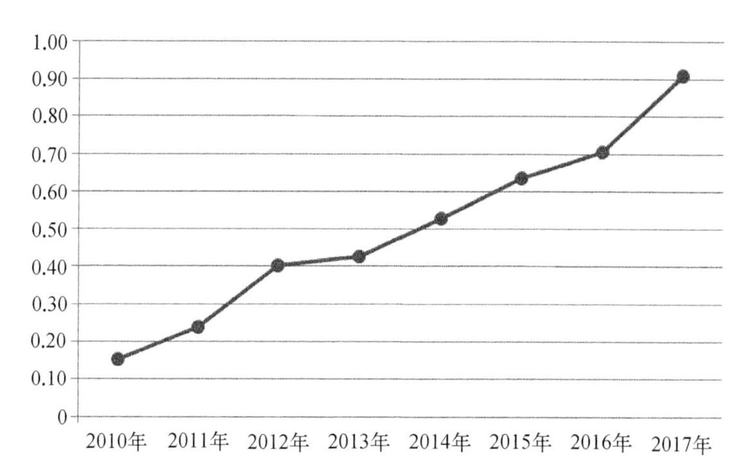

图 5.3　2010—2017 年济南市生态文明建设综合发展指数变化图

从图 5.4 可以看出，济南市生态文明建设三大子系统（生态经济、生态环境和生态文化）总体呈上升趋势，但发展情况十分复杂。2010 年，生态文化的得分最优，其次是生态环境，最后是生态经济。2017 年，得分最高的是生态经济，最低是生态文化。就曲线来看，三大子系统中生态环境和生态经济取得了进步，但生态文化在这八年中出现倒退的现象。三者发展并不平衡。

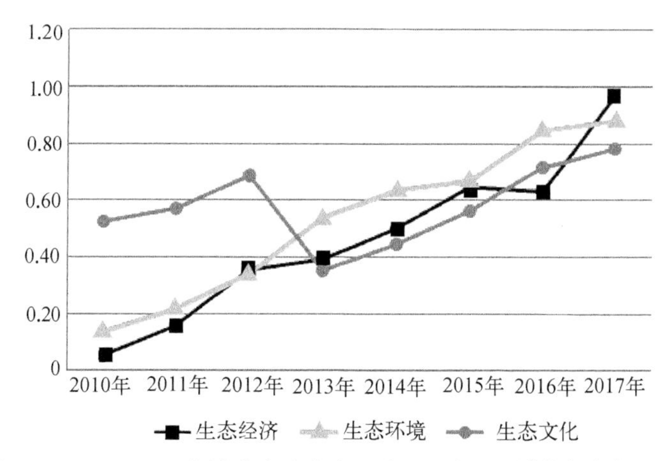

图 5.4　2010—2017 年济南市生态文明建设三大子系统指数变化图

从生态经济的曲线来看，整体呈平稳的上升曲线，在 2015—2016 年出现了小规模的倒退，这是由于万元 GDP 能耗和万元 GDP 电耗这两项指标的大幅度上升导致的。2017 年，济南市的人均地区生产总值及城镇居民人均可支配收入都有大幅度的提高，同时万元GDP能耗和万元GDP电耗这两项指标有大幅度下降，这使得济南市的生态经济水平在2017年出现了大幅度增长。

从生态环境的曲线来看，整体呈上升趋势。在2014—2015年发展缓慢，这主要是因为工业固体废物综合利用量的水平下降。2015—2016年的快速发展是因为城市污水年处理量、工业固体废物综合利用量等指标的大幅度提升。

从生态文化的曲线来看，发展情况较复杂。2012—2013年，生态文化水平出现了大幅度的下降，这主要是由人口自然增长率的提高、城镇化率及高等学校招生数大滑坡似的下降造成的。2014年，生态文化水平回升，是因为城镇居民教育文化娱乐消费支出、高等学校招生数、文化机构数等指标的增加。2016—2017年，生态文化水平增长缓慢的原因是人均公园绿地面积的下降。

二、青岛市生态文明建设

（一）数据的收集（如表5.22所示）

表5.22　2010—2017年青岛市生态文明建设指标体系原始数据

指　标	2010年	2011年	2012年	2013年	2014年	2015年	2016年	2017年
人均地区生产总值C11(元)	65 827	76 804	84 063	91 376	98 283	104 418	111 396	119 357
一般公共预算收入C12(亿元)	452.6	566.1	670.1	788.9	895.2	1 006.2	1 100.0	1 157.2
农民人均纯收入C13(元)	10 550	12 370	13 990	15 731	17 461	16 730	17 969	19 364
城镇居民人均可支配收入C14(元)	24 998	28 567	32 145	35 227	38 294	40 370	43 598	47 176
高新技术产业产值C15(亿元)	5 573	4 640	5 200	5 876	6 857	7 502	7 627	7 531
第三产业占地区生产总值比例C16(%)	46.4	47.3	48.5	49.8	50.7	52.2	54.1	55.4
万元GDP能耗C17(%)	−3.84	−3.93	−4.45	−3.82	−7.04	−7.69	−5.68	−3.99
万元GDP电耗C18(%)	−0.01	−4.18	−8.17	−3.12	−7.8	−6.24	−0.53	1.56
一般预算中环境保护支出额C19(万元)	128 837	104 021	191 713	642 809	126 356	72 970	213 621	204 246
绿地面积C21(公顷)	16 619	18 013	21 471	28 007	28 805	29 117	34 851	36 209
城市建成区绿化覆盖率C22(%)	43.38	44.69	44.7	44.7	44.7	44.7	38.6	39.05
二氧化硫排放总量C25(万吨)	11.28	10.28	9.96	9.68	9.11	9.11	2.33	1.55

（续表）

指　　标	2010年	2011年	2012年	2013年	2014年	2015年	2016年	2017年
工业固体废物综合利用量C26（万吨）	909.43	883.55	876.02	790.69	842.39	664.48	721.84	707.17
生活垃圾无害化处理量C27（万吨）	139	135	147	111	156	185	193	208
城市污水年处理量C28（万吨）	7 291.1	8 138.7	8 099.7	7 851.2	7 388.8	7 207.0	6 195.6	5 195.8
农用化肥施用量C29（万吨〔折纯〕）	30	29	29	29	29	28	28	28
人口自然增长率C31（‰）	0.69	1.34	1.57	2.37	2.8	2.23	6.65	6.65①
城镇化率C32（%）	65.81	66.52	67.14	67.72	68.41	69.99	71.53	72.57
城镇居民教育文化娱乐消费支出C34（元/人）	1 748	1 930	2 067	2 183	2 057	2 264	2 553	2 875
高等学校招生数C35（人）	82 220	84 434	87 981	85 707	90 127	92 251	100 525	98 983
文化机构数C36（个）	465	470	475	480	488	485	485	485②
人均公园绿地面积C37（平方米）	14.6	14.6	14.6	14.6	14.6	14.6	18.6	17.4

（二）指标数据的无量纲化处理（如表5.23所示）

表5.23　2010—2017年青岛市生态文明建设指标体系原始数据标准化

	2010年	2011年	2012年	2013年	2014年	2015年	2016年	2017年
C11	0.000 0	0.205 1	0.340 7	0.477 3	0.606 3	0.720 9	0.851 3	1.000 0
C12	0.000 0	0.161 1	0.308 8	0.477 3	0.628 2	0.785 7	0.918 8	1.000 0
C13	0.000 0	0.206 5	0.390 3	0.587 8	0.784 1	0.701 2	0.841 7	1.000 0
C14	0.000 0	0.160 9	0.322 3	0.461 2	0.599 5	0.693 1	0.838 7	1.000 0
C15	0.312 5	0.000 0	0.187 4	0.413 8	0.742 3	0.958 2	1.000 0	0.968 1
C16	0.000 0	0.100 0	0.233 3	0.377 8	0.477 8	0.644 4	0.855 6	1.000 0
C17	0.005 2	0.028 4	0.162 8	0.000 0	0.832 0	1.000 0	0.480 6	0.043 9
C18	0.161 4	0.589 9	1.000 0	0.481 0	0.962 0	0.801 6	0.214 8	0.000 0

① 官方数据未发布，为不影响数据分析结果，采用2016年的数据替代。

② 2018年年鉴中该数据未统计，根据实际计算是245，但与之前年份差别太大，为不影响数据分析结果，采用2016年的数据替代。

（续表）

	2010 年	2011 年	2012 年	2013 年	2014 年	2015 年	2016 年	2017 年
C19	0.098 0	0.054 5	0.208 4	1.000 0	0.093 7	0.000 0	0.246 8	0.230 4
C21	0.000 0	0.071 2	0.247 7	0.581 3	0.622 1	0.638 0	0.930 7	1.000 0
C22	0.783 6	0.998 4	1.000 0	1.000 0	1.000 0	1.000 0	0.000 0	0.073 8
C25	0.000 0	0.102 1	0.135 1	0.16 38	0.222 6	0.222 6	0.920 0	1.000 0
C26	1.000 0	0.894 3	0.863 6	0.515 2	0.726 3	0.000 0	0.234 2	0.174 3
C27	0.288 7	0.247 4	0.371 1	0.000 0	0.463 9	0.762 9	0.845 4	1.000 0
C28	0.712 0	1.000 0	0.986 7	0.902 3	0.745 2	0.683 4	0.339 7	0.000 0
C29	0.000 0	0.500 0	0.500 0	0.500 0	0.500 0	1.000 0	1.000 0	1.000 0
C31	1.000 0	0.890 9	0.852 3	0.718 1	0.646 0	0.741 6	0.000 0	0.000 0
C32	0.000 0	0.105 0	0.196 7	0.282 5	0.384 6	0.618 3	0.846 2	1.000 0
C34	0.000 0	0.161 5	0.283 1	0.386 0	0.274 2	0.457 9	0.714 3	1.000 0
C35	0.000 0	0.121 0	0.314 7	0.190 5	0.432 0	0.548 0	1.000 0	0.915 8
C36	0.000 0	0.217 4	0.434 8	0.652 2	1.000 0	0.869 6	0.869 6	0.869 6
C37	0.000 0	0.000 0	0.000 0	0.000 0	0.000 0	0.000 0	1.000 0	0.700 0

（三）青岛市生态文明建设指数计算结果与分析

1. 总体分析

通过评价结果（如表 5.24、图 5.5 所示）可得，2010—2017 年，青岛市生态建设指数除 2015—2016 年持平，2016—2017 年有所下降以外，整体呈逐年上升趋势。说明青岛市生态文明程度总体上不断提升，生态文明建设取得可观的进步。

表 5.24　2010—2017 年青岛市生态文明建设综合发展指数

	2010 年	2011 年	2012 年	2013 年	2014 年	2015 年	2016 年	2017 年
指　标	0.17	0.28	0.43	0.47	0.60	0.64	0.64	0.63

根据青岛市生态文明建设综合发展指数的变化，可见在 2012 年山东省委、山东省人民政府做出关于建设生态山东的决定之前，青岛市的生态建设已经有了成效。2010—2015 年指数处于持续增长趋势，主要是由于人均地区生

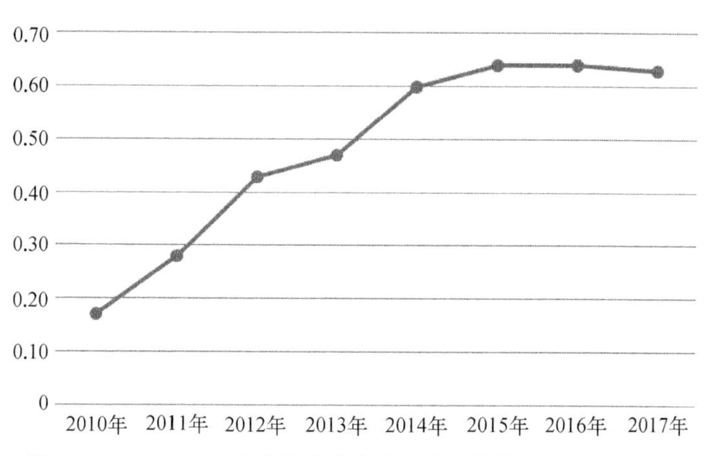

图 5.5　2010—2017 年青岛市生态文明建设综合发展指数变化图

产总值、一般公共预算收入及城镇居民人均可支配收入等生态经济系统指标均持续增长，例如，高新技术产业产值 2015 年增长至 2010 年的 1.35 倍。生态环境系统中，绿地面积及生活垃圾无害化处理量增加，城市建成区绿化覆盖率提高。生态文化系统中，城镇化率持续提高，城镇居民教育文化娱乐消费支出 2015 年增长至 2010 年的 1.30 倍，高等学校招生数及文化机构数均有所增加。2015 年与 2016 年指数持平，主要是由于生活垃圾无害化处理量、第三产业占地区生产总值比例及农民人均纯收入等指标变化不大。而 2016 年以后指数有所下降，主要是由于高新技术产业产值减少、万元 GDP 能耗及万元 GDP 电耗增加、生态环境系统中工业固体废物综合利用量及城市污水年处理量均减少，生态文化系统中高等学校招生数和人均公园绿地面积减少。

2. 三大系统分析

为了进一步说明青岛市 2010—2017 年生态建设变化情况，下面从生态经济、生态环境和生态文化三个方面加以分析（如表 5.25 所示）。

表 5.25　2010—2017 年青岛市生态文明建设三大子系统指数

	2010 年	2011 年	2012 年	2013 年	2014 年	2015 年	2016 年	2017 年
生态经济	0.07	0.19	0.39	0.47	0.63	0.68	0.62	0.59
生态环境	0.36	0.47	0.54	0.55	0.64	0.62	0.62	0.65
生态文化	0.19	0.26	0.35	0.36	0.43	0.55	0.71	0.75

从图5.6可以看出，青岛市生态文明建设三大子系统(生态经济、生态环境和生态文化)总体上呈现出上升趋势。2010年，生态环境的得分最高，其次是生态文化，最后是生态经济。2012年之后，生态经济发展较快，得分第二，得分最高的仍是生态环境。2015年，生态经济持续发展，得分最高，其次是生态环境，最后是生态文化。而2015年以后，生态经济有所下降，生态文化发展较快，得分最高。变化较明显的是生态环境曲线，而生态文化系统各项指标增长较稳定。

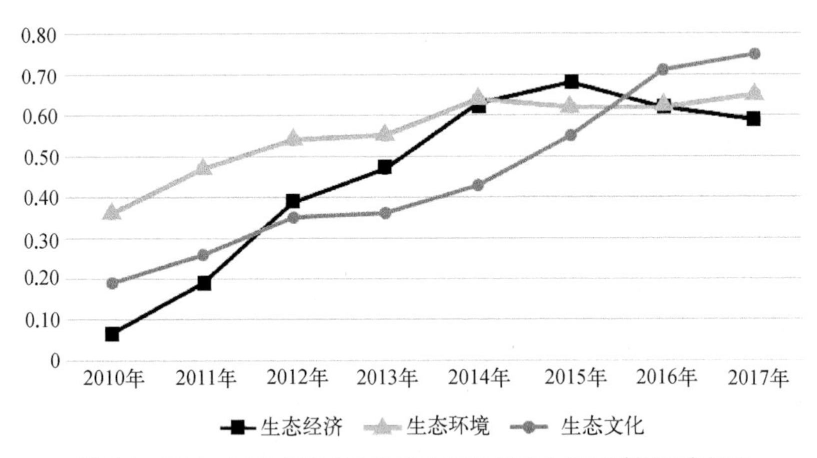

图5.6　2010—2017年青岛市生态文明建设三大子系统指数变化图

从生态经济系统曲线的变化趋势来看，2010—2015年，指数呈持续发展趋势，主要是由于人均地区生产总值、一般公共预算收入、第三产业占地区生产总值比例等指标呈持续增长趋势，而农民人均纯收入及一般预算中环境保护支出额等指标整体呈发展趋势。2015年以后指数有所下降，主要是由于万元GDP能耗及万元GDP电耗大幅增加，一般预算中环境保护支出额大幅减少。

从生态环境系统曲线的变化趋势来看，2010—2014年处于持续发展状态，主要是由于绿地面积逐年增加，二氧化硫排放总量逐年减少，城市建成区绿化覆盖率及城市污水年处理量等指标整体呈发展状态。2014—2015年指数下降，主要是由于工业固体废物综合利用量及城市污水年处理量减少。2015—2016年指数持平，主要是由于生活垃圾无害化处理量及城市建成区绿化覆盖率等指标变化均不大，农业化肥施用量持平。2016年以后指数有所上升，主要是由于工业固体废物综合利用量增加，绿地面积增加，城市建成区绿化覆盖率提高。

从生态文化系统曲线的变化趋势来看，生态文化指标整体呈逐年上升趋势。尤其是2013—2016年发展较快，主要是由于城镇化率提高，城镇居民教育文化娱乐消费支出增加，高等学校招生数大幅增加，人均公园绿地面积2016年增加至2013年的1.3倍，该阶段除文化机构数以外，其余指标均呈持续发展状态。

三、济宁市生态文明建设

（一）数据的收集（如表5.26所示）

表5.26　2010—2017年济宁市生态文明建设指标体系原始数据

指　　标	2010年	2011年	2012年	2013年	2014年	2015年	2016年	2017年
人均地区生产总值C11(元)	31 775	36 035	39 537	43 221	46 702	49 099	52 292	55 595
一般公共预算收入C12(亿元)	169.3	207.1	245.6	302.2	334.2	368.6	391.5	385.7
农民人均纯收入C13(元)	6 783	7 932	9 106	10 332	11 518	12 570	13 615	14 845
城镇居民人均可支配收入C14(元)	16 849	19 041	21 663	23 759	25 859	27 887	29 987	32 420
高新技术产业产值C15(亿元)	528.7	751	1 031.5	1 233.3	1 500.6	1 563.0	1 634.1	1 899.2
第三产业占地区生产总值比例C16(%)	33.8	34.6	35.6	38.2	39.2	41.0	43.1	43.7
万元GDP能耗C17(%)	−4.38	−3.76	−4.8	−4.98	−5.43	−10.13	−5.53	−4.1
万元GDP电耗C18(%)	−5.35	1.63	−6.55	−4.34	−8.76	−9.38	−6.24	−4.42
一般预算中环境保护支出额C19(万元)	85 873	71 227	103 287	121 772	111 801	560 110	150 460	139 216
绿化覆盖率C21(%)	27	28.3	28	28.8	29.6	30.2	30.77	31.49
城市建成区绿化覆盖率C22(%)	35.39	37.51	35.38	35.9	35.5	41.3	42.5	43.1
二氧化硫排放总量C25(吨)	123 993	124 053	145 224	136 544	126 841	124 053	79 865	50 219
工业固体废物综合利用量c26(万吨)	1 940.5	2 423.3	1 940.1	2 022.1	1 904	1 674.8	1 559.1	1 767.7
生活垃圾无害化处理量C27(%)	100	100	100	100	100	100	100	99.8
城市污水年处理量C28(万吨)	8 047	10 013	9 917	12 760	12 766	12 712	12 591	14 602

（续表）

指　　标	2010 年	2011 年	2012 年	2013 年	2014 年	2015 年	2016 年	2017 年
农用化肥施用量 C29(吨〔折纯〕)	441 774	466 445	458 165	466 165	425 715	420 427	415 712	395 477
人口自然增长率 C31(‰)	5.94	5	5.91	5.27	9.7	5.91	11.3	10.14
城镇化率 C32(%)	43	43.6	46	48.33	50.25	52.75	55.25	57.12
城镇居民教育文化娱乐消费支出 C34(元/人)	1 859	1 557	1 629	1 792	1 141	1 388	1 527	1 625
高等学校招生数 C35(人)	42 123	43 536	45 838	37 260	45 333	44 737	43 446	45 787
文化机构数 C36(个)	153	153	152	151	152	153	153	154
人均公园绿地面积 C37(平方米)	11.73	10.9	11.07	13.7	13.6	11.04	14.7	17.4

（二）指标数据的无量纲化处理(如表 5.27 所示)

表 5.27　2010—2017 年济宁市生态文明建设指标体系原始数据标准化

	2010 年	2011 年	2012 年	2013 年	2014 年	2015 年	2016 年	2017 年
C11	0.000 0	0.178 8	0.325 9	0.480 5	0.626 7	0.727 3	0.861 3	1.000 0
C12	0.000 0	0.170 1	0.343 4	0.598 1	0.742 1	0.896 9	1.000 0	0.973 9
C13	0.000 0	0.142 5	0.288 1	0.440 2	0.587 3	0.717 8	0.847 4	1.000 0
C14	0.000 0	0.140 8	0.309 2	0.443 8	0.578 6	0.708 9	0.843 7	1.000 0
C15	0.000 0	0.162 2	0.366 9	0.514 1	0.709 1	0.754 6	0.806 5	1.000 0
C16	0.000 0	0.080 8	0.181 8	0.444 4	0.545 5	0.727 3	0.939 4	1.000 0
C17	0.097 3	0.000 0	0.163 3	0.191 5	0.262 2	1.000 0	0.277 9	0.053 4
C18	0.634 0	0.000 0	0.743 0	0.542 2	0.943 7	1.000 0	0.714 8	0.549 5
C19	0.184 8	0.000 0	0.404 6	0.637 9	0.512 1	0.626 4	1.000 0	0.858 1
C21	0.000 0	0.289 5	0.222 7	0.400 9	0.579 1	0.712 7	0.839 6	1.000 0
C22	0.001 3	0.275 9	0.000 0	0.067 4	0.015 5	0.766 8	0.922 3	1.000 0
C25	0.223 5	0.222 8	0.000 0	0.091 4	0.193 5	0.222 8	0.688 0	1.000 0
C26	0.441 3	1.000 0	0.440 8	0.535 8	0.399 1	0.133 9	0.000 0	0.241 4
C27	1.000 0	1.000 0	1.000 0	1.000 0	1.000 0	1.000 0	1.000 0	0.000 0
C28	0.000 0	0.299 9	0.285 3	0.718 9	0.719 9	0.711 7	0.693 2	1.000 0
C29	0.347 6	0.000 0	0.116 7	0.003 9	0.573 9	0.648 4	0.714 9	1.000 0

（续表）

	2010 年	2011 年	2012 年	2013 年	2014 年	2015 年	2016 年	2017 年
C31	0.850 8	1.000 0	0.855 6	0.957 1	0.254 0	0.855 6	0.000 0	0.184 1
C32	0.000 0	0.042 5	0.212 5	0.377 5	0.513 5	0.690 5	0.867 6	1.000 0
C34	1.000 0	0.579 4	0.679 7	0.906 7	0.000 0	0.344 0	0.537 6	0.674 1
C35	0.566 9	0.731 6	1.000 0	0.000 0	0.941 1	0.871 6	0.721 1	0.994 1
C36	0.666 7	0.666 7	0.333 3	0.000 0	0.333 3	0.666 7	0.666 7	1.000 0
C37	0.127 7	0.000 0	0.026 2	0.430 8	0.415 4	0.021 5	0.584 6	1.000 0

（三）济宁市生态文明建设指数计算结果与分析

1. 总体分析

通过评价结果（如表 5.28、图 5.7 所示）可得，2010—2017 年，济宁市的生态文明建设指数分别是0.23、0.25、0.37、0.46、0.55、0.73、0.74、0.78，整体呈上升趋势。在 2015—2016 年出现了发展停滞的情况。2014—2015 年，济宁市的生态文明水平大幅提升，这是因为一般公共预算收入、城镇居民人均可支配收入、一般预算中环境保护支出额及城市建成区绿化覆盖率等指标都有很大的改善，使生态文明水平得到提升。2015—2016 年发生的停滞，是工业固体废物综合利用量的减少及激增的人口自然增长率共同造成的结果。2016—2017 年，济宁市生态经济方面发展良好，缩减的一般预算中环境保护支出额及居高不下的人口自然增长率限制了济宁市的生态文明水平。但二氧化硫排放总量的减少及增加的人均公园绿地面积等指标使得济宁市的综合指数相较上年有小幅度提升。

表 5.28　2010—2017 年济宁市生态文明建设综合发展指数

	2010 年	2011 年	2012 年	2013 年	2014 年	2015 年	2016 年	2017 年
指　数	0.23	0.25	0.37	0.46	0.55	0.73	0.74	0.78

2. 三大系统分析

为了进一步说明济宁市自 2010 年以来生态文明建设变化情况，下面从三大子系统（生态经济、生态环境和生态文化）指数加以分析（如表 5.29 所示）。

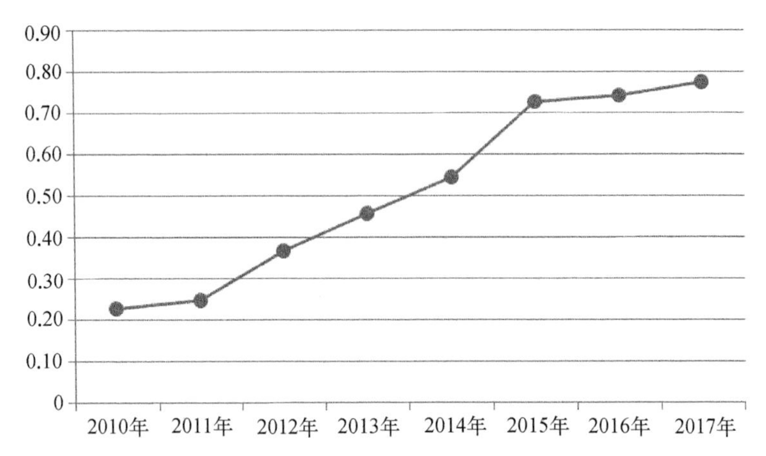

图 5.7　2010—2017 年济宁市生态文明建设综合发展指数变化图

表 5.29　2010—2017 年济宁市生态文明建设三大子系统指数

	2010 年	2011 年	2012 年	2013 年	2014 年	2015 年	2016 年	2017 年
生态经济	0.15	0.08	0.37	0.47	0.62	0.81	0.79	0.77
生态环境	0.23	0.45	0.29	0.41	0.48	0.63	0.74	0.77
生态文化	0.47	0.46	0.51	0.48	0.43	0.61	0.58	0.80

从图 5.8 可以看出，济宁市生态文明建设三大子系统生态经济和生态环境总体呈上升趋势，生态文化发展情况复杂。2010 年，生态文化的得分最高，其次是生态环境，最后是生态经济。2017 年，生态文化系统得分最高，生态环

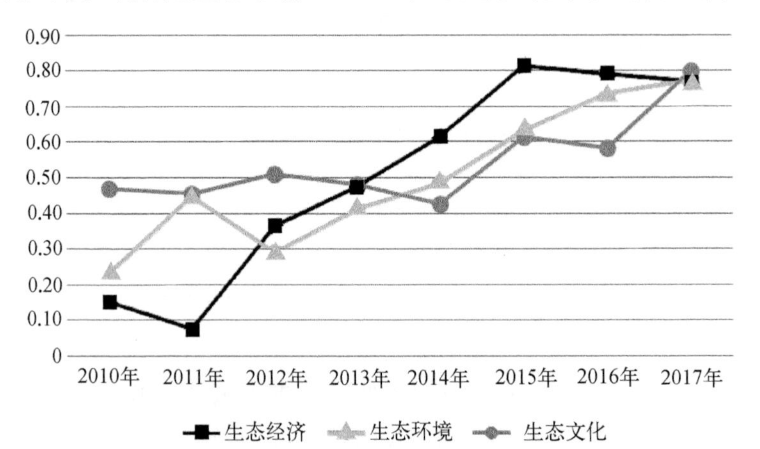

图 5.8　2010—2017 年济宁市生态文明建设三大子系统指数变化图

境与生态经济得分相同。就过去八年的发展情况看来，济宁市的生态文明水平虽有所提升，但是提升发展的程度并不可观，且经常出现指标倒退的情况。

从生态经济的方面来看，总体呈跌宕起伏的上升趋势。2010—2011年，济宁市的生态经济水平发生倒退。这主要是万元GDP电耗的上升及一般预算中环境保护支出额的减少导致的结果。2011—2012年，生态经济水平回温是因为各项指标都在向着好的方向发展，尤其是一般公共预算收入、高新技术产业产值、一般预算中环境保护支出额等指标有大幅度进步。2014—2015年，济宁市生态经济水平大幅度提升，这得益于万元GDP能耗、电耗的大幅度减少，以及其他正指标的增加。2015—2016年，济宁市的万元GDP能耗、电耗水平均有不同程度的上升，这导致了生态经济水平的倒退。2016—2017年，万元GDP能耗、电耗上升，一般预算中环境保护支出额下降，导致了济宁市生态经济水平继续下降。

从生态环境方面来看，整体呈上升趋势，2011—2012年，济宁市生态环境水平的下降归咎于下降的城市建成区绿化覆盖率、工业固体废物综合利用量、城市污水年处理量以及增加的二氧化硫排放总量。自2012年以后，济宁市生态文明建设水平平稳上升。

从生态文化方面来看，济宁市的生态文化建设一直缺少持续动力，反复地提升、下降。2010—2011年，济宁市生态文化水平的倒退是城镇居民教育文化娱乐消费支出及人均公园绿地面积的下降导致的结果。2011—2012年，城镇化率、人均公园绿地面积等指标的上升，使济宁市的生态文化水平有小幅度的提升。2012—2013年，济宁市高等学校招生数减少，对生态文化水平造成负面影响。2013—2014年，激增的人口自然增长率及缩减的城镇居民教育文化娱乐消费支出，又一次让济宁市的生态文化水平发生倒退。2014—2015年，济宁市的人口自然增长率有小规模下降，加之继续改善的城镇化率等指标，使得济宁市的生态文化水平得到恢复。2015—2016年，济宁市的人口自然增长率又一次反弹并突破历史新高，使得济宁市的生态文化水平再次发生回落。2016—2017年，济宁市的人口自然增长率有所下降，加上城镇化率及人均公园绿地面积等指标的增长，让济宁市的生态文化建设得到发展。

四、莱芜市生态文明建设

(一) 数据的收集(如表 5.30 所示)

表 5.30　2010—2017 年莱芜市生态文明建设指标体系原始数据

指　标	2010 年	2011 年	2012 年	2013 年	2014 年	2015 年	2016 年	2017 年
人均地区生产总值 C11(元)	43 100	47 831	49 069	50 232	52 233	50 258	52 457	65 046
一般公共预算收入 C12(亿元)	35.32	39.23	42.02	46.76	49.60	50.17	53.00	56.01
农民人均纯收入 C13(元)	8 311	9 626	10 887	12 161	13 540	13 714	14 852	16 144
城镇居民人均可支配收入 C14(元)	20 988	23 509	26 589	29 179	31 728	30 219	32 364	34 889
高新技术产业产值占规模以上工业比重 C15(%)	22.48	14.01	16.37	17.39	18.7	19.85	21.36	22.36
第三产业占地区生产总值比例 C16(%)	32.5	32.8	35.2	36.4	38	40.4	41.4	38
万元 GDP 能耗 C17(%)	−5.06	−3.74	−4.77	−3.86	−3.34	−9.78	−4.5	−7.71
万元 GDP 电耗 C18(%)	3.51	1.69	−9.34	−4.9	−4.8	−13.41	0.07	−4.63
一般预算中环境保护支出额 C19(万元)	20 212	8 438	16 913	21 309	23 372	23 910	18 568	21 206
森林覆盖率 C21(%)	33.9	34.12①	34.7	35.1	34.3	35.2	35.8	36.02
城市建成区绿化覆盖率 C22(%)	44.22	42.17	43.95	44.4	52.64	47.6	45	45
工业二氧化硫排放总量 C25(万吨)	5.85	8.85	8.62	7.31	6.62	6.41	2.88	2.00
工业固体废物综合利用量 C26(万吨)	1 320.48	1 690.4	1 637.85	1 690.19	1 831.9	1 725.2	1 839.71	1 895.69
生活垃圾无害化处理量 C27(万吨)	15.94	18.27	25.55	20.79	25.7	22.2	26.87	28.07
城市污水年处理量 C28(万吨)	2 933	3 019	3 515	3 576	3 038	3 796	3 543	3 423
农用化肥施用量(实物量)C29(万吨)	12.89	13.09	12.67	12.38	12.27	12.20	12.14	12.14
人口自然增长率 C31(‰)	0.62	1.02	0.39	1.38	5.45	5.29	8.38	6.93

① 由于没有公开数据,由 2010 年和 2012 年莱芜的数据和 2011 年潍坊、菏泽、临沂的平均值推算。

（续表）

指　　标	2010 年	2011 年	2012 年	2013 年	2014 年	2015 年	2016 年	2017 年
城镇化率 C32(%)	45.95	45.81	51.19	55.18	56.44	58.84	61.12	62.58
城镇居民教育文化娱乐消费支出 C34(元/人)	1 232	1 484	1 609	1 904	1 904	1 901	2 048	2 228
普通高校招生数 C35(人)	2 293	1 940	1 820	2 720	3 037	4 367	4 295	3 561
卫生机构数 C36①(个)	287	284	294	1 242	1 287	1 294	1 291	1 288
人均公园绿地面积 C37(平方米)	18.87	18.49	16.2	18.96	19.59	22.68	18.7	21.13

（二）指标数据的无量纲化处理(如表 5.31 所示)

表 5.31　2010—2017 年莱芜市生态文明建设指标体系原始数据标准化

	2010 年	2011 年	2012 年	2013 年	2014 年	2015 年	2016 年	2017 年
C11	0.000 0	0.215 6	0.272 0	0.325 0	0.416 2	0.326 2	0.426 4	1.000 0
C12	0.000 0	0.189 1	0.323 7	0.553 0	0.690 3	0.717 9	0.854 6	1.000 0
C13	0.000 0	0.167 9	0.328 9	0.491 5	0.667 6	0.689 8	0.835 1	1.000 0
C14	0.000 0	0.181 4	0.402 9	0.589 2	0.772 6	0.664 1	0.818 4	1.000 0
C15	1.000 0	0.000 0	0.278 6	0.399 1	0.553 7	0.689 5	0.867 8	0.985 8
C16	0.000 0	0.033 7	0.303 4	0.438 2	0.618 0	0.887 6	1.000 0	0.618 0
C17	0.267 1	0.062 1	0.222 0	0.080 7	0.000 0	1.000 0	0.180 1	0.678 6
C18	0.000 0	0.107 6	0.759 5	0.497 0	0.491 1	1.000 0	0.203 3	0.481 1
C19	0.761 0	0.000 0	0.547 8	0.831 9	0.965 2	1.000 0	0.654 7	0.825 2
C21	0.000 0	0.103 8	0.377 4	0.566 0	0.188 7	0.613 2	0.896 2	1.000 0
C22	0.195 8	0.000 0	0.170 0	0.213 0	1.000 0	0.518 6	0.270 3	0.270 3
C25	0.437 8	0.000 0	0.033 6	0.224 8	0.325 6	0.356 6	0.871 5	1.000 0
C26	0.000 0	0.643 1	0.551 7	0.642 7	0.889 1	0.703 6	0.902 7	1.000 0
C27	0.000 0	0.192 1	0.792 3	0.399 8	0.804 6	0.516 1	0.901 1	1.000 0
C28	0.000 0	0.099 7	0.674 4	0.745 1	0.121 7	1.000 0	0.706 8	0.567 8

① 从 2013 年之后的莱芜统计年鉴中，卫生机构数的统计内容增加了村卫生室的统计，导致数量大幅度增加。

(续表)

	2010 年	2011 年	2012 年	2013 年	2014 年	2015 年	2016 年	2017 年
C29	0.204 1	0.000 0	0.436 9	0.733 1	0.853 7	0.920 9	0.985 9	1.000 0
C31	0.971 2	0.921 2	1.000 0	0.876 1	0.366 7	0.386 7	0.000 0	0.181 5
C32	0.008 3	0.000 0	0.320 8	0.558 7	0.633 9	0.777 0	0.912 9	1.000 0
C34	0.000 0	0.252 9	0.378 5	0.674 5	0.674 8	0.671 8	0.819 4	1.000 0
C35	0.185 7	0.047 1	0.000 0	0.353 4	0.477 8	1.000 0	0.971 7	0.683 5
C36	0.003 0	0.000 0	0.009 9	0.948 5	0.993 1	1.000 0	0.997 0	0.994 1
C37	0.412 0	0.353 4	0.000 0	0.425 9	0.523 1	1.000 0	0.385 8	0.760 8

(三)莱芜市生态文明建设指数计算结果与分析

1. 总体分析

通过评价结果(如表 5.32、图 5.9 所示)可得,2010—2017 年,莱芜市的生态文明建设指数分别是0.19、0.14、0.40、0.49、0.56、0.75、0.66、0.79,整体呈上升趋势。

表 5.32 2010—2017 年莱芜市生态文明建设综合发展指数

	2010 年	2011 年	2012 年	2013 年	2014 年	2015 年	2016 年	2017 年
指　数	0.19	0.14	0.40	0.49	0.56	0.75	0.66	0.79

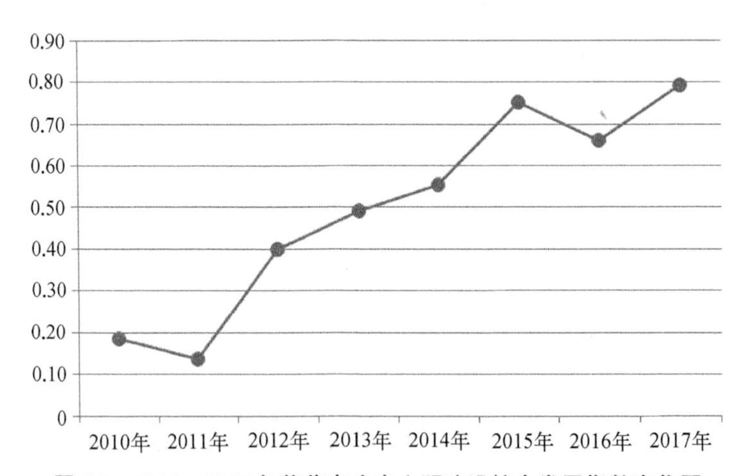

图 5.9 2010—2017 年莱芜市生态文明建设综合发展指数变化图

在2011年及2016年出现了指数下降的情况。发生这种情况是因为，首先在生态经济方面，2011年，莱芜市的高新技术产业产值占规模以上工业比重大规模下降，加之一般预算中环境保护支出额也有大幅度的缩水，使生态经济的情况差于之前一年的情况。其次在生态文化方面，2011年，人口增长率提升，城镇化率降低，人均公园绿地面积也下降了。2012年，莱芜市的生态文明建设有了很大的发展。与2011年相比，除了人均公园绿地面积、工业固体废物综合利用量、普通高校招生数这三项指标外，其他各项指标都在原有基础上得到了提升和发展，尤其是城镇居民人均可支配收入、一般预算中环境支出额及城镇化率等指标有很大的提升和进步。2015—2016年，生态文明建设综合指数的下降主要是因为万元GDP电耗的增长，一般预算中环境保护支出额的下降，城市建成区绿化覆盖率减少，人口自然增长率上升迅速，城市污水年处理量及人均公园绿地面积都相较前一年有下降。2016—2017年，莱芜市各项指标都有所恢复。除了第三产业占地区生产总值比例、城市污水年处理量及普通高校招生数等少数指标有下降的趋势外，大部分指标依旧保持良好的发展状态，像一般公共预算收入、农民人均纯收入及城镇居民人均可支配收入等指标有明显的提升。

2. 三大系统分析

为了进一步说明莱芜市自2010年以来生态文明建设变化情况，下面从三大子系统(生态经济、生态环境和生态文化)指数加以分析(如表5.33所示)。

表5.33　2010—2017年莱芜市生态文明建设三大子系统指数

	2010年	2011年	2012年	2013年	2014年	2015年	2016年	2017年
生态经济	0.21	0.09	0.41	0.46	0.55	0.82	0.59	0.78
生态环境	0.09	0.15	0.41	0.48	0.55	0.62	0.77	0.83
生态文化	0.26	0.26	0.34	0.62	0.58	0.77	0.68	0.77

从图5.10可以看出，莱芜市生态文明建设三大子系统(生态经济、生态环境和生态文化)总体上呈现出上升趋势。2010年，生态文化的得分最高，其次是生态经济，最后是生态环境。2017年，生态文化系统得分最低，得分最高的是生态环境，其次是生态经济。就目前来看，三大子系统中生态环境已经取得了明显的进步，生态经济和生态文化的发展情况复杂，多次出现指数反复的情况。

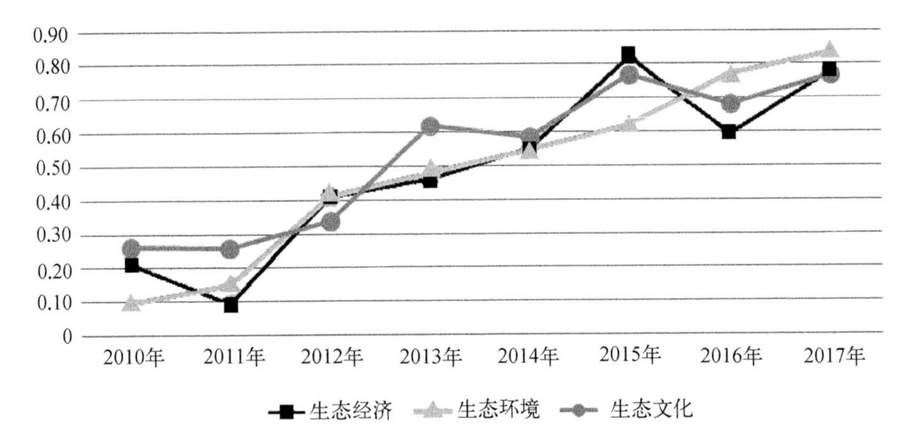

图 5.10　2010—2017 年莱芜市生态文明建设三大子系统指数变化图

从生态经济方面来看，在这八年中发展虽总体呈上升趋势，但在 2011 年和 2016 年出现了严重的指数倒退现象。这是因为 2011 年莱芜市的高新技术产业产值占规模以上工业比重大规模下降，加之一般预算中环境保护支出额也有大幅度的缩水，使生态经济的情况差于之前一年的情况。2016 年，莱芜市的万元 GDP 电耗及一般预算中环境保护支出额都有很大程度的波动，这直接导致了生态经济的指数倒退。

从生态环境方面来看，曲线整体呈平稳的上升趋势。2010—2011 年，曲线上升速度缓慢，这是由于城市建成区绿化覆盖率的下降、工业二氧化硫排放总量及农用化肥施用量的增加导致生态环境发展变慢。2012 年，莱芜市的生态环境水平提升迅速，这是因为 2012 年莱芜市的森林覆盖率及城市建成区绿化覆盖率都有所上升。同时工业二氧化硫排放量及农用化肥施用量有所下降，加之生活垃圾无害化处理量及城市污水年处理量这些指标都有提升，从而使莱芜市的生态环境水平得到了提升。

从生态文化方面来看，曲线变化较为复杂。2010—2011 年，莱芜市的人口自然增长率上升，城镇化率及人均公园绿地面积出现下降的情况，这些导致了在此期间生态文化水平没有得到提升和发展。2012—2013 年，城镇化率、普通高校招生数及卫生机构数都有大规模提升，这才导致了这段时期生态文化水平突增。2013—2014 年，人口自然增长率大规模上升导致了指数的倒退。2014—2015 年，人口自然增长率小幅度下降，城镇化率及人均公园绿地面积增加，导致了生态文化指数的恢复。2015—2016 年，人口自然增长率的大幅上升及人均公园绿地面积的大幅减少共同导致了生态文化水平的倒退局面。2016—2017 年,人口自然增长率的下降,人均公园绿地面积的增加及其他各指标的提升发展,使生态文化水平得到提升。

五、烟台市生态文明建设

(一) 数据的收集(如表 5.34 所示)

表 5.34　2010—2017 年烟台市生态文明建设指标体系原始数据

指　　标	2010 年	2011 年	2012 年	2013 年	2014 年	2015 年	2016 年	2017 年
人均地区生产总值 C11(元)	62 254	70 380	75 672	80 358	85 795	91 979	98 388	103 704
一般公共预算收入 C12(亿元)	237.8	303.2	357.7	437.2	490.2	542.7	577.1	600.3
农民人均纯收入① C13(元)	15 792	11 716	13 298	14 952	14 270	15 540	16 721	18 051
城镇居民人均可支配收入 C14(元)	23 228	26 542	30 045	32 956	33 303	35 907	38 744	41 837
高新技术产业产值 C15(亿元)	4 948	4 709	4 937	5 648	6 064	6 311	6 826	6 315
第三产业占地区生产总值比例 C16(%)	33.4	34.9	36.3	37.7	39.1	41.6	43.3	43.4
万元 GDP 能耗 C17(%)	−4.06	−3.85	−4.05	−3.89	−4.66	−10.6	−3.46	−6.2
万元 GDP 电耗 C18(%)	−1.3	−0.48	−2.61	−0.93	−3.28	−2.38	−0.61	−1.02
一般预算中环境保护支出额 C19(万元)	77 241	106 196	133 483	141 798	98 923	131 607	145 502	179 167
森林覆盖率 C21(%)	39	40	42.5	43.1	43.6	43	40	40
城市建成区绿化覆盖率 C22(%)	42.05	43.2	42.41	42.56	41.07	44.5	42.4	42.58
二氧化硫排放总量 C25(万吨)	10	10	10	9	9	8	7	5
工业固体废物综合利用量 C26(万吨)	1 908	1 946	2 075	2 083	2 144	1 905	2 075	1 493
生活垃圾无害化处理率 C27(%)	98.75	100	100	100	100	100	93.01	100
城市污水年处理率 C28(%)	90.69	91.14	96.19	94.86	77.09	100	95.83	96.83
农用化肥施用量(实物量)C29(万吨)	109.5	107.0	104.7	106.3	110.3	109.2	109.5	108.4
人口自然增长率 C31(‰)	−0.58	−2.43	−0.15	−1.71	5.21	4.96	2.78	−1.81

① 2013 年之前年份为农民人均纯收入,之后为农村居民年人均可支配收入。

（续表）

指　　标	2010 年	2011 年	2012 年	2013 年	2014 年	2015 年	2016 年	2017 年
城镇化率 C32(%)	55.27	56.07	56.82	57.85	58.55	60.35	62.1	63.66
全体居民教育文化娱乐消费支出 C34(元/人)	1 504.3	1 904.6	1 922.5	1 802.6	1 622.8	1 509.9	1 618.6	1 745.1
高等学校招生数 C35(人)	46 056	44 977	45 178	49 799	53 769	57 921	60 654	65 641
文化机构数 C36(个)	200	201	208	215	219	224	227	233
人均公园绿地面积 C37(平方米)	19.37	20.48	17.46	18.67	17.66	19.8	17.68	18.22

（二）指标数据的无量纲化处理(如表 5.35 所示)

表 5.35　2010—2017 年烟台市生态文明建设指标体系原始数据标准化

	2010 年	2011 年	2012 年	2013 年	2014 年	2015 年	2016 年	2017 年
C11	0.000 0	0.196 0	0.323 7	0.436 8	0.567 9	0.717 1	0.871 7	1.000 0
C12	0.000 0	0.180 4	0.330 7	0.550 1	0.696 1	0.840 9	0.936 0	1.000 0
C13	0.643 4	0.000 0	0.249 7	0.510 8	0.403 2	0.603 6	0.790 1	1.000 0
C14	0.000 0	0.178 1	0.366 3	0.522 8	0.541 4	0.681 3	0.833 8	1.000 0
C15	0.112 5	0.000 0	0.107 4	0.443 5	0.640 0	0.756 7	1.000 0	0.758 6
C16	0.000 0	0.150 0	0.290 0	0.430 0	0.570 0	0.820 0	0.990 0	1.000 0
C17	0.084 0	0.054 6	0.082 6	0.060 2	0.168 1	1.000 0	0.000 0	0.383 8
C18	0.292 9	0.000 0	0.760 7	0.160 7	1.000 0	0.678 6	0.046 4	0.192 9
C19	0.000 0	0.284 1	0.551 8	0.633 4	0.212 7	0.533 4	0.669 7	1.000 0
C21	0.000 0	0.217 4	0.760 9	0.891 3	1.000 0	0.869 6	0.217 4	0.217 4
C22	0.285 7	0.621 0	0.390 7	0.434 4	0.000 0	1.000 0	0.387 8	0.440 2
C25	0.000 0	0.000 0	0.000 0	0.200 0	0.200 0	0.400 0	0.600 0	1.000 0
C26	0.637 5	0.695 9	0.894 0	0.906 3	1.000 0	0.632 9	0.894 0	0.000 0
C27	0.689 0	0.711 8	0.967 6	0.900 2	0.000 0	0.578 0	0.806 5	1.000 0
C28	0.821 2	1.000 0	1.000 0	1.000 0	1.000 0	1.000 0	0.000 0	1.000 0
C29	0.143 2	0.596 9	1.000 0	0.722 3	0.000 0	0.189 5	0.139 8	0.334 7
C31	0.757 9	1.000 0	0.701 6	0.905 8	0.000 0	0.032 7	0.318 1	0.918 8
C32	0.000 0	0.095 4	0.184 7	0.307 5	0.390 9	0.605 5	0.814 1	1.000 0
C34	0.000 0	0.957 1	1.000 0	0.713 1	0.283 2	0.013 4	0.273 1	0.575 8

（续表）

	2010 年	2011 年	2012 年	2013 年	2014 年	2015 年	2016 年	2017 年
C35	0.052 2	0.000 0	0.009 7	0.233 4	0.425 5	0.626 4	0.758 7	1.000 0
C36	0.000 0	0.030 3	0.242 4	0.454 5	0.575 8	0.727 3	0.818 2	1.000 0
C37	0.632 5	1.000 0	0.000 0	0.400 7	0.066 2	0.774 8	0.072 8	0.251 7

（三）烟台市生态文明建设指数计算结果与分析

1. 总体分析

通过评价结果（如表 5.36、图 5.11 所示）可得，2010—2017 年，烟台市的生态文明建设指数分别是 0.19、0.29、0.47、0.51、0.50、0.70、0.54、0.69，整体呈上升趋势，但在 2014—2016 年出现了较大的波动。

表 5.36　2010—2017 年烟台市生态文明建设综合发展指数

	2010 年	2011 年	2012 年	2013 年	2014 年	2015 年	2016 年	2017 年
指　数	0.19	0.29	0.47	0.51	0.50	0.70	0.54	0.69

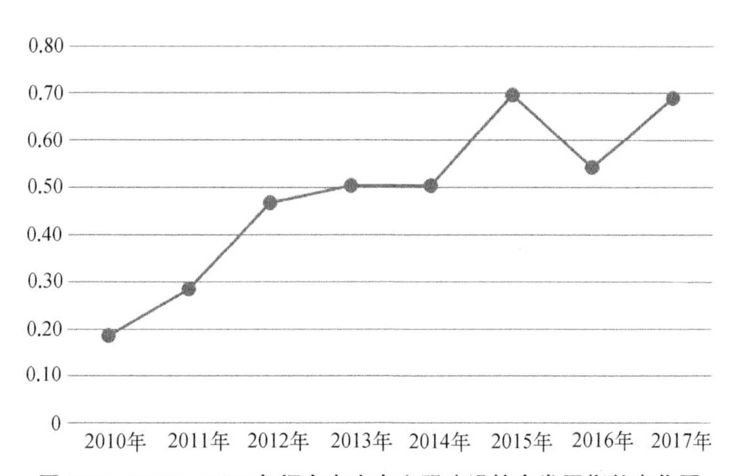

图 5.11　2010—2017 年烟台市生态文明建设综合发展指数变化图

根据烟台市生态文明建设综合发展指数的变化，在 2012 年山东省委、山东省人民政府做出关于建设生态山东的决定之前，烟台市已经在生态文明建设方面做出了成绩，其生态文明建设处于快速发展阶段。而 2012—2014 年的增长速度逐渐放缓并出现了些许的倒退，这主要是由于生态经济系统的各项指标增长速度较慢，生态环境系统的部分指标甚至出现了降低的情况，从数据上看，2014 年政府预算中在环境保护的支出方面，出现了自 2010 年以来的最低值，打破了连续三年增长的趋势。城市污水处理率大幅度下降，相较于 2013 年下降了 17.77%。在化肥施用量连续三年下降后，2014 年，农药化肥的施用量相较 2013 年上涨了 3.8%。2014 年，烟台市人口自然增长率激增，全体居民教育文化娱乐消费支出每人下降了约 180 元，生态文化水平的波动使综合发展指数受到了影响。而在 2015 年，烟台市的生态经济水平焕发生机，重新恢复原有水平并取得了更大的发展。生态环境系统中，城市建成区的绿化覆盖率及城市污水处理率得到了很大的提升，城市污水处理率达到 100%。2016 年，烟台市的生态发展相较于突飞猛进的 2015 年有较大回落。2016 年，烟台市的生态环境水平有所下降，森林覆盖率、城市建成区绿化覆盖率、生活垃圾无害化处理率、城市污水处理率以及对农药化肥的施用控制均有所下降，生态文化中的人均公园绿地面积也下降了 2.12 平方米。

2. 三大系统分析

为了进一步说明烟台市自 2010 年以来生态文明建设变化情况，下面从三大子系统(生态经济、生态环境和生态文化)指数加以分析(如表 5.37 所示)。

表 5.37　2010—2017 年烟台市生态文明建设三大子系统指数

	2010 年	2011 年	2012 年	2013 年	2014 年	2015 年	2016 年	2017 年
生态经济	0.11	0.12	0.38	0.38	0.55	0.74	0.61	0.75
生态环境	0.30	0.48	0.69	0.74	0.54	0.75	0.43	0.50
生态文化	0.23	0.48	0.36	0.49	0.28	0.45	0.54	0.83

从图 5.12 可以看出，烟台市生态文明建设三大子系统(生态经济、生态环境和生态文化)总体上呈现出上升趋势。2010 年，生态环境的得分最高，其次是生态文化，最后是生态经济。2017 年，生态环境系统得分下降，得分最高的是生态文化，其次是生态经济。就目前来看，三大子系统中生态经济和生态文化已经取得了明显的进步，但是三者发展不平衡，尤其是生态环境水平正在退步。

从生态经济的曲线来看，整体呈上升趋势。在 2011 年出现停滞主要是由于农民人均纯收入的降低，生态经济的发展出现了停滞。2016 年，万元 GDP 能耗和电耗在维持了一段时间的负增长后，下降的速度减慢，这使得生态经济水平下降。

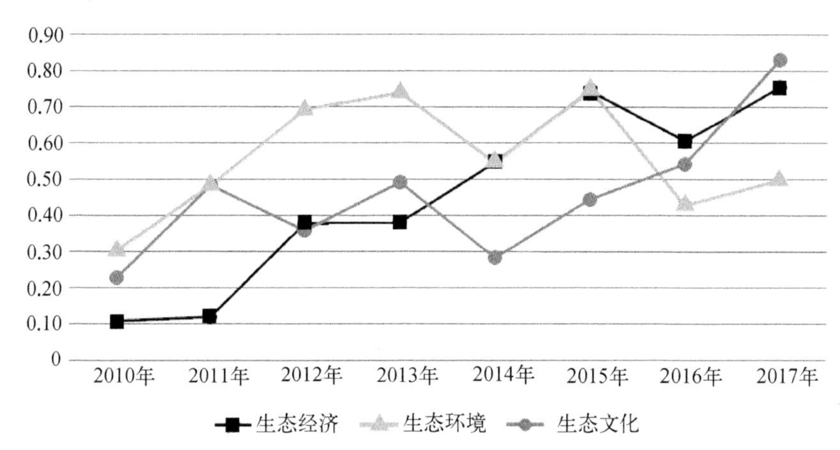

图 5.12　2010—2017 年烟台市生态文明建设三大子系统指数变化图

从生态环境的曲线来看，生态环境的情况比较复杂，在经历了连续三年的增长之后，2014 年出现了生态环境的大滑坡，城市建成区绿化覆盖率以及城市污水处理率两个指标出现了下降的情况。化肥的施用量也出现了大幅的增长。而在 2015 出现了恢复的情况后，2016 年又发生倒退的现象。森林覆盖率、城市建成区绿化覆盖率、生活垃圾无害化处理率以及城市污水处理率均有所下降，而且农用化肥施用量也有所上升。

从生态文化的曲线来看，整体呈上升趋势，在 2012 年和 2014 年出现了下跌，出现这种情况的主要原因是人均公园绿地面积的减少。而在 2014 年除了绿地面积的减少，全体居民教育文化娱乐消费支出也出现了下降，下降的幅度比 2012 年更大。2015 年和 2016 年人口自然增长率改变了负增长的局面，使得曲线的上升速度下降。

六、淄博市生态文明建设

（一）数据的收集（如表 5.38 所示）

表 5.38　2010—2017 年淄博市生态文明建设指标体系原始数据

指　　标	2010 年	2011 年	2012 年	2013 年	2014 年	2015 年	2016 年	2017 年
人均地区生产总值 C11(元)	64 175	73 170	78 996	84 116	88 707	90 508	95 995	101 781
一般公共预算收入 C12(亿元)	162.4	203.59	236.28	273.07	292.55	317.93	345.38	361.58
农民人均纯收入 C13(元)	9 195	10 878	12 378	13 932	15 531	14 531	15 674	19 653

(续表)

指　　标	2010 年	2011 年	2012 年	2013 年	2014 年	2015 年	2016 年	2017 年
城镇居民人均可支配收入 C14(元)	21 784	24 955	28 189	31 515	33 534	33 793	36 436	39 410
高新技术产业产值占规模以上工业比重 C15(%)	38.2	26.6	28.3	29.5	30.7	31.8	33.1	34.5
第三产业占地区生产总值比例 C16(%)	34.3	35.8	37	38.8	40.3	42	43.6	44.8
万元 GDP 能耗 C17(%)	−4.15	−3.96	−5.29	−5.9	−5.81	−5.64	−9.94	−7.88
万元 GDP 电耗 C18(%)	−3.33	−5.65	−10.06	−8.42	−8.43	−5.99	−6.06	−8.11
一般预算中环境保护支出额 C19(亿元)	7.10	7.02	8.76	10.20	14.01	17.74	20.84	22.69
森林覆盖率 C21(%)	35	36	36.5	37	37	37	37	37
城市建成区绿化覆盖率 C22(%)	42.2	42.6	43.4	44.3	44.7	45	45	44.78
二氧化硫排放总量 C25(万吨)	16.79	22.88	21.93	21.17	18.44	15.83	16.76	9.77
工业固体废物综合利用量 C26(万吨)	1 374	1 822	1 771	1 614	1 591	1 484	1 360	1 351
生活垃圾无害化处理量 C27(万吨)	66.2	77	73	65.5	61.9	65.9	67.5	106.3
城市污水年处理量 C28(万吨)	21 521	25 430	25 826	25 891	25 577	25 839	27 460	29 141
农用化肥施用量(实物量)C29(万吨)	31.37	33.21	33.69	33.12	32.19	31.85	31.37	29.52
人口自然增长率 C31(‰)	1.05	2.31	0.72	3.2	4.62	4.2	8.7	2.8
城镇化率 C32(%)	63.12	64.01	64.84	65.31	65.71	67.26	69.11	70.26
城镇居民教育文化娱乐消费支出 C34(元/人)	1 534	1 723	1 951	2 426	2 544	2 756	2 978	3 170
高等学校招生数 C35(人)	31 172	27 919	27 164	28 587	33 070	33 452	34 270	34 471
文化机构数 C36(个)	150	170	168	184	172	152	176	135
人均公园绿地面积 C37(平方米)	15.95	16.3	16.6	16.9	17.2	19.5	19.7	20.4

(二) 指标数据的无量纲化处理(如表 5.39 所示)

表 5.39　2010—2017 年淄博市生态文明建设指标体系原始数据标准化

	2010 年	2011 年	2012 年	2013 年	2014 年	2015 年	2016 年	2017 年
C11	0.000 0	0.239 2	0.394 1	0.530 3	0.652 3	0.700 2	0.846 1	1.000 0
C12	0.000 0	0.206 8	0.370 9	0.555 6	0.653 4	0.780 9	0.918 7	1.000 0

（续表）

	2010 年	2011 年	2012 年	2013 年	2014 年	2015 年	2016 年	2017 年
C13	0.000 0	0.160 9	0.304 4	0.453 0	0.605 9	0.510 2	0.619 5	1.000 0
C14	0.000 0	0.179 9	0.363 4	0.552 1	0.666 6	0.681 3	0.831 3	1.000 0
C15	1.000 0	0.000 0	0.146 6	0.250 0	0.353 4	0.448 3	0.560 3	0.681 0
C16	0.000 0	0.142 9	0.257 1	0.428 6	0.571 4	0.733 3	0.885 7	1.000 0
C17	0.031 8	0.000 0	0.222 4	0.324 4	0.309 4	0.280 9	1.000 0	0.655 5
C18	0.000 0	0.344 7	1.000 0	0.756 3	0.757 8	0.395 2	0.405 6	0.710 3
C19	0.005 1	0.000 0	0.111 0	0.202 9	0.446 1	0.684 1	0.881 9	1.000 0
C21	0.000 0	0.500 0	0.750 0	1.000 0	1.000 0	1.000 0	1.000 0	1.000 0
C22	0.000 0	0.142 9	0.428 6	0.750 0	0.892 9	1.000 0	1.000 0	0.921 4
C25	0.464 4	0.000 0	0.072 7	0.130 5	0.338 4	0.537 4	0.466 5	1.000 0
C26	0.049 6	1.000 0	0.891 8	0.558 9	0.510 1	0.283 1	0.020 1	0.000 0
C27	0.096 8	0.340 1	0.250 0	0.081 1	0.000 0	0.090 1	0.126 1	1.000 0
C28	0.000 0	0.513 0	0.565 0	0.573 5	0.532 3	0.566 7	0.779 4	1.000 0
C29	0.557 3	0.115 3	0.000 0	0.137 1	0.360 9	0.440 7	0.555 5	1.000 0
C31	0.958 6	0.800 8	1.000 0	0.689 2	0.511 3	0.563 9	0.000 0	0.739 3
C32	0.000 0	0.124 6	0.240 9	0.306 7	0.362 7	0.579 8	0.838 9	1.000 0
C34	0.000 0	0.115 7	0.254 8	0.545 0	0.617 3	0.746 9	0.882 6	1.000 0
C35	0.548 5	0.103 3	0.000 0	0.194 7	0.808 3	0.860 5	0.972 5	1.000 0
C36	0.306 1	0.714 3	0.673 5	1.000 0	0.755 1	0.346 9	0.836 7	0.000 0
C37	0.000 0	0.078 7	0.146 1	0.213 5	0.280 9	0.797 8	0.842 7	1.000 0

（三）淄博市生态文明建设指数计算结果与分析

1. 总体分析

通过评价结果（如表 5.40、图 5.13 所示）可得，2010—2017 年，淄博市生态文明建设指数分别是 0.12、0.25、0.42、0.50、0.58、0.61、0.73、0.87，整体呈平稳的上升趋势，2010—2014 年以及 2015—2017 年，淄博市都保持着高速增长的模式，综合发展指数提升迅速。

表 5.40　2010—2017 年淄博市生态文明建设综合发展指数

	2010 年	2011 年	2012 年	2013 年	2014 年	2015 年	2016 年	2017 年
指　数	0.12	0.25	0.42	0.50	0.58	0.61	0.73	0.87

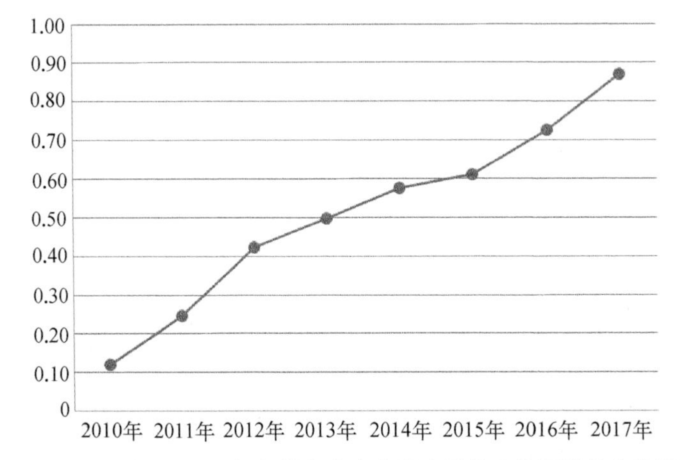

图 5.13　2010—2017 年淄博市生态文明建设综合发展指数变化图

在 2014—2015 年这段时间内，淄博市生态文明建设的综合发展指数提升较慢。这主要是因为农民的人均纯收入、工业固体废物综合利用量以及文化机构数等指标的退步。

2. 三大系统分析

为了进一步说明淄博市自 2010 年以来生态文明建设变化情况，下面从三大子系统（生态经济、生态环境和生态文化）指数加以分析（如表 5.41 所示）。

表 5.41　2010—2017 年淄博市生态文明建设三大子系统指数

	2010 年	2011 年	2012 年	2013 年	2014 年	2015 年	2016 年	2017 年
生态经济	0.08	0.15	0.39	0.46	0.56	0.57	0.77	0.88
生态环境	0.10	0.40	0.51	0.60	0.64	0.67	0.66	0.86
生态文化	0.29	0.29	0.37	0.44	0.52	0.65	0.71	0.86

从图 5.14 可以看出，淄博市生态文明建设三大子系统（生态经济、生态环境和生态文化）总体上呈现出上升趋势。2010 年，生态文化的得分最高，其次是生态环境，最后是生态经济。2017 年，得分最高的是生态经济，生态文化和

生态环境得分相同。就目前来看，三大子系统中生态经济和生态环境取得了明显的进步，与其他城市相比，淄博市三大系统发展较为平衡。

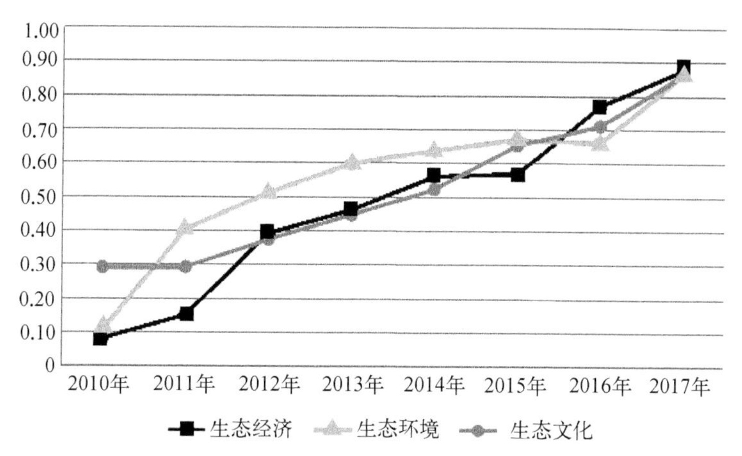

图 5.14　2010—2017 年淄博市生态文明建设三大子系统指数变化图

从生态经济的曲线来看，整体呈上升趋势。2011—2012 年，淄博市的生态经济水平发展迅速，这主要是由于人均地区生产总值、一般公共预算收入、一般预算中环境保护支出额等指标有所提升，万元 GDP 能耗和电耗有所下降，实现了淄博市生态经济的快速飞跃。2012—2014 年，淄博市的生态经济稳步发展，这是人均地区生产总值、一般公共预算收入、一般预算中环境保护支出额等指标不断提升，万元 GDP 能耗和电耗逐年下降导致的结果。2014—2015 年，淄博市的生态经济水平突然停滞，相比上一年指数只提升了 0.1。这是因为农民人均纯收入相比上年有所下降，阻碍了淄博市的生态经济发展。2015—2016 年，淄博市生态经济发展迅速，这是人均地区生产总值、一般公共预算收入、农民人均纯收入、一般预算中环境保护支出额等指标的提升导致的结果。

从生态环境的曲线来看，整体呈上升趋势。2011—2014 年，淄博市的生态环境发展速度缓慢是由于工业固体废物综合利用量、生活垃圾无害化处理以及城市污水年处理量等指标的缓慢下降。2015—2016 年，生态环境水平的小规模退步是因为二氧化硫排放总量、工业固体废物综合利用量这两项指标的退步。2016—2017 年，淄博市的生活垃圾无害化处理量、污水年处理量以及化肥施用量这三项指标的提升，实现了生态环境的大发展。

从生态文化的曲线来看，整体呈上升趋势且发展平稳。2010—2011 年，淄博市的生态文化水平没有发展，这是人口自然增长率的上升及高等学校招生数的下降共同导致的结果。2012—2016 年，淄博市生态文化水平一直在稳步增长，这是因为城镇化率、城镇居民教育文化娱乐消费支出及人均公园绿地面积一直在发展，而没有出现快速发展的原因是人口自然增长率不断增长。

七、东营市生态文明建设

（一）数据的收集（如表 5.42 所示）

表 5.42　2010—2017 年东营市生态文明建设指标体系原始数据

指　　标	2010 年	2011 年	2012 年	2013 年	2014 年	2015 年	2016 年	2017 年
人均地区生产总值 C11（元）	130 811	145 395	156 817	163 982	164 356	163 938	164 024	177 962
一般公共预算收入 C12（万元）	2 377 958	3 031 922	3 573 589	4 372 295	4 901 646	5 426 570	5 771 130	6 003 247
农民人均纯收入 C13（元）	8 427	10 025	11 489	13 000	14 456	13 887	14 999	16 252
城镇居民人均可支配收入 C14（元）	23 796	26 681	30 953	33 983	36 940	38 735	41 580	44 736
高新技术产业产值 C15（亿元）	1 600	2 554	3 345	3 958	4 699	4 645	4 746	4 705
第三产业占地区生产总值比例 C16（%）	23.7	24.7	25.7	29.0	30.0	31.9	33.7	33.7
万元 GDP 能耗 C17（%）	−4.06	−3.85	−4.05	−3.89	−3.56	−7.74	−0.25	−4.33
万元 GDP 电耗 C18（%）	−4.25	1.02	−6.09	0.95	−3.9	−0.63	2.7	−3.26
一般预算中环境保护支出额 C19（万元）	35 867	50 277	78 280	90 568	63 846	72 548	64 868	78 461
绿化覆盖面积 C21（公顷）	6 062	6 191	6 526	7 150	7 519	7 696	9 015	10 173
城市建成区绿化覆盖率 C22（%）	38.57	39.56	41	42.73	44.35	44.38	41.77	41.6
二氧化硫排放总量 C25（吨）	70 994	55 457	52 818	48 312	49 261	49 712	44 858	27 845
工业固体废物综合利用量 C26（万吨）	222.53	292.5	309.2	321.8	341.5	342.7	309.5	366.7

（续表）

指　　标	2010 年	2011 年	2012 年	2013 年	2014 年	2015 年	2016 年	2017 年
生活垃圾无害化处理量 C27（万吨）	18.81	18.93	17.7	22.8	20.8	22.3	27	35.8
城市污水年处理量 C28（万吨）	5 753	6 528	6 915	7 151	7 083	7 493	10 803	12 361
农用化肥施用量 C29（吨〔折纯〕）	114 415	108 724	119 752	122 350	122 583	119 354	115 632	101 814
人口自然增长率 C31（‰）	3.3	3.43	4.26	5.3	9.43	7.32	13	11.69
城镇化率 C32（%）	60.02	60.9	62.08	64	65.52	66.67	67.75	67.75
城市居民教育文化娱乐消费支出 C34（元/人）	1 530	1 649	1 971	2 098	2 606	2 495	2 619	2 473
高等学校招生数 C35（人）	12 842	8 384	8 551	8 057	9 554	11 088	11 029	10 183
文化机构数 C36（个）	65	61	65	66	66	66	66	91
人均公园绿地面积 C37（平方米）	17.25	17.57	18.55	20.9	23.5	24.99	22.48	27.9

（二）指标数据的无量纲化处理（如表 5.43 所示）

表 5.43　2010—2017 年东营市生态文明建设指标体系原始数据标准化

	2010 年	2011 年	2012 年	2013 年	2014 年	2015 年	2016 年	2017 年
C11	0.000 0	0.309 3	0.551 5	0.703 5	0.711 4	0.702 6	0.704 4	1.000 0
C12	0.000 0	0.180 4	0.329 8	0.550 1	0.696 1	0.840 9	0.936 0	1.000 0
C13	0.000 0	0.204 2	0.391 3	0.584 4	0.770 5	0.697 8	0.839 9	1.000 0
C14	0.000 0	0.137 8	0.341 8	0.486 5	0.627 7	0.713 4	0.849 3	1.000 0
C15	0.000 0	0.303 3	0.554 6	0.749 6	0.985 1	0.967 8	1.000 0	0.987 0
C16	0.000 0	0.100 0	0.200 0	0.530 0	0.630 0	0.820 0	1.000 0	1.000 0
C17	0.508 7	0.480 6	0.507 3	0.486 0	0.441 9	1.000 0	0.000 0	0.544 7
C18	0.790 7	0.191 1	1.000 0	0.199 1	0.750 9	0.378 8	0.000 0	0.678 0
C19	0.000 0	0.263 4	0.775 4	1.000 0	0.511 5	0.670 6	0.530 2	0.778 7
C21	0.000 0	0.031 4	0.112 9	0.264 7	0.354 4	0.397 5	0.718 3	1.000 0
C22	0.000 0	0.170 4	0.418 2	0.716 0	0.994 8	1.000 0	0.550 8	0.521 5

（续表）

	2010 年	2011 年	2012 年	2013 年	2014 年	2015 年	2016 年	2017 年
C25	0.000 0	0.360 1	0.421 2	0.525 7	0.503 7	0.493 2	0.605 7	1.000 0
C26	0.000 0	0.485 3	0.601 2	0.688 6	0.825 2	0.833 5	0.603 2	1.000 0
C27	0.061 3	0.068 0	0.000 0	0.281 8	0.171 3	0.254 1	0.513 8	1.000 0
C28	0.000 0	0.117 3	0.175 8	0.211 6	0.201 3	0.263 3	0.764 2	1.000 0
C29	0.393 3	0.667 3	0.136 3	0.011 2	0.000 0	0.155 5	0.334 7	1.000 0
C31	1.000 0	0.986 6	0.901 0	0.793 8	0.368 0	0.585 6	0.000 0	0.135 1
C32	0.000 0	0.113 8	0.266 5	0.514 9	0.711 5	0.860 3	1.000 0	1.000 0
C34	0.000 0	0.109 3	0.405 0	0.521 6	0.988 1	0.886 1	1.000 0	0.865 9
C35	1.000 0	0.068 3	0.103 2	0.000 0	0.312 9	0.633 4	0.621 1	0.444 3
C36	0.133 3	0.000 0	0.133 3	0.166 7	0.166 7	0.166 7	0.166 7	1.000 0
C37	0.000 0	0.030 0	0.122 1	0.342 7	0.586 9	0.726 8	0.491 1	1.000 0

（三）东营市生态文明建设指数计算结果与分析

1. 总体分析

通过评价结果（如表 5.44、图 5.15 所示）可得，2010—2017 年，东营市生态文明建设指数分别是0.18、0.23、0.43、0.50、0.59、0.66、0.59、0.85，虽然在2015—2016 年有所下降，但整体呈逐年上升趋势。说明东营市生态文明程度总体上不断提升，生态文明建设取得可观的进步。

表 5.44　2010—2017 年东营市生态文明建设综合发展指数

	2010 年	2011 年	2012 年	2013 年	2014 年	2015 年	2016 年	2017 年
指　数	0.18	0.23	0.43	0.50	0.59	0.66	0.59	0.85

根据东营市生态文明建设综合发展指数的变化，可见在 2012 年山东省委、省政府做出关于建设生态山东的决定之前，东营市的生态建设已经有了成效。2010—2015 年一直处于较快发展状态，主要是由于生态经济系统中一般公共预算收入和城镇居民人均可支配收入一直持续增长。人均地区生产总值、农民人均纯收入和高新技术产业产值除 2015 年有略微下降以外，也处于较好的发展趋势。生态环境系统中，绿化覆盖面积、工业固体废物综合利用量

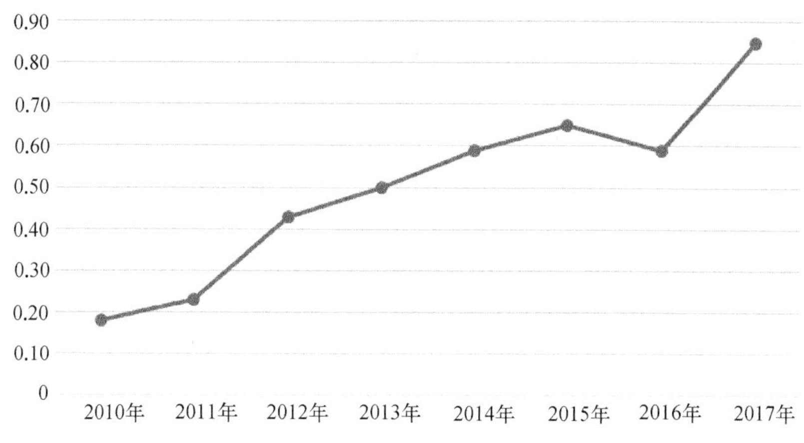

图 5.15　2010—2017 年东营市生态文明建设综合发展指数变化图

逐年增加，城市建成区绿化覆盖率逐年提高，二氧化硫排放总量整体减少以及生活垃圾无害化处理量整体增加。生态文化系统中，人均公园绿地面积增加，城镇化率提高 6.65%，城市居民教育文化娱乐消费支出也提高到原来的1.6倍。而 2015—2016 年指数呈下降趋势，主要是由于万元 GDP 能耗及万元 GDP 电耗均有大幅度增加，一般预算中环境保护支出额大幅减少，城市建成区绿化覆盖率下降，工业固体废物综合利用量减少及人均公园绿地面积减少。2016 年以后指数明显呈上升趋势，主要是由于人均地区生产总值等生态经济系统指标均呈现较好的发展趋势，生态环境系统中工业固体废物综合利用量及城市污水年处理量增加，农业化肥施用量减少。生态文化系统中文化机构数及人均公园绿地面积增加。

2. 三大系统分析

为了进一步说明东营市 2010—2017 年生态文明建设变化情况，下面从生态经济、生态环境和生态文化三个方面加以分析（如表 5.45 所示）。

表 5.45　2010—2017 年东营市生态文明建设三大子系统指数

	2010 年	2011 年	2012 年	2013 年	2014 年	2015 年	2016 年	2017 年
生态经济	0.21	0.24	0.56	0.56	0.66	0.73	0.57	0.85
生态环境	0.03	0.17	0.25	0.41	0.48	0.52	0.62	0.92
生态文化	0.35	0.25	0.35	0.44	0.57	0.70	0.62	0.73

从图5.16可以看出，东营市生态文明建设三大子系统(生态经济、生态环境和生态文化)总体上呈上升趋势。2010年，生态文化得分最高，其次是生态经济，最后是生态环境。2011年，生态文化发展呈下降趋势，2011年以后，生态经济发展较快，得分最高，其次是生态文化，最后是生态环境。2015—2016年，生态经济和生态文化均呈现下降趋势，生态环境发展稳定。而2016年以后，三项指标均呈明显上升趋势，生态环境得分最高，其次是生态经济，最后是生态文化。变化较明显的曲线是生态经济系统曲线，而生态环境系统指标增长较快。

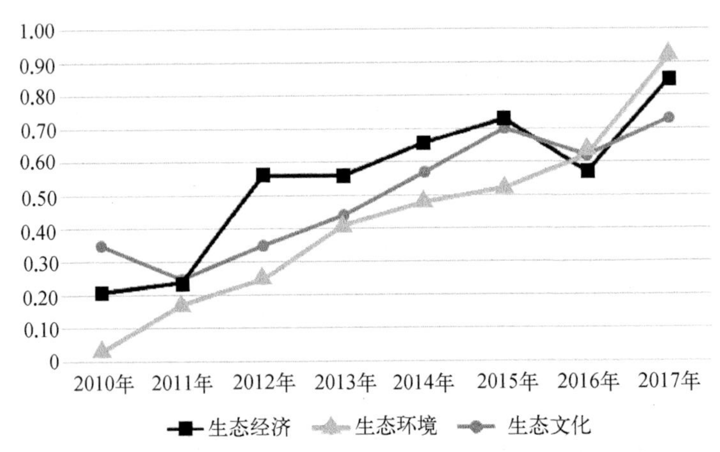

图5.16　2010—2017年东营市生态文明建设三大子系统指数变化图

从生态经济系统曲线的变化趋势看，2010—2012年发展趋势明显，主要是由于除万元GDP能耗以外，人均地区生产总值等生态经济系统指标均呈持续发展趋势。例如，2012年的农民人均纯收入为2010年的1.36倍，一般预算中环境保护支出额由2010年的35 867万元增加至2012年的78 280万元。2012—2013年指数持平，主要是由于城镇居民人均可支配收入及第三产业占地区生产总值比例等指标均增长幅度不大，万元GDP能耗增加。2013—2015年又恢复发展状态，主要是由于除一般预算中环境保护支出额下降以外，其他指标均有所增加。2015—2016年指数下降明显，主要是由于一般预算中环境保护支出额减少，万元GDP能耗和万元GDP电耗增加明显。而2016年以后指数增加明显，主要是由于除高新技术产业产值有所下降以外，其他各项指标均有所进步。

从生态环境系统曲线的变化趋势看，生态环境指标整体呈逐年发展状态。

尤其是2010—2011年发展明显，主要是由于生态环境各指标均呈进步状态，例如，二氧化硫排放量减少15 537吨，城市建成区绿化覆盖率提高至原来的1.03倍。2016—2017年指数发展明显，主要是由于绿化覆盖面积增加明显，二氧化硫排放量减少，以及工业固体废物综合利用量、城市污水年处理量等指标增加。

从生态文化系统曲线的变化趋势看，2010—2011年指数下降明显，主要是由于人口自然增长率提高，文化机构数及高等学校招生数减少。2011—2015年呈持续发展状态，主要是由于城镇化率持续提高，人均公园绿地面积持续增加，以及其他各项指标都有不同程度的进步。2015—2016年指数下降，主要是由于高等学校招生数及人均公园绿地面积减少。2016年以后指数恢复增长，主要是由于文化机构数及人均公园绿地面积增加，人口自然增长率下降。

八、菏泽市生态文明建设

（一）数据的收集（如表5.46所示）

表5.46　2010—2017年菏泽市生态文明建设指标体系原始数据

指　　标	2010年	2011年	2012年	2013年	2014年	2015年	2016年	2017年
人均地区生产总值C11(元)	12 366	13 895	21 461	24 610	26 900	28 350	29 904	32 707
一般公共预算收入[①] C12(亿元)	84.7	111.6	140.3	159.3	162.0	177.7	185.0	186.6
农民人均纯收入C13(元)	5 655	7 119	8 187	9 309	10 436	9 802	10 705	11 753
城镇居民人均可支配收入C14(元)	14 419	14 419	16 658	21 236	23 344	20 370	22 122	24 116
高新技术产业产值C15(亿元)	662.84	799.1	1 238.8	1 601.8	1 931.5	2 242.1	2 560.9	2 844.9
第三产业占地区生产总值比例C16(%)	29.2	30.8	32.0	33.2	34.5	35.8	37.4	38.3
万元GDP能耗C17(%)	−3.93	−3.73	−4.69	−4.32	−4.11	−5.1	−5.45	−5.9
万元GDP电耗C18(%)	−0.33	−0.15	−2.95	1.42	−2.47	−2.96	−1.57	−1.5
一般预算中环境保护支出额C19(万元)	31 103	43 239	66 559	66 412	70 147	68 176	75 650	89 817

① 2012年起，各级政府一般预算收入改称为公共财政预算收入。

(续表)

指　　标	2010 年	2011 年	2012 年	2013 年	2014 年	2015 年	2016 年	2017 年
森林覆盖率 C21(%)	35	33.6	33.6	33.6	33.9	40.9	40.9①	40.9②
城市建成区绿化覆盖率 C22(%)	40.14	41.7	41.95	41.7	40.9	44.45	40.1	39.8
二氧化硫排放总量 C25(万吨)	7.12	10.19	7.71	9.07	9.06	9.10	7.13	8.23
工业固体废物综合利用率 C26(%)	100	100	100	100	100	99.1	98.05	96.11
生活垃圾无害化处理量 C27(万吨)	23.57	25.05	25.5	24.65	21	40.2	67.7	62.4
城市污水年处理量 C28(万吨)	2 167	2 759	2 624	3 495.2	4 764	5 913	6 817.8	6 846
农用化肥施用量 C29(万吨〔折纯〕)	48.39	48.84	49.06	49.31	49.39	49.36	49.31	49.25
人口自然增长率 C31(‰)	8.4	2	4.75	9.3	10.1	5.88	10.84	13.2
城镇化率 C32(%)	36.5	37.8	40.01	41.6	43.06	44.6	47.4	49.05
全体居民教育文化娱乐消费支出 C34(元/人)	1 324	1 374	1 744	2 014	2 074	2 307	2 546	2 894
高等学校招生数 C35(人)	9 091	8 708	10 289	12 346	16 547	16 705	16 746	15 047
文化机构数 C36(个)	212	214	212	236	238	240	232	238
人均公园绿地面积 C37(平方米)	10.37	11.68	11.69	11.8	12.4	13.16	13.45	12

(二) 指标数据的无量纲化处理(如表 5.47 所示)

表 5.47　2010—2017 年菏泽市生态文明建设指标体系原始数据标准化

	2010 年	2011 年	2012 年	2013 年	2014 年	2015 年	2016 年	2017 年
C11	0.000 0	0.075 2	0.447 1	0.601 9	0.714 5	0.785 8	0.862 2	1.000 0
C12	0.000 0	0.264 2	0.546 0	0.732 5	0.758 7	0.912 7	0.985 2	1.000 0
C13	0.000 0	0.240 1	0.415 2	0.599 2	0.784 0	0.680 1	0.828 1	1.000 0
C14	0.000 0	0.000 0	0.230 9	0.703 0	0.920 4	0.613 7	0.794 4	1.000 0
C15	0.000 0	0.062 4	0.263 9	0.430 3	0.581 4	0.723 7	0.869 8	1.000 0
C16	0.000 0	0.175 8	0.307 7	0.439 6	0.582 4	0.725 3	0.901 1	1.000 0
C17	0.092 2	0.000 0	0.442 4	0.271 9	0.175 1	0.631 3	0.792 6	1.000 0
C18	0.399 5	0.358 4	0.997 7	0.000 0	0.888 1	1.000 0	0.682 6	0.666 7

①② 官方数据未发布,为了不影响数据分析结果,采用2015年数据替代。

（续表）

	2010 年	2011 年	2012 年	2013 年	2014 年	2015 年	2016 年	2017 年
C19	0.000 0	0.206 7	0.603 9	0.601 4	0.665 0	0.631 4	0.758 7	1.000 0
C21	0.191 8	0.000 0	0.000 0	0.000 0	0.041 1	1.000 0	1.000 0	1.000 0
C22	0.073 1	0.408 6	0.462 4	0.408 6	0.236 6	1.000 0	0.064 5	0.000 0
C25	1.000 0	0.000 0	0.808 3	0.366 0	0.368 7	0.354 9	0.997 0	0.639 9
C26	1.000 0	1.000 0	1.000 0	1.000 0	1.000 0	0.768 6	0.498 7	0.000 0
C27	0.055 0	0.086 7	0.096 4	0.078 2	0.000 0	0.411 1	1.000 0	0.886 5
C28	0.000 0	0.126 5	0.097 7	0.283 9	0.555 0	0.800 6	0.994 0	1.000 0
C29	1.000 0	0.548 0	0.331 8	0.079 7	0.000 0	0.031 6	0.080 7	0.144 0
C31	0.428 6	1.000 0	0.754 5	0.348 2	0.276 8	0.653 6	0.210 7	0.000 0
C32	0.000 0	0.103 6	0.279 7	0.406 4	0.522 7	0.645 4	0.868 5	1.000 0
C34	0.000 2	0.032 0	0.267 7	0.439 7	0.477 8	0.626 1	0.778 3	1.000 0
C35	0.047 6	0.000 0	0.196 7	0.452 6	0.975 2	0.994 9	1.000 0	0.788 6
C36	0.000 0	0.071 4	0.000 0	0.857 1	0.928 6	1.000 0	0.714 3	0.928 6
C37	0.000 0	0.425 3	0.428 6	0.464 3	0.659 1	0.905 8	1.000 0	0.529 2

（三）菏泽市生态文明建设指数计算结果与分析

1. 总体分析

通过评价结果（如表5.48、图5.17所示）可得，2010—2017年，菏泽市生态文明建设指数分别是0.17、0.21、0.44、0.39、0.53、0.76、0.78、0.80，整体呈逐年上升趋势，且上升幅度较大。说明菏泽市生态文明程度总体上不断提升，生态文明建设取得可观的进步。

表5.48　2010—2017年菏泽市生态文明建设综合发展指数

	2010 年	2011 年	2012 年	2013 年	2014 年	2015 年	2016 年	2017 年
指　数	0.17	0.21	0.44	0.39	0.53	0.76	0.78	0.80

根据菏泽市生态文明建设综合发展指数的变化，可见在2012年山东省委、山东省人民政府做出关于建设生态山东的决定之前，菏泽市生态文明建设已有成效，处于快速发展阶段。2010—2012年上升幅度较大，主要是因为人均地区生产总值、一般公共预算收入及高新技术产业产值等生态经济系统指标均增长较大，城市污水年处理量和生活垃圾无害化处理量的增加也是指数上

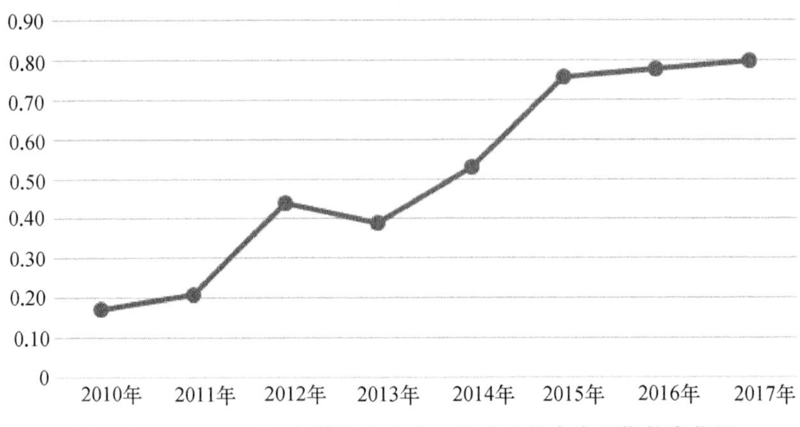

图 5.17　2010—2017 年菏泽市生态文明建设综合发展指数变化图

涨较快的重要原因。例如,人均地区生产总值增加了 9 095 元,城市污水年处理量也由 2010 年的 2 167 万吨增加至 2012 年的 2 624 万吨。而 2012—2013 年指数下降了 0.14,主要是受万元 GDP 电耗的增加等指标的影响。2013 年后指数恢复增长状态,尤其是在 2013—2015 年指数显著增长,主要是由于一般公共预算收入、高新技术产业产值等生态经济系统的指标和全体居民教育文化娱乐消费支出、文化机构数和人均公园绿地面积等生态文化系统指标发展迅速。例如,公共预算收入从 2013 年的 1 593 000 万元增长至 2015 年的 1 777 000万元,人均公园绿地面积从 11.8 平方米增长至 13.16 平方米。2017 年与 2016 年相比,指数只增加了 0.02,主要是由于森林覆盖率指数未改变及人均公园绿地面积指标有小幅度下降。

2. 三大系统分析

为了进一步说明菏泽市 2010—2017 年生态文明建设变化情况,下面从生态经济、生态环境和生态文化三个方面加以分析(如表 5.49 所示)。

表 5.49　2010—2017 年菏泽市生态文明建设三大子系统指数

	2010 年	2011 年	2012 年	2013 年	2014 年	2015 年	2016 年	2017 年
生态经济	0.08	0.17	0.52	0.43	0.66	0.76	0.82	0.94
生态环境	0.37	0.25	0.33	0.28	0.27	0.75	0.72	0.60
生态文化	0.08	0.28	0.35	0.45	0.59	0.76	0.76	0.72

从图 5.18 可以看出,菏泽市生态文明建设三大子系统(生态经济、生态环

境和生态文化)总体上呈上升趋势。2010 年,生态环境的得分最高,其次是生态文化和生态经济。2017 年,生态环境系统得分下降,得分最高的是生态经济,其次是生态文化。变化较明显的是生态环境曲线,生态文化发展比较稳定。

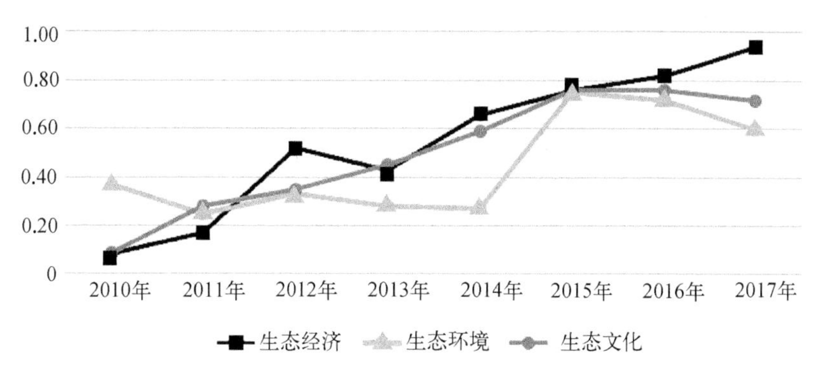

图 5.18　2010—2017 年菏泽市生态文明建设三大子系统指数变化图

从生态经济系统曲线的变化趋势来看,2010—2012 年指数大幅度增加,主要是由于一般公共预算收入和高新技术产业产值等生态经济系统指数均呈发展状态。2013 年指数下降 0.9,主要是由于万元 GDP 能耗增加及一般预算中环境保护支出额减少。2013 年以后指数逐渐增加,主要是由于一般预算中环境保护支出额、高新技术产业产值及一般公共预算收入的增加,例如,一般预算收入,2017 年增加至 2013 年的 1.17 倍。

从生态环境系统曲线的变化趋势来看,2011 年指数有所下降,主要是由于森林覆盖率下降。2012 年指数增加,主要是城市建成区绿化覆盖率上升及生活垃圾无害化处理量增加所致。2012—2014 年指数再次下降,主要是由于城市建成区绿化覆盖率下降及生活垃圾无害化处理量减少。而 2014—2015 年指数有明显增加,是由于生活垃圾无害化处理量和城市污水年处理量等生态环境系统指标均呈进步状态。2015 年以后指数再次呈下降趋势,主要是由于城市建成区绿化覆盖率和工业固体废物综合利用率下降。

从生态文化系统曲线的变化趋势来看,2010—2015 年呈持续发展状态。2010—2011 年指数增加 0.19,是由于文化机构数增加和人均公园绿地面积增加。2011—2015 年指数增加的原因是城镇化率提高和文化机构数增加。而 2015—2016 年指数持平,主要是由于城镇化率和文化机构数等生态文化系统指标变化均不大。而 2016—2017 年指数呈下降趋势,主要是由于高等学校招生数及人均公园绿地面积减少。

九、泰安市生态文明建设

（一）数据的收集（如表 5.50 所示）

表 5.50　2010—2017 年泰安市生态文明建设指标体系原始数据

指　　标	2010 年	2011 年	2012 年	2013 年	2014 年	2015 年	2016 年	2017 年
人均地区生产总值 C11(元)	37 376	41 850	46 130	50 296	53 853	56 490	59 878	63 433
一般公共预算收入 C12(亿元)	100.76	104.4	116.8	126.72	139.98	154.34	156.97	155.23
农民人均纯收入 C13(元)	7 592	8 974	10 194	11 547	12 913	13 322	14 428	15 674
城镇居民人均可支配收入 C14(元)	19 953	22 687	25 659	28 201	30 715	28 132	30 299	32 739
高新技术产业产值占规模以上工业比重 C15(%)	34.19	21.27	23.1	24.24	25.6	26.85	28.3	18.77
第三产业占地区生产总值比例 C16(%)	36.9	38.5	40.2	41.7	43.7	45.2	46.2	46.8
万元 GDP 能耗 C17(%)	−4.1	−3.95	−4.43	−0.33	−5.2	−7.87	−0.51	−7.83
万元 GDP 电耗 C18(%)	−0.7	−3.23	−7.64	−5.07	−5.11	−10.69	−6.91	−8.26
一般预算中环境保护支出额 C19(万元)	55 263	34 304	67 365	55 747	61 167	81 329	75 302	59 465
森林覆盖率 C21(%)	36.9	37.8	38.5	38.9	39.1	39.5	40	24.9
城市建成区绿化覆盖率 C22(%)	43.81	43.85	43.88	44	44	45	45	45
工业二氧化硫排放总量 C25(万吨)	67 699	77 588	70 980	60 160	47 937	43 417	32 895	25 537
工业固体废物综合利用量 C26(万吨)	1 057.1	1 260.9	1 312.4	1 250.6	1 316.6	1 285.4	1 090.2	951.5
生活垃圾无害化处理量 C27(万吨)	16.79	17.35	21.6	22.64	20.6	31.7	39.2	42.6
城市污水年处理量 C28(万吨)	5 067	5 126	5 119	5 322	5 771	6 149	6 395	6 400
农用化肥施用量(实物量)C29(万吨)	656 866	644 650	644 818	651 679	657 025	651 762	640 659	624 049
人口自然增长率 C31(‰)	2.36	4.98	3.04	4.97	7.39	5.88	10.84	5.32
城镇化率 C32(%)	51.6	52.3	52.6	53.8	55.02	57.04	59.06	60.63
农村居民教育文化娱乐消费支出 C34(元/人)	517	607	713	841	954	892	935	1 092

（续表）

指　　标	2010 年	2011 年	2012 年	2013 年	2014 年	2015 年	2016 年	2017 年
普通高校招生数 C35（人）	27 000	29 000	28 000	29 639	30 948	32 470	40 000	40 000
文化机构数 C36（个）	110	112	114	114	115	122	140	151
人均公园绿地面积 C37（平方米）	19.8	19.83	19.85	19.9	19.9	20.2	22.8	22.8

（二）数据的无量纲化处理（如表 5.51 所示）

表 5.51　2010—2017年泰安市生态文明建设指标体系原始数据标准化

	2010年	2011年	2012年	2013年	2014年	2015年	2016年	2017年
C11	0.000 0	0.171 7	0.336 0	0.495 8	0.632 3	0.733 5	0.863 6	1.000 0
C12	0.000 0	0.064 8	0.285 4	0.461 8	0.697 7	0.953 2	1.000 0	0.969 0
C13	0.000 0	0.171 0	0.322 0	0.489 4	0.658 4	0.709 0	0.845 8	1.000 0
C14	0.000 0	0.213 5	0.445 6	0.644 2	0.840 5	0.638 8	0.808 0	0.998 6
C15	1.000 0	0.162 1	0.280 8	0.354 7	0.442 9	0.524 0	0.618 0	0.000 0
C16	0.000 0	0.161 6	0.333 3	0.484 8	0.686 9	0.838 4	0.939 4	1.000 0
C17	0.500 0	0.480 1	0.543 8	0.000 0	0.645 9	1.000 0	0.023 9	0.994 7
C18	0.000 0	0.253 3	0.694 7	0.437 4	0.441 4	1.000 0	0.621 6	0.756 8
C19	0.445 7	0.000 0	0.703 1	0.456 0	0.571 2	1.000 0	0.871 8	0.535 1
C21	0.794 7	0.854 3	0.900 7	0.927 2	0.940 4	0.966 9	1.000 0	0.000 0
C22	0.000 0	0.033 6	0.058 8	0.159 7	0.159 7	1.000 0	1.000 0	1.000 0
C25	0.190 0	0.000 0	0.127 0	0.334 8	0.569 7	0.656 5	0.858 6	1.000 0
C26	0.289 1	0.847 4	0.988 5	0.819 2	1.000 0	0.914 5	0.379 9	0.000 0
C27	0.000 0	0.021 7	0.186 4	0.226 7	0.147 6	0.577 7	0.868 3	1.000 0
C28	0.000 0	0.044 3	0.039 0	0.191 6	0.528 4	0.811 7	0.996 5	1.000 0
C29	0.004 8	0.375 3	0.370 2	0.162 1	0.000 0	0.159 6	0.496 3	1.000 0
C31	1.000 0	0.691 0	0.919 8	0.692 2	0.406 8	0.584 9	0.000 0	0.650 9
C32	0.000 0	0.077 5	0.110 7	0.243 6	0.378 7	0.602 4	0.826 1	1.000 0

（续表）

	2010年	2011年	2012年	2013年	2014年	2015年	2016年	2017年
C34	0.000 0	0.157 3	0.341 4	0.563 9	0.760 2	0.652 5	0.727 2	1.000 0
C35	0.000 0	0.153 8	0.076 9	0.203 0	0.303 7	0.420 8	1.000 0	1.000 0
C36	0.000 0	0.048 8	0.097 6	0.097 6	0.122 0	0.292 7	0.731 7	1.000 0
C37	0.000 0	0.010 0	0.016 7	0.033 3	0.033 3	0.133 3	1.000 0	1.000 0

（三）泰安市生态文明建设指数计算结果与分析

1. 总体分析

通过评价结果（如表5.52、图5.19所示）可得，2010—2017年，泰安市生态文明建设指数分别是0.23、0.26、0.44、0.43、0.56、0.79、0.75、0.76。虽然在2012—2013年及2015—2017年指数有所下降，但整体呈逐年上升趋势。说明泰安市生态文明程度总体上不断提升，生态文明建设取得可观的进步。

表5.52　2010—2017年泰安市生态文明建设综合发展指数

	2010年	2011年	2012年	2013年	2014年	2015年	2016年	2017年
指　数	0.23	0.26	0.44	0.43	0.56	0.79	0.75	0.76

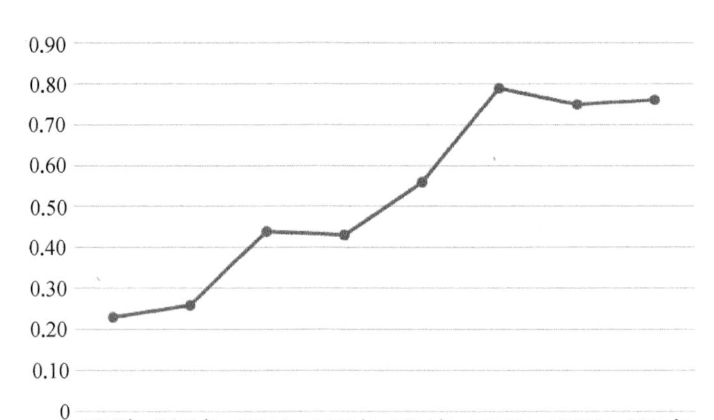

图5.19　2010—2017年泰安市生态文明建设综合发展指数变化图

根据泰安市生态文明建设综合发展指数的变化，可见在2012年山东省委、省政府做出关于建设生态山东的决定之前，泰安市的生态建设已经有了成效。2010—2012 年处于上升状态，主要是由于除生态经济系统中高新技术产业产值占规模以上工业比重有所下降以外，其他指标均呈发展趋势；生态环境系统中，森林覆盖率提高，工业固体废物综合利用量增加；生态文化系统中，城镇化率提高，普通高校招生数增加。2012—2013 年指数有所下降，主要是由于万元 GDP 能耗增加，人口自然增长率提高。2013—2015 年指数有明显增加，主要是由于人均地区生产总值、一般公共预算收入及一般预算中环境保护支出额等生态经济系统指标均进步迅速。例如，一般预算中环境保护支出额 2015 年增加至 2013 年的 1.46 倍。生态环境系统中，二氧化硫排放总量下降幅度较大，生活垃圾无害化处理量及城市污水年处理量等指标均有所进步。生态文化系统中，城镇化率提高，普通高校招生数增加。2015—2016 年指数有所下降，主要是由于万元 GDP 能耗及万元 GDP 电耗增长幅度较大，一般预算中环境保护支出额减少、工业固体废物利用量及农用化肥施用量均减少。2016 年以后指数有所增加，主要是由于城镇居民人均可支配收入、城市污水年处理量及农村居民教育文化娱乐消费支出有所增加。

2. 三大系统分析

为了进一步说明泰安市 2010—2017 年生态建设变化情况，下面从生态经济、生态环境和生态文化三个方面加以分析（如表 5.53 所示）。

表 5.53　2010—2017 年泰安市生态文明建设三大子系统指数

	2010 年	2011 年	2012 年	2013 年	2014 年	2015 年	2016 年	2017 年
生态经济	0.20	0.20	0.48	0.41	0.61	0.86	0.71	0.82
生态环境	0.30	0.40	0.48	0.51	0.57	0.82	0.86	0.57
生态文化	0.19	0.20	0.28	0.33	0.36	0.49	0.70	0.94

从图 5.20 可以看出，泰安市生态文明建设三大子系统（生态经济、生态环境和生态文化）总体上呈上升趋势。2010 年，生态环境的得分最高，其次是生态经济，最后是生态文化。2013 年之后，生态经济发展较快，得分最高，其次是生态环境。2016 年，生态环境发展迅速，得分最高；而 2017 年，生态环境有所下降，生态文化发展较快，得分最高。生态文化系统各项指标增长较快，发展比较稳定。

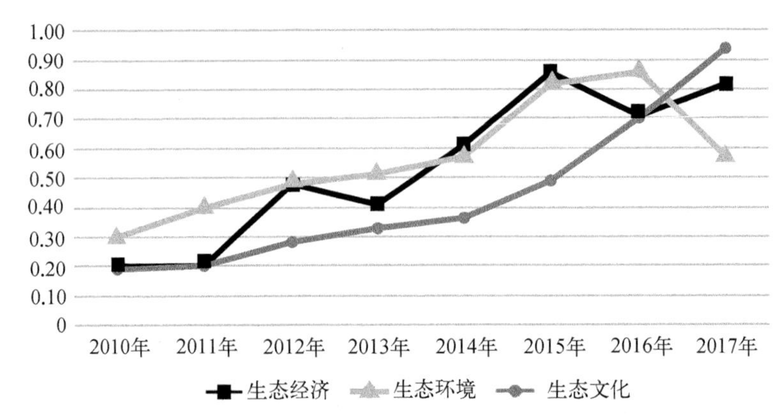

图 5.20　2010—2017 年泰安市生态文明建设三大子系统指数变化图

从生态经济系统曲线的变化趋势来看,2011 年与 2010 年指数持平,主要是由于一般公共预算收入、城镇居民人均可支配收入及第三产业占地区生产总值比例增长幅度均不大。2011—2012 年指数增长,主要是由于一般预算中环境保护支出额等生态经济系统指标均有所增加。2012—2013 年指数下降,主要是由于万元 GDP 能耗和万元 GDP 电耗增加,一般预算中环境保护支出额减少。2013—2015 年指数持续增加,主要是由于人均地区生产总值、一般公共预算收入、城镇居民人均可支配收入等指标均持续增长。2015—2016 年指数下降,主要是由于万元 GDP 能耗和万元 GDP 电耗增加,一般预算中环境保护支出额减少。而 2016 年以后指数上涨,主要是由于农民人均纯收入及城镇居民人均可支配收入增加。

从生态环境系统曲线的变化趋势看,2010—2014 年指数持续增加,主要是由于城市森林覆盖率持续提高,工业固体废物综合利用量、生活垃圾无害化处理量等指标整体上升。2014—2015 年指数增长明显,主要是由于除工业固体废物综合利用量有所减少以外,其余指标均呈发展趋势。2016 年以后指数下降幅度明显,主要是由于森林覆盖率大幅下降,工业固体废物综合利用量减少。

从生态文化系统曲线的变化趋势看,2010—2014 年指数持续稳定增长,主要是由于城镇化率持续提高,普通高校招生数持续增加,人均公园绿地面积等指标均呈发展趋势。2014 年以后指数增加明显,主要是由于城镇化率稳步提高,农村居民教育文化娱乐消费支出大幅增加,文化机构数及人均公园绿地面积均增加。

十、威海市生态文明建设

（一）数据的收集（如表5.54所示）

表5.54　2010—2017年威海市生态文明建设指标体系原始数据

指　　标	2010年	2011年	2012年	2013年	2014年	2015年	2016年	2017年
人均地区生产总值C11(元)	69 187	75 316	83 516	91 010	99 392	106 922	117 340	124 463
一般公共预算收入C12(亿元)	118.27	136.44	158.4	195.22	220.79	249.75	260.5	273.08
农民人均纯收入C13(元)	10 517.0	12 334	13 962	15 582	17 296	16 313	17 573	18 963
城镇居民人均可支配收入C14(元)	22 235.2	25 290.2	28 630	31 442	34 254	36 336	39 363	42 703
高新技术产业产值占规模以上工业比重C15(%)	37.02	33.64	35.51	36.61	37.7	38.83	39.95	12.76
第三产业占地区生产总值比例C16(%)	36.2	37.9	38.9	40.5	44	45.4	46.1	47.3
万元GDP能耗C17(%)	−4.2	−3.79	−4.11	−6.83	−7.07	−5.53	−4.08	−0.38
万元GDP电耗C18(%)	1.6	−1.65	−5.07	−4.54	−5.33	−7.65	−5.43	−5.58
一般预算中环境保护支出额C19(万元)	66 821	71 186	116 301	108 651	101 248	155 366	110 288	140 042
绿化覆盖面积C21(公顷)	6 698	6 903	7 098	7 294	10 254	9 933	10 008	10 171
城市建成区绿化覆盖率C22(%)	47	48	48	48	49	46	46	46
工业二氧化硫排放总量C25(万吨)	31 785	46 368	39 702	36 212	30 669	24 663	17 811	23 271
工业固体废物综合利用量C26(万吨)	214	300	332	324	305	330	253	254
生活垃圾无害化处理量C27(万吨)	25.4	27.8	29.4	20.8	29.2	41.3	40.6	40.6
城市污水年处理量C28(万吨)	4 726	4 829	5 188	5 312	8 363	8 525	8 841	8 736
农用化肥施用量(实物量)C29(万吨)	398 591	394 000	395 096	396 504	391 402	380 200	375 015	364 182
人口自然增长率C31(‰)	−1.3	−1.59	−1.36	−0.98	2.54	−1.04	1.69	−3.41
城镇化率C32(%)	58.21	58.51	59.25	60.31	61.31	63.16	65	66.46

（续表）

指　　标	2010年	2011年	2012年	2013年	2014年	2015年	2016年	2017年
农村居民教育文化娱乐消费支出C34(元/人)	650	744	831	900	951	799	928	1 088
普通高校招生数C35(人)	60 021	59 295	60 588	61 266	64 338	70 678	85 467	90 538
文化机构数C36(个)	95	95	94	95	98	99	100	100
人均公园绿地面积C37(平方米)	24.45	24.76	25.08	25.2	25.3	26.1	26.1	26.1

（二）指标数据的无量纲化处理(如表5.55所示)

表5.55　2010—2017年威海市生态文明建设指标体系原始数据标准化

	2010年	2011年	2012年	2013年	2014年	2015年	2016年	2017年
C11	0.000 0	0.110 9	0.259 2	0.394 8	0.546 4	0.682 7	0.871 1	1.000 0
C12	0.000 0	0.117 4	0.259 2	0.497 1	0.662 2	0.849 3	0.918 7	1.000 0
C13	0.000 0	0.215 1	0.407 9	0.599 7	0.802 6	0.686 2	0.835 4	1.000 0
C14	0.000 0	0.149 3	0.312 4	0.449 8	0.587 2	0.688 9	0.836 8	1.000 0
C15	0.892 2	0.767 9	0.836 7	0.877 2	0.917 2	0.958 8	1.000 0	0.000 0
C16	0.000 0	0.153 2	0.243 2	0.387 4	0.702 7	0.828 8	0.891 9	1.000 0
C17	0.571 0	0.509 7	0.557 5	0.964 1	1.000 0	0.769 8	0.553 1	0.000 0
C18	0.000 0	0.351 4	0.721 1	0.663 8	0.749 2	1.000 0	0.760 0	0.776 2
C19	0.000 0	0.049 3	0.558 8	0.472 4	0.388 8	1.000 0	0.490 9	0.826 9
C21	0.000 0	0.057 6	0.112 5	0.167 6	1.000 0	0.909 7	0.930 8	0.976 7
C22	0.406 7	0.563 3	0.673 3	0.700 0	1.000 0	0.033 3	0.033 3	0.000 0
C25	0.510 7	0.000 0	0.233 4	0.355 6	0.549 7	0.760 1	1.000 0	0.808 8
C26	0.000 0	0.726 4	1.000 0	0.933 1	0.771 3	0.985 6	0.329 2	0.339 4
C27	0.222 3	0.342 0	0.418 7	0.000 0	0.408 9	1.000 0	0.965 8	0.965 8
C28	0.000 0	0.025 0	0.112 3	0.142 4	0.883 8	0.923 3	1.000 0	0.974 5
C29	0.000 0	0.133 4	0.101 6	0.060 7	0.208 9	0.534 5	0.685 2	1.000 0

（续表）

	2010 年	2011 年	2012 年	2013 年	2014 年	2015 年	2016 年	2017 年
C31	0.645 4	0.694 1	0.655 5	0.591 6	0.000 0	0.601 7	0.142 9	1.000 0
C32	0.000 0	0.036 4	0.126 1	0.254 5	0.375 8	0.600 0	0.823 0	1.000 0
C34	0.000 0	0.215 1	0.413 6	0.571 1	0.687 4	0.340 6	0.634 9	1.000 0
C35	0.023 2	0.000 0	0.041 4	0.063 1	0.161 4	0.364 3	0.837 7	1.000 0
C36	0.166 7	0.166 7	0.000 0	0.166 7	0.666 7	0.833 3	1.000 0	1.000 0
C37	0.000 0	0.187 9	0.381 8	0.454 5	0.515 2	1.000 0	1.000 0	1.000 0

（三）威海市生态文明建设指数计算结果与分析

1. 总体分析

通过评价结果（如表 5.56、图 5.21 所示）可得，2010—2017 年，威海市生态文明建设指数分别是0.15、0.26、0.41、0.48、0.67、0.78、0.74、0.77，虽然在2015—2016 年有所下降，但整体呈逐年上升趋势。说明威海市生态文明程度总体上不断提升，生态文明建设取得可观的进步。

表 5.56　2010—2017 年威海市生态文明建设综合发展指数

	2010 年	2011 年	2012 年	2013 年	2014 年	2015 年	2016 年	2017 年
指　数	0.15	0.26	0.41	0.48	0.67	0.78	0.74	0.77

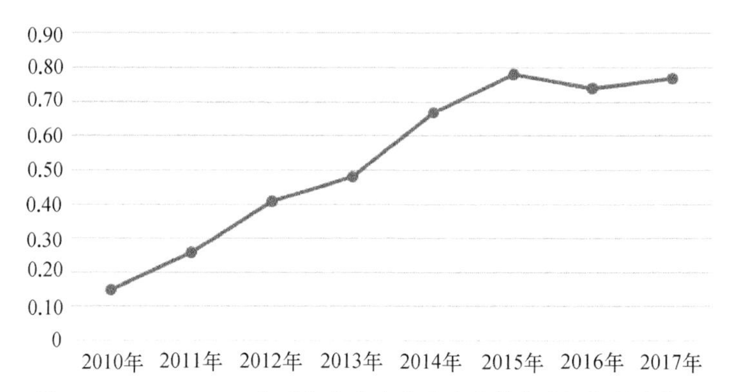

图 5.21　2010—2017 年威海市生态文明建设综合发展指数变化图

根据威海市生态文明建设综合发展指数的变化，可见在 2012 年山东省委、山东省人民政府做出关于建设生态山东的决定之前，威海市的生态建设已经有了成效。2010—2015 年，威海市一直处于快速发展状态，主要是由于人均地区生产总值、一般公共预算收入均增长较快。城镇居民人均可支配收入也增加了14 100.77元。生态环境系统中绿化覆盖面积增加较快，工业二氧化硫排放量也减少了 7 122 万吨。生态文化系统中文化机构数和人均公园绿地面积等指标也有所增长。而 2015—2016 年指数有所下降，主要是由于一般预算中环境保护支出额减少对指数影响较大。生活垃圾无害化处理量减少，万元 GDP 电耗增加以及人口自然增长率的增加幅度较大，2016 年较前一年增加 2.73‰。2016 年以后指数逐渐增加，主要是由于生态文化系统中大多数指标都处于上升趋势。

2. 三大系统分析

为了进一步说明威海市 2010—2017 年生态建设变化情况，下面从生态经济、生态环境和生态文化三个方面加以分析(如表 5.57 所示)。

表 5.57　2010—2017 年威海市生态文明建设三大子系统指数

	2010 年	2011 年	2012 年	2013 年	2014 年	2015 年	2016 年	2017 年
生态经济	0.15	0.26	0.48	0.59	0.70	0.85	0.77	0.73
生态环境	0.16	0.26	0.37	0.35	0.79	0.74	0.70	0.71
生态文化	0.14	0.21	0.27	0.35	0.36	0.59	0.71	1.00

从图 5.22 可以看出，潍坊市生态文明建设三大子系统(生态经济、生态环境和生态文化)总体上呈上升趋势。2010 年，生态环境的得分最高，其次是生态经济，最后是生态文化。2012 年之后，生态经济发展较快，得分最高，其次是生态环境。2014 年，生态环境发展迅速，得分最高。而 2017 年，生态经济和生态环境都有所下降，生态文化发展较快，得分最高。变化较明显的是生态环境曲线，而生态文化系统各项指标增长较快。

从生态经济系统曲线的变化趋势来看，2010—2015 年指数处于持续增长状态，主要是由于一般公共预算收入、人均地区生产总值、城镇居民人均可支配收入及第三产业占地区生产总值比例等指标均处于稳定增长状态。例如，人均地区生产总值增加了 37 735 元，一般公共预算收入从 2010 年的 118.27

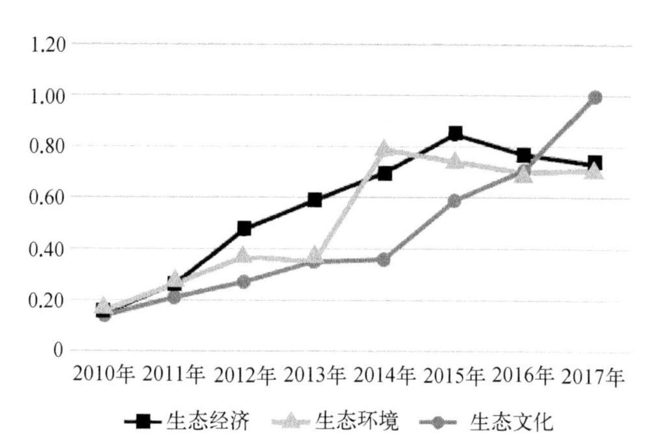

图 5.22　2010—2017 年威海市生态文明建设三大子系统指数变化图

亿元增加至 2015 年的 249.75 亿元。而 2015 年以后指数下降明显,主要是由于全省万元 GDP 能耗增加较大,一般预算中环境保护支出额减少,2017 年较 2015 年下降 0.11%。

从生态环境系统的变化趋势看,2010—2012 年指数增加,主要是由于绿化覆盖面积、工业固体废物综合利用量及城市污水年处理量增加。2012—2013 年指数有所下降,主要是由于工业固体废物综合利用量及生活垃圾无害化处理量减少。2013—2014 年指数上升明显,主要是由于工业二氧化硫排放量及农用化肥施用量减少,生活垃圾无害化处理量及城市污水年处理量增加,这几项指标变化幅度均较大。2014—2016 年指数趋势下降的原因是工业固体废物综合利用量、绿化覆盖面积减小及城市建成区绿化覆盖率降低。

从生态文化系统的变化趋势看,2010—2013 年发展较稳定,主要是由于城镇化率提高,农村居民教育文化娱乐消费支出增加,以及人均公园绿地面积增加。2013—2014 年指数基本持平,变化不大,主要是由于城镇化率、文化机构数及人均公园绿地面积指标涨幅均较小,人口自然增长率增加。2014—2016 年指数增长趋势明显,主要是由于人口自然增长率下降、普通高校招生数增加较多,人均公园绿地面积也增加至原来的 1.03 倍,以及城镇化率提高。2016 年以后指数变化明显,主要是由于普通高校招生数增幅较大,人口自然增长率提高。2017 年曲线变化较明显,主要是由于人口自然增长率降低,城镇化率提高和农村居民教育文化娱乐消费支出增加。

十一、潍坊市生态文明建设

（一）指标数据的收集（如表 5.58 所示）

表 5.58　2010—2017 年潍坊市生态文明建设各指标数据

指　　标	2010 年	2011 年	2012 年	2013 年	2014 年	2015 年	2016 年	2017 年
人均地区生产总值 C11(元)	34 273	38 833	43 681	47 943	51 826	55 824	59 275	62 592
一般公共预算收入 C12(亿元)	202.4	253.9	306.1	383.9	430.2	484.5	521.5	539.1
农民人均纯收入 C13(元)	8 872	10 409	11 797	13 273	14 776	14 890	16 089	17 434
城镇居民人均可支配收入 C14(元)	19 675	22 508	25 817	28 386	30 973	31 060	33 609	36 286
高新技术产业产值 C15(亿元)	2 614.2	2 349.7	2 899.5	3 514.6	3 847.9	4 188.5	4 413.5	4 165.1
第三产业占地区生产总值比例 C16(%)	33.6	34.5	36.3	38.2	39.7	43.0	45.0	46
万元 GDP 能耗 C17(%)	−4.68	−3.8	−4.75	−4.89	−5.13	−7.72	−7.22	−3.78
万元 GDP 电耗 C18(%)	−1.1	1.39	−1.54	0.35	−1.27	−6.72	−2.99	1.47
一般预算中环境保护支出额 C19(万元)	102 959	136 772	157 581	197 528	210 297	240 952	224 858	245 980
森林覆盖率 C21(%)	35.2	35.2	35.2	35.5	35.5	35.5	35.5	18.1
城市建成区绿化覆盖率 C22(%)	40.1	40.99	42.05	42.58	42.75	42.23	41.93	41.91
二氧化硫排放总量 C25(万吨)	12.2	15.5	15.1	14	13.3	12.2	4.3	6.8
工业固体废物综合利用量 C26(万吨)	753.1	849.6	749.2	812.2	823.3	1 081.2	1 099.8	1 152.2
生活垃圾无害化处理率 C27(%)	86.48	86.22	100	99.98	100	100	100	100
城市污水年处理量 C28(万吨)	28 452	37 028	40 194	40 683	54 392	56 732	41 535	44 822
农用化肥施用量(实物量)C29(吨〔折纯〕)	582 661	574 306	564 170	543 034	520 603	518 171	516 172	495 900
人口自然增长率 C31(‰)	2.97	3.56	3.69	2.64	6.37	4.02	10.86	9.44
城镇化率 C32(%)	47	47.9	49.8	51.8	53.6	55.8	58.2	60

（续表）

指　　标	2010年	2011年	2012年	2013年	2014年	2015年	2016年	2017年
全体居民教育文化娱乐消费支出C34(元/人)	1 614	1 389	1 442	1 712	1 461①	1 636	1 879	2 069
高等学校招生数C35(人)	36 115	36 893	38 807	44 297	49 873	54 587	75 779	72 892
文化机构数C36(个)	152	150	151	149	148	149	257	258
人均公园绿地面积C37(平方米)	18.6	20.1	19.92	21.34	21.41	21.25	20.55	21.14

（二）数据的无量纲化处理(如表5.59所示)

表5.59　2010—2017年潍坊市生态文明建设指标体系原始数据标准化

	2010年	2011年	2012年	2013年	2014年	2015年	2016年	2017年
C11	0.000 0	0.161 0	0.332 2	0.482 7	0.619 8	0.761 0	0.882 9	1.000 0
C12	0.000 0	0.152 9	0.308 0	0.539 0	0.676 4	0.837 8	0.947 8	1.000 0
C13	0.000 0	0.179 5	0.341 6	0.514 0	0.689 6	0.702 9	0.842 9	1.000 0
C14	0.000 0	0.170 5	0.369 8	0.524 4	0.680 2	0.685 4	0.838 8	1.000 0
C15	0.128 2	0.000 0	0.266 4	0.564 4	0.725 9	0.891 0	1.000 0	0.879 6
C16	0.000 0	0.072 6	0.217 7	0.371 0	0.491 9	0.758 1	0.919 4	1.000 0
C17	0.228 4	0.005 1	0.246 2	0.281 7	0.342 6	1.000 0	0.873 1	0.000 0
C18	0.313 8	0.009 8	0.367 5	0.136 8	0.334 6	1.000 0	0.544 6	0.000 0
C19	0.000 0	0.236 4	0.381 9	0.661 2	0.750 5	0.964 8	0.852 3	1.000 0
C21	0.982 8	0.982 8	0.982 8	1.000 0	1.000 0	1.000 0	1.000 0	0.000 0
C22	0.000 0	0.335 8	0.735 8	0.935 8	1.000 0	0.803 8	0.690 6	0.683 0
C25	0.294 6	0.000 0	0.035 7	0.133 9	0.196 4	0.294 6	1.000 0	0.776 8
C26	0.009 7	0.249 1	0.000 0	0.156 3	0.183 9	0.823 9	0.870 0	1.000 0
C27	0.018 9	0.000 0	1.000 0	0.998 5	1.000 0	1.000 0	1.000 0	1.000 0
C28	0.000 0	0.303 2	0.415 2	0.432 5	0.917 2	1.000 0	0.462 6	0.578 8
C29	0.000 0	0.096 3	0.213 1	0.456 7	0.715 3	0.743 3	0.766 3	1.000 0
C31	0.959 9	0.888 1	0.872 3	1.000 0	0.546 2	0.832 1	0.000 0	0.172 7

① 该年没有公开这项数据，采用城市居民与农村居民的平均值推算。

（续表）

	2010年	2011年	2012年	2013年	2014年	2015年	2016年	2017年
C32	0.000 0	0.069 2	0.215 4	0.369 2	0.507 7	0.676 9	0.861 5	1.000 0
C34	0.330 9	0.000 0	0.077 9	0.475 0	0.105 9	0.363 2	0.720 6	1.000 0
C35	0.000 0	0.019 6	0.067 9	0.206 3	0.346 9	0.465 7	1.000 0	0.927 2
C36	0.036 4	0.018 2	0.027 3	0.009 1	0.000 0	0.009 1	0.990 9	1.000 0
C37	0.000 0	0.533 8	0.469 8	0.975 1	1.000 0	0.943 1	0.694 0	0.903 9

（三）潍坊市生态文明建设指数计算结果与分析

1. 总体分析

通过评价结果(如表5.60、图5.23所示)可得，2010—2017年，潍坊市生态文明建设指数分别是0.19、0.22、0.40、0.52、0.60、0.82、0.81、0.67，虽然在2016—2017年有所下降，但整体呈逐年上升趋势。说明潍坊市生态文明程度总体上不断提升，生态文明建设取得可观的进步。

表5.60　2010—2017年潍坊市生态文明建设各指标数据标准化

	2010年	2011年	2012年	2013年	2014年	2015年	2016年	2017年
指　数	0.19	0.22	0.40	0.52	0.60	0.82	0.81	0.67

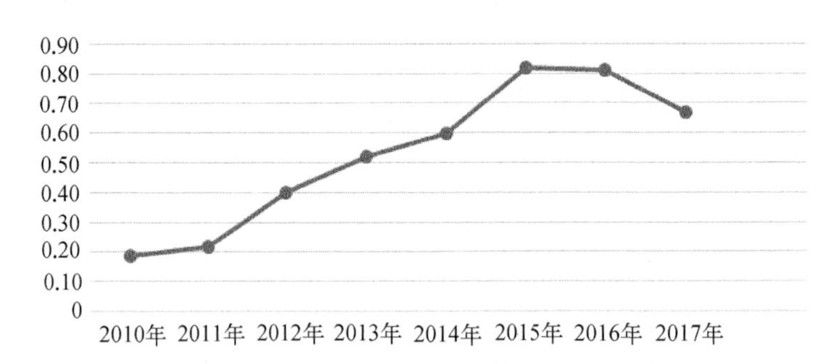

图5.23　2010—2017年潍坊市生态文明建设综合发展指数变化图

根据潍坊市生态文明建设综合发展指数的变化，可见在2012年山东省委、山东省人民政府做出关于建设生态山东的决定之前，潍坊市的生态建设已经有了成效。2010—2015年增长迅速，主要是由于生态经济系统的各项指标增长速度均较快，尤其是人均地区生产总值、一般公共预算收入和高新技术产业产值等指标。例如，一般公共预算收入从 2010 年的 2 024 316 万元直升至 2015 年的 4 845 057 万元，增加了 2 820 741 万元；而农民人均纯收入也是从 2010 年的 8 872 元稳步增长到 2015 年的 14 890 元，净增加 6 018 元；高新技术产业产值 2010 年为 2 614.2 亿元，逐年增长至 2015 年的 4 188 亿元。生态环境系统和生态文化系统指标在发展平稳的基础上有小幅度的增长，生态环境系统中的二氧化硫排放量虽然由 2010 年的 12.2 万吨涨至 2012 年 15.1 万吨，随后便逐步降低，2016 年直降到 4.3 万吨；城市污水年处理量从 2010 年的 28 452万吨增加至 2015 年的 56 732 万吨，虽然在 2016 年下降至 41 535 万吨，但整体上进步明显。说明潍坊市生态文明建设水平提高，生态环境质量进一步改善。2015—2016 年指数波动较小，主要是工业固体废物综合利用量增加和二氧化硫排放总量下降所致。2017 年指数有显著下跌，主要是潍坊市森林覆盖率降低，二氧化硫排放总量增加，万元 GDP 能耗显著上升等多种指标变化所致。

2. 三大系统分析

为了进一步说明潍坊市 2010—2017 年生态文明建设变化情况，下面从生态山东建设三大子系统(生态经济、生态环境和生态文化)指数加以分析(如表 5.61 所示)。

表 5.61　2010—2017 年潍坊市生态文明建设三大子系统指数

	2010 年	2011 年	2012 年	2013 年	2014 年	2015 年	2016 年	2017 年
生态经济	0.10	0.10	0.31	0.41	0.55	0.87	0.83	0.68
生态环境	0.34	0.43	0.62	0.71	0.79	0.85	0.87	0.57
生态文化	0.23	0.26	0.30	0.52	0.45	0.60	0.69	0.82

从图 5.24 可以看出，潍坊市生态文明建设三大子系统(生态经济、生态环境和生态文化)总体上呈上升趋势。2010 年，生态环境的得分最高，其次是生态文化，最后是生态经济。2016 年之后，生态环境系统得分下降，得分最高的是生态文化，其次是生态经济。变化较明显的是生态文化曲线，可见生态经济系统各项指标增长较快。

从生态经济系统曲线的变化趋势来看，2012 年指数大幅增加，主要是由于城镇居民人均可支配收入及一般公共预算收入明显增加，万元 GDP 电耗明显

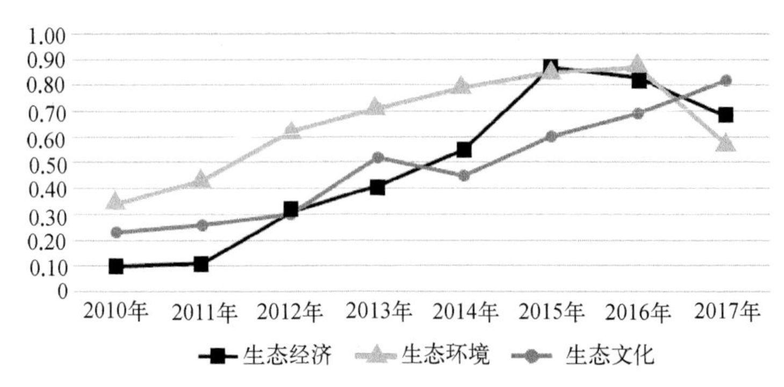

图 5.24　2010—2017 年潍坊市生态文明建设三大子系统指数变化图

减少，人均地区生产总值增加迅速。2015 年指数增加幅度也较大，主要是由于一般公共预算收入和高新技术产业产值增加迅速，第三产业占地区生产总值比例增加，万元 GDP 电耗大幅下降。而 2015 年以后指数下降明显，主要是由于万元 GDP 能耗及万元 GDP 电耗增加较大。

从生态环境系统曲线的变化趋势来看，2012—2016 年曲线稳步上升，工业固体废物综合利用量和城市污水年处理量的增长及二氧化硫排放量稳步下降，是该年系统指数上升的主要原因。2017 年显著下降，主要是由于森林覆盖率下降，二氧化硫排放量增加以及城市建成区绿化覆盖率减小。

从生态文化系统曲线的变化趋势来看，2013—2014 年下降的原因是全体居民教育文化娱乐消费支出和文化机构数两个指标下降，人口自然增长率上升。而 2014—2017 年，全体居民教育文化娱乐消费支出、高等学校招生数和文化机构数等的增长，导致曲线持续稳定增长。

十二、枣庄市生态文明建设

（一）数据的收集（如表 5.62 所示）

表 5.62　2010—2017 年枣庄市生态文明建设指标体系原始数据

指　　标	2010 年	2011 年	2012 年	2013 年	2014 年	2015 年	2016 年	2017 年
人均地区生产总值 C11(元)	36 839	41 746	45 262	46 228	51 890	52 692	55 414	58 798
一般公共预算收入 C12(亿元)	76.711	100.12	116.37	130.72	137.88	149.31	147.40	145.20
农民人均纯收入 C13(元)	7 103	8 397	9 606	10 878	12 145	12 038	13 018	14 164

（续表）

指　　标	2010年	2011年	2012年	2013年	2014年	2015年	2016年	2017年
城镇居民人均可支配收入 C14（元）	17 630	20 193	22 960	25 238	27 596	25 792	27 708	29 924
高新技术产业产值占规模以上工业比重 C15（%）	21.18	16.24	15.47	17.4	18.81	19.83	22.62	24.92
第三产业占地区生产总值比例 C16（%）	31.28	32.97	33.98	35.14	38.21	39.72	41.19	41.6
万元 GDP 能耗 C17（%）	−4.03	−3.76	−5.18	−5.27	−5.67	−10.8	−3.74	−7.64
万元 GDP 电耗 C18（%）	−1.92	−0.97	−6.08	−3.13	−10.66	−8.58	−3.49	0.09
一般预算中环境保护支出额 C19（万元）	39 509	34 410	41 684	51 287	62 833	58 203	68 394	68 394①
森林覆盖率 C21（公顷）	33	29	31.5	34.1	36.22	30.6	30.3	30.3②
城市建成区绿化覆盖率 C22（%）	37.48	38.97	40.2	40.19	42.15	42.17	42.3	42.08
二氧化硫排放总量 C25（吨）	82 231	87 797	87 205	73 591	67 752	70 854	46 821	23 216
工业固体废物综合利用量 C26（万吨）	524.97	748.8	759.4	774.6	751.7	699.8	596.3	564.9
生活垃圾无害化处理量 C27（万吨）	33.93	13.10	38.82	11.55	29.32	46.26	49.73	41.83
城市污水年处理量 C28（万吨）	6 258	6 676	7 176	4 674	8 187	8 553	8 853	6 761
农用化肥施用量（实物量）C29（万吨）	64.08	63.89	64.19	64.33	65.10	64.31	63.64	61.32
人口自然增长率 C31（‰）	5.25	4.95	5.57	5.72	7.52	7.03	10.33	10.76
城镇化率 C32（%）	34.77	34.72	34.70	50.43	51.34	53.46	55.47	57.32
城镇居民教育文化娱乐消费支出 C34（元/人）	1 382	1 526	1 709	1 835	1 976	1 672	1 736	1 837
高等学校招生数 C35（人）	6 820	7 008	6 019	8 820	9 525	11 114	11 707	11 707③
文化机构数 C36（个）	86	86	91	91	91	93	96	97
人均公园绿地面积 C37（平方米）	12.63	13.26	14.63	14.58	15.03	15.07	15	13.89

①②③　2017年年鉴数据缺失，为了不影响分析结果，采用2016年数据替代。

（二）数据的无量纲化处理（如表5.63所示）

表5.63　2010—2017年枣庄市生态文明建设指标体系原始数据标准化

	2010年	2011年	2012年	2013年	2014年	2015年	2016年	2017年
C11	0.000 0	0.223 5	0.383 6	0.427 6	0.685 4	0.721 9	0.845 9	1.000 0
C12	0.000 0	0.322 5	0.546 2	0.743 9	0.842 5	1.000 0	0.973 6	0.943 3
C13	0.000 0	0.183 3	0.354 5	0.534 7	0.714 1	0.699 0	0.837 7	1.000 0
C14	0.000 0	0.208 5	0.433 6	0.618 8	0.810 6	0.663 9	0.819 7	1.000 0
C15	0.604 2	0.081 5	0.000 0	0.204 2	0.353 4	0.461 4	0.756 6	1.000 0
C16	0.000 0	0.163 8	0.261 6	0.374 0	0.671 5	0.817 8	0.960 3	1.000 0
C17	0.041 1	0.002 8	0.204 0	0.216 7	0.273 4	1.000 0	0.000 0	0.552 4
C18	0.187 0	0.098 6	0.574 0	0.299 5	1.000 0	0.806 5	0.333 0	0.000 0
C19	0.150 0	0.000 0	0.214 0	0.496 6	0.836 4	0.700 1	1.000 0	1.000 0
C21	0.554 0	0.000 0	0.346 3	0.706 4	1.000 0	0.221 6	0.180 1	0.180 1
C22	0.000 0	0.309 1	0.564 3	0.562 2	0.968 9	0.973 0	1.000 0	0.954 4
C25	0.086 2	0.000 0	0.009 2	0.220 0	0.310 4	0.262 4	0.634 5	1.000 0
C26	0.000 0	0.896 6	0.939 1	1.000 0	0.908 3	0.700 4	0.285 6	0.160 0
C27	0.586 2	0.040 6	0.714 2	0.000 0	0.465 5	0.909 1	1.000 0	0.793 1
C28	0.379 0	0.479 1	0.598 7	0.000 0	0.840 7	0.928 2	1.000 0	0.499 4
C29	0.269 3	0.319 5	0.242 3	0.204 0	0.000 0	0.210 6	0.387 4	1.000 0
C31	0.948 4	1.000 0	0.893 3	0.867 5	0.557 7	0.642 0	0.074 0	0.000 0
C32	0.003 2	0.001 0	0.000 0	0.695 6	0.735 8	0.829 5	0.918 2	1.000 0
C34	0.000 0	0.316 8	0.719 4	0.996 7	1.306 9	0.638 0	0.778 5	1.000 0
C35	0.140 8	0.173 9	0.000 0	0.492 4	0.616 4	0.895 7	1.000 0	1.000 0
C36	0.000 0	0.000 0	0.454 5	0.454 5	0.454 5	0.636 4	0.909 1	1.000 0
C37	0.000 0	0.258 2	0.819 7	0.799 2	0.983 6	1.000 0	0.971 3	0.516 4

（三）枣庄市生态文明建设指数计算结果与分析

1. 总体分析

通过评价结果(如表5.64、图5.25所示)可知，2010—2017年，枣庄市生态文明建设综合发展指数分别为0.18、0.18、0.39、0.48、0.73、0.72、0.66、0.70，呈连续上升趋势。说明2010年以来，枣庄市生态文明总体程度不断加强。

表5.64　2010—2017年枣庄市生态文明建设综合发展指数

	2010年	2011年	2012年	2013年	2014年	2015年	2016年	2017年
指　数	0.18	0.18	0.39	0.48	0.73	0.72	0.66	0.70

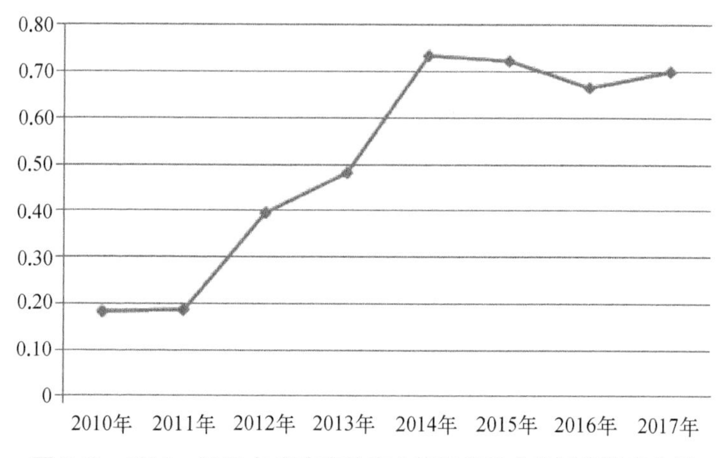

图5.25　2010—2017年枣庄市生态文明建设综合发展指数变化图

根据枣庄市生态文明建设综合发展指数的变化情况来看，可知枣庄市在2012年响应生态山东的建设之前，其生态文明建设便已经取得了良好的成绩。2011年和2010年的指数相同，主要是因为高新技术产业产值占规模以上工业比重、一般预算中环境保护支出额，特别是生活垃圾无害化处理量等指标的下降。2012年和2014年，人均地区生产总值、生活垃圾无害化处理量和一般预算中环境保护支出额等指标的快速增长，加上万元GDP电耗的大幅度下降，导致这两年生态文明建设指数大幅度增长。2014—2016年，生态文明建设指数呈现下降趋势主要是因为万元GDP能耗、电耗及人口自然增长率这三个逆指标的上升，固体废物综合利用量、城镇居民教育文化娱乐消费支出和人均公园绿地面积这三个指标的下降。2017 年指数回升，主要是由于除万元 GDP 电耗和生活垃圾无害化处理量这两个指标外，大部分指标呈现上升趋势。

2. 三大系统分析

为了进一步说明枣庄市自 2010 年以来生态文明建设变化情况，下面从生态文明建设三大子系统(生态经济、生态环境和生态文化)指数加以分析(如表 5.65 所示)。

表 5.65　2010—2017 年枣庄市生态文明建设三大子系统指数

	2010 年	2011 年	2012 年	2013 年	2014 年	2015 年	2016 年	2017 年
生态经济	0.10	0.13	0.34	0.40	0.70	0.79	0.68	0.76
生态环境	0.31	0.23	0.49	0.48	0.76	0.57	0.58	0.56
生态文化	0.20	0.29	0.41	0.73	0.78	0.78	0.76	0.76

从图 5.26 中可以看出，三大子系统(生态经济、生态环境和生态文化)在总体上呈上升趋势。2010 年，生态环境得分最高，生态文化次之，生态经济得分最低。2017 年，生态文化和生态经济得分一样，生态环境得分最低。其中生态经济指数进步幅度较大，而生态环境指数进步幅度较小。

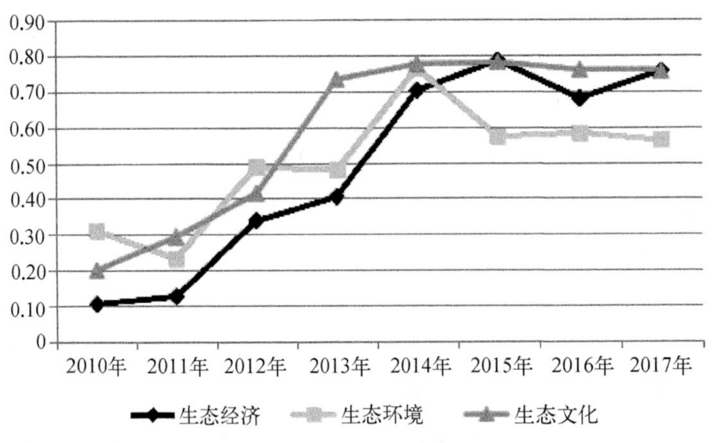

图 5.26　2010—2017 年枣庄市生态文明建设三大子系统指数变化图

从生态经济子系统的角度来看，2010—2015 年，指数呈稳步上升的趋势，这六年间除了万元 GDP 能耗、电耗这两个指标的数据有上下浮动以外，其他指标数据基本上每年稳定地增加。2016 年指数下降主要是因为万元 GDP 能耗和电耗这两个逆指标的上升。

从生态环境子系统的角度来看，变化趋势较明显。2011 年和 2012 年，因为无害化垃圾处理量这一指标大幅度变化，影响了生态环境子系统的得分。2014 年，二氧化硫排放量这一逆指标下降，生活垃圾无害化处理量和城市污水年处理量这两个指标数据大幅度上升是这一年指数取得进步的主要原因。2015 年，二氧化硫排放量增加，同时固体废物综合利用量减少，导致指数回落。

从生态文化子系统的角度来看，2013 年之前指数呈递增的趋势，主要是由于人口自然增长率没有升高，城镇居民教育文化娱乐消费支出稳定增加。2013—2017 年，指数虽然有浮动，但是变化不明显，主要是由于人口自然增长率的上升和城镇居民教育文化娱乐消费支出这一指标的波动。

十三、临沂市生态文明建设

（一）数据的收集（如表 5.66 所示）

表 5.66 2010—2017 年临沂市生态文明建设指标体系原始数据

指　　标	2010 年	2011 年	2012 年	2013 年	2014 年	2015 年	2016 年	2017 年
人均地区生产总值 C11（元）	23 886	27 503	29 808	32 902	35 032	36 656	38 803	41 372
一般公共预算收入 C12（亿元）	115.5	141.3	170.1	216.1	251.0	283.9	293.9	285.3
农民人均纯收入 C13（元）	9 117	11 109	12 574	14 178	16 969	10 828	11 646	12 613
城镇居民人均可支配收入 C14（元）	18 644	21 440	24 452	27 511	26 620	28 627	30 859	33 266
高新技术产业产值 C15（亿元）	1 512.5	1 162.1	1 257.5①	1 325.1	2 958.9	3 190.4	3 707.6	3 765.7
第三产业占地区生产总值比例 C16（%）	38.7	40.0	41.8	42.8	44.3	46.0	48.0	48.3
万元 GDP 能耗 C17（%）	−4.41	−3.77	−4.23	−4.01	−5.25	−15.17	2.51	−7.86
万元 GDP 电耗 C18（%）	−0.77	1.32	3.41	5.5	7.59	−9.76	3.52	2.63
一般预算中环境保护支出额 C19（万元）	51 352	85 460	28 738	24 152	49 097	73 849	51 712	51 712
森林覆盖率 C21（%）	35	33.2	32.5	34.5	34.5	35.6	35.6	36.2
城市建成区绿化覆盖率 C22（%）	42.05	42.06	41.6	41.31	41.72	41.53	41.2	41.6

① 由2010年、2012年菏泽与聊城的平均值推算。

（续表）

指　　标	2010年	2011年	2012年	2013年	2014年	2015年	2016年	2017年
二氧化硫排放总量C25（万吨）	7.57	10.61	9.94	10.54	9.23	8.90	6.32	6.32
工业固体废物综合利用量C26（万吨）	1 191.0	1 243.8	1 188.3	1 176.8	1 209.8	1 524.1	1 488.9	1 488.9
生活垃圾无害化处理量C27（万吨）	52.31	39.7	58.5	67.18	62.1	86.2	88.1	92.2
城市污水年处理率C28（%）	89.21	92.98	94.99	93.43	93.57	95.1	95.57	96.22
农用化肥施用量（实物量）C29（万吨）	146.11	143.97	139.39	139.09	132.72	131.50	129.24	126.08
人口自然增长率C31①（‰）	28.03	6.71	3.04	6.34	6.3	5.13	9.46	8.85
城镇化率C32（%）	47.8	49.6	51.3	53.2	54.3	55.3	56.5	57.6
全体居民教育文化娱乐消费支出C34②（元/人）	675	887	902	975	1 006	996	1 110	1 241
高等学校招生数C35（人）	17 101	21 272	19 678	18 647	23 405	24 466	25 550	26 466
卫生机构数C36③（个）	1 140	6 586	6 676	6 977	7 062	7 002	6 758	7 512
人均公园绿地面积C37（平方米）	15.63	15.4	17.36	17.58	18.28	18.08	18.22	17.95

（二）数据的无量纲化处理（如表5.67所示）

表5.67　2010—2017年临沂市生态文明建设指标体系原始数据标准化

	2010年	2011年	2012年	2013年	2014年	2015年	2016年	2017年
C11	0.000 1	0.206 9	0.338 7	0.515 6	0.637 4	0.730 3	0.853 1	1.000 0
C12	0.000 1	0.144 5	0.306 0	0.564 0	0.759 6	0.944 0	1.000 0	0.952 0
C13	0.000 1	0.253 7	0.440 3	0.644 5	1.000 0	0.217 9	0.322 1	0.445 3
C14	0.000 1	0.191 2	0.397 2	0.606 4	0.545 5	0.682 7	0.835 4	1.000 0
C15	0.134 6	0.000 1	0.036 6	0.062 6	0.690 1	0.779 0	0.977 7	1.000 0
C16	0.000 1	0.135 4	0.322 9	0.427 1	0.583 3	0.760 4	0.968 8	1.000 0

① 2015—2017年官方未公布数据，根据山东省数据涨幅推算。

② 自2015年起，该地区年鉴统计口径改为全体居民教育文化娱乐消费支出，2010—2014年的值是城镇加农村数据的平均值。

③ 该地区统计年鉴没有文化文物机构数这一指标，所以用卫生机构数代替。

（续表）

	2010 年	2011 年	2012 年	2013 年	2014 年	2015 年	2016 年	2017 年
C17	0.391 4	0.355 2	0.381 2	0.368 8	0.438 9	1.000 0	0.000 1	0.586 5
C18	0.481 9	0.361 4	0.241 0	0.120 5	0.000 1	1.000 0	0.234 4	0.285 9
C19	0.443 7	1.000 0	0.074 8	0.000 1	0.406 9	0.810 6	0.449 5	0.449 5
C21	0.675 7	0.189 2	0.000 1	0.540 5	0.540 5	0.837 8	0.837 8	1.000 0
C22	0.988 4	1.000 0	0.465 1	0.127 9	0.604 7	0.383 7	0.000 1	0.465 1
C25	0.710 0	0.000 1	0.155 9	0.016 1	0.321 8	0.399 9	1.000 0	1.000 0
C26	0.040 8	0.192 9	0.033 2	0.000 1	0.095 1	1.000 0	0.898 6	0.898 6
C27	0.240 2	0.000 1	0.358 1	0.523 4	0.426 7	0.885 7	0.921 9	1.000 0
C28	0.000 1	0.537 8	0.824 5	0.602 0	0.622 0	0.840 2	0.907 3	1.000 0
C29	0.000 1	0.106 9	0.335 6	0.350 8	0.668 7	0.729 5	0.842 6	1.000 0
C31	0.000 1	0.853 1	1.000 0	0.867 9	0.869 5	0.916 4	0.743 1	0.767 5
C32	0.000 1	0.183 7	0.357 1	0.551 0	0.663 3	0.765 3	0.887 8	1.000 0
C34	0.000 1	0.374 6	0.401 1	0.530 0	0.584 8	0.567 1	0.768 6	1.000 0
C35	0.000 1	0.445 4	0.275 2	0.165 1	0.673 1	0.786 4	0.902 2	1.000 0
C36	0.000 1	0.854 7	0.868 8	0.916 0	0.929 4	0.920 0	0.881 7	1.000 0
C37	0.079 9	0.000 1	0.680 6	0.756 9	1.000 0	0.930 6	0.979 2	0.885 4

（三）临沂市生态文明建设指数计算结果与分析

1. 总体分析

通过评价结果（如表 5.68、图 5.27 所示）可知，2010—2017 年，临沂市生态文明建设指数分别是0.26、0.37、0.34、0.39、0.54、0.80、0.66、0.79，呈波动上升趋势，说明临沂市自从开始响应生态山东建设以来，生态文明程度总体上不断加强。

表 5.68　2010—2017 年临沂市生态文明建设综合发展指数

	2010 年	2011 年	2012 年	2013 年	2014 年	2015 年	2016 年	2017 年
指　数	0.26	0.37	0.34	0.39	0.54	0.80	0.66	0.79

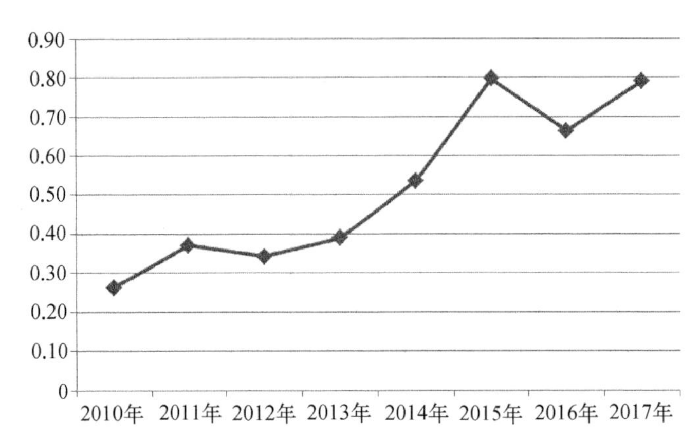

图 5.27　2010—2017 年临沂市生态文明建设综合发展指数变化图

根据临沂市生态文明建设综合发展指数的变化可知，在临沂市响应 2012 年山东省委、山东省政府关于建设生态山东的决定之前，其生态文明建设已经小有成效。2012 年，一般预算中环境保护支出额大幅下跌，跌至 28 738万元，相较 2011 年减少了 50 000 余万元，工业固体废物综合利用量减少，导致临沂市生态文明建设综合发展指数相较于 2011 年出现下降。2012—2015 年，临沂市生态文明建设综合发展指数大幅上涨，2015 年，指数达到 0.80，为 2010—2017 年的最高值。这是因为森林覆盖率、城市建成区绿化覆盖率、二氧化硫排放总量、工业固体废物综合利用量、生活垃圾无害化处理量、城市污水年处理率、农用化肥施用量(实物量)均随着经济发展而不断提高，说明临沂市积极响应生态山东建设，并取得了较好的成效。但是，2013 年城市建成区绿化覆盖率为 2010—2017 年里的最低值，说明临沂市在进行城建时未及时跟进绿化建设。值得注意的是在 2016 年，二氧化硫排放总量大幅减少，但是由于万元 GDP 能耗及电耗指数、一般预算中环境保护支出额、卫生机构数下降，综合指数出现了下跌。2017 年，临沂市生态文明建设综合指数有所回升，达到 0.79，接近 2015 年的指数。

2. 三大系统分析

为了进一步说明临沂市自 2010 年以来生态文明建设变化情况，下面从临沂市三大子系统(生态经济、生态环境和生态文化)指数加以分析(如表 5.69 所示)。

表 5.69 2010—2017 年临沂市生态文明建设三大子系统指数

	2010 年	2011 年	2012 年	2013 年	2014 年	2015 年	2016 年	2017 年
生态经济	0.21	0.33	0.27	0.33	0.48	0.82	0.58	0.71
生态环境	0.50	0.31	0.24	0.34	0.47	0.73	0.73	0.89
生态文化	0.01	0.61	0.75	0.70	0.82	0.85	0.81	0.87

从图 5.28 可以看出，三大子系统(生态经济、生态环境和生态文化)总体上呈上升趋势。2010 年，生态环境系统得分最高，其次是生态经济系统，最后是生态文化系统。2017 年后，生态经济系统得分排名下跌至最后，生态文化系统得分自 2011 年大涨之后整体上稳定上升，在 2017 年得分排名第二，生态环境系统得分仍为第一。就目前来看，三大子系统取得了长足的进步。

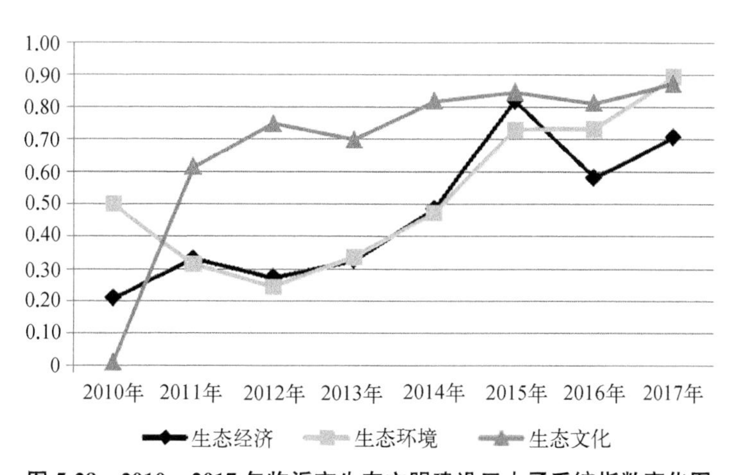

图 5.28 2010—2017 年临沂市生态文明建设三大子系统指数变化图

从生态经济系统的曲线变化情况来看，2012—2015 年一直在增速上涨，其原因是除一般预算中环保支出额与逆指标万元 GDP 电耗分别在 2013 年、2014 年出现最小值(24 152 万元、7.59%)外，其余各项指标均稳定上涨。2016 年，一般预算中环保支出额与万元 GDP 电耗、能耗指数大幅下跌导致系统得分下降。2017 年得分有所回升，但相较于 2015 年仍低了 0.11。

从生态环境系统的角度来看，由于森林覆盖率不断下降，2010—2012 年得分一直在下降。自 2012 年临沂市响应生态山东建设以来，其得分未出现过降低的情况，究其原因，是因为除城市建成区绿化覆盖率外其余各项指标整体上均呈上升趋势。

从生态文化系统的角度来看，其受人口自然增长率的影响显著。2011年得分出现飞跃式的提升，主要是人口自然增长率的大幅度下降所致。2013年与2016年得分下降时的指标变化中，均出现了人口自然增长率的上升。

十四、滨州市生态文明建设

（一）数据的收集（如表5.70所示）

表5.70　2010—2017年滨州市生态文明建设指标体系原始数据

指　　标	2010年	2011年	2012年	2013年	2014年	2015年	2016年	2017年
人均地区生产总值C11(元)	23 886	27 503	29 808	32 902	35 032	36 656	38 803	41 372
一般公共预算收入C12(亿元)	115.5	141.3	170.0	216.1	251.0	283.9	293.9	285.3
农民人均纯收入C13(元)	9 117	11 109	12 574	14 178	16 969	10 828	11 646	12 613
城镇居民人均可支配收入C14(元)	18 644	21 440	24 452	27 511	26 620	28 627	30 859	33 266
高新技术产业产值C15(亿元)	1 512.5	1 162.1	1 257.5	1 325.1	2 958.9	3 190.4	3 707.6	3 765.7
第三产业占地区生产总值比例C16(%)	38.7	40.0	41.8	42.8	44.3	46.0	48.0	48.3
万元GDP能耗C17(%)	−4.41	−3.77	−4.23	−4.01	−5.25	−15.17	2.51	−7.86
万元GDP电耗C18(%)	−0.77	1.32	3.41	5.5	7.59	−9.76	3.52	2.63
一般预算中环境保护支出额C19(万元)	51 352	85 460	28 738	24 152	49 097	73 849	51 712	51 712
森林覆盖率C21(%)	35	33.2	32.5	34.5	34.5	35.6	35.6	36.2
城市建成区绿化覆盖率C22(%)	42.05	42.06	41.6	41.31	41.72	41.53	41.2	41.6
二氧化硫排放总量C25(万吨)	7.57	10.61	9.94	10.54	9.23	8.90	6.32	6.32
工业固体废物综合利用量C26(万吨)	1 191.0	1 243.8	1 188.3	1 176.8	1 209.8	1 524.1	1 488.9	1 488.9
生活垃圾无害化处理量C27(万吨)	52.31	39.7	58.5	67.18	62.1	86.2	88.1	92.2
城市污水年处理率C28(%)	89.21	92.98	94.99	93.43	93.57	95.1	95.57	96.22
农用化肥施用量(实物量)C29(万吨)	146.11	143.97	139.39	139.09	132.72	131.50	129.24	126.08

（续表）

指　　标	2010 年	2011 年	2012 年	2013 年	2014 年	2015 年	2016 年	2017 年
人口自然增长率 C31(‰)	28.03	6.71	3.04	6.34	6.3	5.13	9.46	8.85
城镇化率 C32①(%)	47.8	49.6	51.3	53.2	54.3	55.3	56.5	57.6
农村居民教育文化娱乐消费支出 C34②(元/人)	675	887	902	975	1 006	996	1 110	1 241
高等学校招生数 C35(人)	17 101	21 272	19 678	18 647	23 405	24 466	25 550	26 466
卫生机构数 C36(个)	1 140	6 586	6 676	6 977	7 062	7 002	6 758	7 512
人均公园绿地面积 C37(平方米)	15.63	15.4	17.36	17.58	18.28	18.08	18.22	17.95

（二）数据的无量纲化处理(如表 5.71 所示)

表 5.71　2010—2017年滨州市生态文明建设指标体系原始数据标准化

	2010年	2011年	2012年	2013年	2014年	2015年	2016年	2017年
C11	0.000 0	0.206 9	0.338 7	0.515 6	0.637 4	0.730 3	0.853 1	1.000 0
C12	0.000 0	0.144 5	0.306 0	0.564 0	0.759 6	0.944 0	1.000 0	0.952 0
C13	0.000 0	0.253 7	0.440 3	0.644 5	1.000 0	0.217 9	0.322 1	0.445 3
C14	0.000 0	0.191 2	0.397 2	0.606 4	0.545 5	0.682 7	0.835 4	1.000 0
C15	0.134 6	0.000 0	0.036 6	0.062 6	0.690 1	0.779 0	0.977 7	1.000 0
C16	0.000 0	0.135 4	0.322 9	0.427 1	0.583 3	0.760 4	0.968 8	1.000 0
C17	0.391 4	0.355 2	0.381 2	0.368 8	0.438 9	1.000 0	0.000 0	0.586 5
C18	0.481 9	0.361 4	0.241 0	0.120 5	0.000 0	1.000 0	0.234 4	0.285 9
C19	0.443 7	1.000 0	0.074 8	0.000 0	0.406 9	0.810 6	0.449 5	0.449 5
C21	0.675 7	0.189 2	0.000 0	0.540 5	0.540 5	0.837 8	0.837 8	1.000 0
C22	0.988 4	1.000 0	0.465 1	0.127 9	0.604 7	0.383 7	0.000 0	0.465 1
C25	0.710 0	0.000 0	0.155 9	0.016 1	0.321 8	0.399 9	1.000 0	1.000 0
C26	0.040 8	0.192 9	0.033 2	0.000 0	0.095 1	1.000 0	0.898 6	0.898 6
C27	0.240 2	0.000 0	0.358 1	0.523 4	0.426 7	0.885 7	0.921 9	1.000 0

① 2010年、2011年、2012年和2014年没有公开数据，根据山东省数据的涨幅推算。

② 该地区年鉴部分年份没有统计城市和全体居民教育文化娱乐消费支出，所以只采用农村的统计数据。

（续表）

	2010年	2011年	2012年	2013年	2014年	2015年	2016年	2017年
C28	0.000 0	0.537 8	0.824 5	0.602 0	0.622 0	0.840 2	0.907 3	1.000 0
C29	0.000 0	0.106 9	0.335 6	0.350 8	0.668 7	0.729 5	0.842 6	1.000 0
C31	0.000 0	0.853 1	1.000 0	0.867 9	0.869 5	0.916 4	0.743 1	0.767 5
C32	0.000 0	0.183 7	0.357 1	0.551 0	0.663 3	0.765 3	0.887 8	1.000 0
C34	0.000 0	0.374 6	0.401 1	0.530 0	0.584 8	0.567 1	0.768 6	1.000 0
C35	0.000 0	0.445 4	0.275 2	0.165 1	0.673 1	0.786 4	0.902 2	1.000 0
C36	0.000 0	0.854 7	0.868 8	0.916 0	0.929 4	0.920 0	0.881 7	1.000 0
C37	0.079 9	0.000 0	0.680 6	0.756 9	1.000 0	0.930 6	0.979 2	0.885 4

（三）滨州市生态文明建设指数计算结果与分析

1. 总体分析

通过评价结果（如表5.72、图5.29所示）可知，2010—2017年，滨州市生态文明建设综合发展指数分别是0.26、0.34、0.31、0.37、0.53、0.79、0.67、0.80，总体上呈现波动上升趋势，其中指数分别在2012年与2016年出现了下降，其余时间均为上升。

表5.72　2010—2017年滨州市生态文明建设综合发展指数

	2010年	2011年	2012年	2013年	2014年	2015年	2016年	2017年
指　数	0.26	0.34	0.31	0.37	0.53	0.79	0.67	0.80

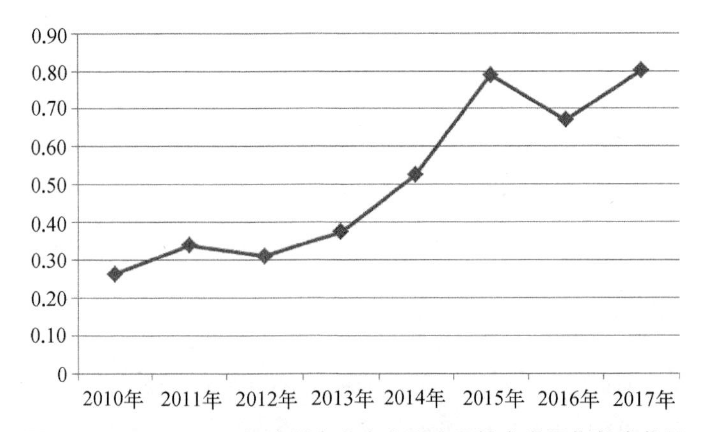

图5.29　2010—2017年滨州市生态文明建设综合发展指数变化图

2012年，综合评价指数出现小幅度的下降，主要是因为一般预算中环境保护支出额、森林覆盖率、城市建成区绿化覆盖率和高等学校招生数的标准值大幅下降。2013—2015年，滨州市生态文明建设综合发展指数呈加速上升趋势。2013年，森林覆盖率大幅上升，增加了2%；一般公共预算收入也有较大上涨；城镇居民人均可支配收入较2012年增长了3 059元，生活垃圾无害化处理量与城镇化率也有较大提升；但是城市建成区绿化覆盖率、城市污水年处理率均出现了较大幅度的下降，二氧化硫排放总量、人口自然增长率有所上升。2014年，综合指数出现较大幅度增长，其原因主要是只有城镇居民人均可支配收入、城市建成区绿化覆盖率、生活垃圾无害化处理量这三项指标出现小幅下降而其余指标大部分都出现了上升，只有万元GDP电耗相较2013年标准值未发生变化。2015年，综合指数大幅度上升，是因为只有农民人均纯收入与城市建成区绿化覆盖率指标出现较大幅度的下降，全体居民教育文化娱乐消费支出、卫生机构数、人均公园绿地面积三项指标小幅下降，其余指标标准值均上涨，其中万元GDP电耗标准值涨幅极大，一般预算中环境保护支出额较上年上涨了24 752万元。2016年，综合指数小幅下降，主要是万元GDP能耗、万元GDP电耗指标大幅上涨，一般预算中环境保护支出额指标大幅下跌，而其余各项指标增长幅度不大甚至小幅下跌导致的。2017年，指数回升，是因为除一般公共预算收入和人均公园绿地面积外，其余各项指标均未出现下降的情况，且万元GDP能耗指标大幅下跌、城市建成区绿化覆盖率指标出现大幅增长。

2. 三大系统分析

为了进一步说明滨州市自2010年以来生态文明建设变化情况，下面从生态文明建设三大子系统(生态经济、生态环境和生态文化)指数加以分析(如表5.73所示)。

表5.73 2010—2017年滨州市生态文明建设三大子系统指数

	2010年	2011年	2012年	2013年	2014年	2015年	2016年	2017年
生态经济	0.21	0.33	0.27	0.33	0.48	0.82	0.58	0.71
生态环境	0.50	0.31	0.24	0.34	0.47	0.73	0.73	0.89
生态文化	0.01	0.41	0.55	0.60	0.76	0.80	0.86	0.94

从图5.30中可以看出，三大子系统（生态经济、生态环境、生态文化）总体上呈现上升趋势。2010年，生态环境得分最高，生态经济次之，生态文化得分最低。2017年，生态文化得分最高，生态环境次之，生态经济得分最低。就目前来看，生态文化得分进步最大，生态环境进步较小。

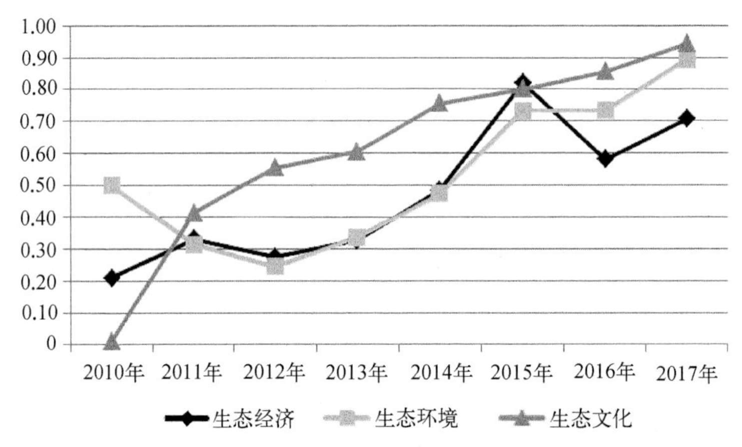

图5.30　2010—2017年滨州市生态文明建设三大子系统指数变化图

从生态经济的曲线变化情况来看，其变化情况与综合发展指数曲线变化基本一致，总体上呈上升趋势。2015年，其得分达到最高，为0.82。2016年出现大幅度下降的原因是万元GDP能耗、电耗指标的上升与一般预算中环境保护支出额标准值的大幅下跌。2017年得分有所回升，但仍低于2015年的水平。

从生态环境的曲线变化情况来看，2010—2012年，其得分呈下降趋势，自2012年后开始稳步提高。2011年，二氧化硫排放总量指数、森林覆盖率指数大幅度下跌，生活垃圾无害化处理量有较大下降，这导致2011年该子系统得分下跌0.19。2012年，得分继续下跌，这是因为城市建成区绿化覆盖率大幅下跌，森林覆盖率、工业固体废物综合利用量出现了下降，而生活垃圾无害化处理量的大幅上涨并不能抵消前者的影响。2013年得分上涨，其原因是森林覆盖率出现极大幅度上涨（上涨了2%）。2014年，城市建成区绿化覆盖率上升，二氧化硫排放总量和农用化肥施用量等指标大幅下降，仅有生活垃圾无害化处理量有小幅度下降。2015年，除城市建成区绿化覆盖率指标有所下降外，其他各项指标均有不同程度的上涨，其中工业固体废物综合利用量和生活垃圾无害化处理量涨幅巨大。2016年的得分相较于2015年保持不变的原因是二氧化硫排放总量大幅度减少的情况下城市建成区绿化覆盖率、工业固体废物综合利用量指标下降而其他指标涨幅不大。2017年，该子系统得分达到最高，为0.89。

从生态文化子系统的曲线变化情况来看，2010—2017年，整体保持上升趋势。2011年增速最快，这是所有指标均上升的结果，其中，人口自然增长率降幅巨大，卫生机构数大幅上涨，高等学校招生数和农村居民教育文化娱乐消费支出有明显上涨。2012—2013年，高等学校招生数总共减少了2 625人，2013年，人口自然增长率有所上升，使子系统的得分增速放缓。2017年，该子系统得分达到最高，为0.94。

十五、德州市生态文明建设

（一）数据的收集（如表5.74所示）

表5.74 2010—2017年德州市生态文明建设指标体系原始数据①

指　　标	2010年	2011年	2012年	2013年	2014年	2015年	2016年	2017年
人均地区生产总值C11（元）	29 010	29 773	40 059	44 190	46 700	48 219	50 856	54 213
一般公共预算收入C12（亿元）	72.9	95.1	120.2	150.0	171.3	182.8	183.5	187.5
农民人均纯收入C13（元）	7 028	8 350	9 602	10 876	12 135	11 269	12 248	13 389
城镇居民人均可支配收入C14（元）	19 946	22 792	25 755	28 264	29 222	21 039	22 760	24 640
高新技术产业产值C15（亿元）	1 097	1 060	1 537	1 939	2 372	2 724	3 133	3 350
第三产业占地区生产总值比例C16（%）	33.0	33.9	34.9	36.0	37.3	40.3	41.6	42.3
万元GDP能耗C17（%）	−4.57	−3.73	−4.12	−4.92	−5.2	−8.49	−6.54	−8.51
万元GDP电耗C18（%）	−0.71	−0.08	−2.43	−6.79	−4.65	−10.45	−8.5	−10.6
一般预算中环境保护支出额C19（万元）	45 277	69 996	87 865	85 741	94 439	112 090	100 968	100 968②
森林覆盖率C21（%）	29.2	30.5	31.5	33	35	35	35.5	35.5③

① 研究期间《德州统计年鉴2018》尚未发布，部分数据来源于山东省统计年鉴中汇总的各地级市数据。

②③ 由于研究期间《德州统计年鉴2018》尚未发布，为了不影响分析结果，采用2017年数据替代。

（续表）

指　　标	2010 年	2011 年	2012 年	2013 年	2014 年	2015 年	2016 年	2017 年
城市建成区绿化覆盖率 C22（%）	40.33	40.69	42.49	43	44	44.9	43.6	43.5
二氧化硫排放总量 C25（万吨）	10.35	8.98	8.42	8.76	6.87	6.99	5.35	5.10
工业固体废物综合利用量 C26（万吨）	719	626	715	743	738	706	1 102	920
生活垃圾无害化处理量 C27（万吨）	19.5	20.32	21.9	24.25	27	30.3	29.8	32.5
城市污水年处理量 C28（万吨）	5 998	5 596	6 213	6 063	8 900	9 900	9 830	10 778
农用化肥施用量（实物量）C29（万吨）	110.91	114.05	118.69	118.38	118.67	116.96	110.93	102.59
人口自然增长率 C31（‰）	2.12	8.87	3.92	8.43	8.5	5.45	10.88	10
城镇化率 C32（%）	42.6	44.89	46.24	47.74	49.53	51.73	53.77	55.57
城市居民教育文化娱乐消费支出 C34（元/人）	1 594	1 715	1 842	2 031	2 169	1 152	1 215	1 380
高等学校招生数 C35（人）	11 456	13 171	12 051	12 424	15 698	20 314	19 828	19 828①
卫生机构数 C36（个）	638	652	665	906	4 764②	4 879	4 864	5 006
人均公园绿地面积 C37（平方米）	19.22	20.66	25.14	24.5	24.9	24.9	24.8	21.5

（二）数据的无量纲化处理（如表 5.75 所示）

表 5.75　2010—2017 年德州市生态文明建设指标体系原始数据标准化

	2010 年	2011 年	2012 年	2013 年	2014 年	2015 年	2016 年	2017 年
C11	0.000 0	0.030 3	0.438 4	0.602 3	0.701 9	0.762 2	0.866 8	1.000 0
C12	0.000 0	0.193 4	0.412 8	0.673 1	0.858 5	0.959 1	0.965 4	1.000 0
C13	0.000 0	0.207 8	0.404 7	0.604 9	0.802 9	0.666 7	0.820 6	1.000 0
C14	0.000 0	0.306 8	0.626 2	0.896 7	1.000 0	0.117 8	0.303 4	0.506 0

① 由于研究期间《德州统计年鉴2018》尚未发布，为了不影响分析结果，采用2017年数据替代。

② 自2014年开始数量大幅增加，是由于统计方式的变化，自2014年起，村卫生所、诊所、卫生室等机构都纳入统计。

(续表)

	2010 年	2011 年	2012 年	2013 年	2014 年	2015 年	2016 年	2017 年
C15	0.016 5	0.000 0	0.208 4	0.383 9	0.572 9	0.726 5	0.905 2	1.000 0
C16	0.000 0	0.096 8	0.204 3	0.322 6	0.462 4	0.784 9	0.924 7	1.000 0
C17	0.175 7	0.000 0	0.081 6	0.249 0	0.307 5	0.995 8	0.587 9	1.000 0
C18	0.059 9	0.000 0	0.223 4	0.637 8	0.434 4	0.985 7	0.800 4	1.000 0
C19	0.000 0	0.370 0	0.637 4	0.605 6	0.735 8	1.000 0	0.833 5	0.833 5
C21	0.000 0	0.206 3	0.365 1	0.603 2	0.920 6	0.920 6	1.000 0	1.000 0
C22	0.000 0	0.078 8	0.472 6	0.584 2	0.803 1	1.000 0	0.715 5	0.693 7
C25	0.000 0	0.261 7	0.367 1	0.302 4	0.663 6	0.639 5	0.952 6	1.000 0
C26	0.195 5	0.000 0	0.188 4	0.246 3	0.236 5	0.169 1	1.000 0	0.617 3
C27	0.000 0	0.063 1	0.184 6	0.365 4	0.576 9	0.830 8	0.792 3	1.000 0
C28	0.077 6	0.000 0	0.119 1	0.090 0	0.637 5	0.830 7	0.817 0	1.000 0
C29	0.483 5	0.288 4	0.000 0	0.019 2	0.001 3	0.107 2	0.482 0	1.000 0
C31	1.000 0	0.229 5	0.794 5	0.279 7	0.271 7	0.619 9	0.000 0	0.100 5
C32	0.000 0	0.176 6	0.280 6	0.396 3	0.534 3	0.703 9	0.861 2	1.000 0
C34	0.434 3	0.553 9	0.678 8	0.864 5	1.000 0	0.000 0	0.061 9	0.224 2
C35	0.000 0	0.193 6	0.067 2	0.109 3	0.478 9	1.000 0	0.945 1	0.945 1
C36	0.000 0	0.003 2	0.006 2	0.061 4	0.944 6	0.970 9	0.967 5	1.000 0
C37	0.000 0	0.243 2	1.000 0	0.891 9	0.959 5	0.959 5	0.942 6	0.385 1

(三)德州市生态文明建设指数计算结果与分析

1. 总体分析

通过评价结果(如表 5.76、图 5.31 所示)可知,2010—2017 年,德州市生态文明建设综合发展指数分别为 0.08、0.14、0.34、0.48、0.62、0.78、0.79、0.88,呈连续上升趋势。说明自 2010 年以来,德州市生态文明总体程度不断提升。

表 5.76　2010—2017 年德州市生态文明建设综合发展指数

	2010 年	2011 年	2012 年	2013 年	2014 年	2015 年	2016 年	2017 年
指　数	0.08	0.14	0.34	0.48	0.62	0.78	0.79	0.88

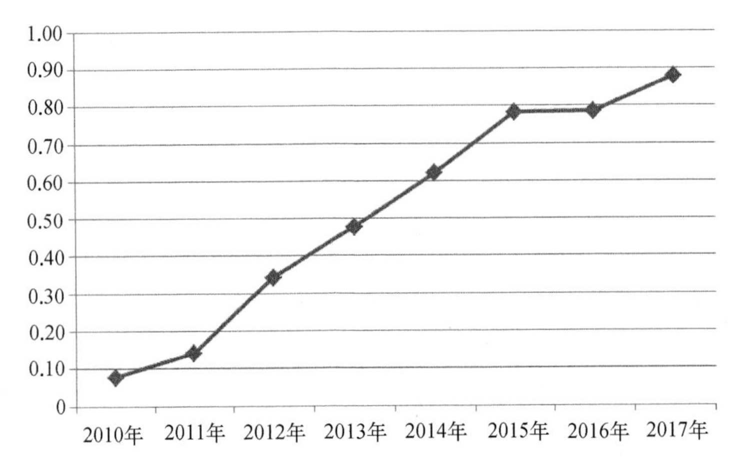

图 5.31　2010—2017 年德州市生态文明建设综合发展指数变化图

根据德州市生态文明建设综合发展指数的变化情况来看，可知德州市在 2012 年响应生态山东的建设之前，其生态文明建设便已经取得了良好的成绩。2010—2012 年，指数快速增长，主要是因为除了万元 GDP 电耗、农用化肥施用量和人口自然增长率这几个逆指标上升外，其余指标均高于 2010 年水平。2013 年，人口自然增长率指标大幅上涨，导致综合发展指数增速有所减慢。2014 年，由于统计方式的改变导致卫生机构数指标大幅度上涨；城镇居民人均可支配收入达到 8 年中的最大值，为29 222元；生活垃圾无害化处理量有较大幅度上涨，增加至 27 万吨，为 2013 年的 110.73%；城市污水年处理量上升了 2 836.88万吨；森林覆盖率标准值大幅上升；但是，万元 GDP 电耗标准值有所提高。2015 年，城镇居民人均可支配收入大幅下降，甚至低于 2011 年的水平；城市居民教育文化娱乐消费支出下降至 2010—2017 年里的最低点；但是，万元 GDP 能耗及电耗、人口自然增长率这几个逆指标下降，高等学校招生数、第三产业占地区产业总值比例、一般预算中环境保护支出额和城市建成区绿化覆盖率也有较大幅度的上升，所以，综合评价指数仍保持上升趋势。2016 年，综合评价指数与上年基本持平，这是因为全市万元 GDP 能耗、电耗和人口自然增长率这几个逆指标上升，且除森林覆盖率指数出现大幅度上升(上升至最高值35.5%)外，其余各项增长的指标上升幅度不大，而且有半数是呈现下降趋势的。2017年，诸多指标均上升至这几年间的最大值，其中，农用化肥施用量、农民人均纯收入、城镇居民人均可支配收入、生活垃圾无害化处理量指标大幅度上升，从而使综合评价指数达到最大值0.88。

2. 三大系统分析

为了进一步说明德州市自2010年以来生态文明建设变化情况，下面从德州市生态文明建设三大子系统(生态经济、生态环境和生态文化)指数加以分析(如表5.77所示)。

表5.77　2010—2017年德州市生态文明建设三大子系统指数

	2010年	2011年	2012年	2013年	2014年	2015年	2016年	2017年
生态经济	0.04	0.12	0.33	0.53	0.60	0.83	0.79	0.94
生态环境	0.06	0.13	0.30	0.41	0.66	0.74	0.87	0.90
生态文化	0.25	0.24	0.47	0.43	0.63	0.68	0.61	0.63

从图5.32可以看出，三大子系统(生态经济、生态环境和生态文化)在总体上呈上升趋势。2010年，生态文化得分最高，生态环境次之，生态经济得分最低。2017年，生态经济得分最高，生态环境次之，生态文化得分最低。其中，生态经济、生态环境子系统进步幅度极大，而生态文化进步幅度较小。

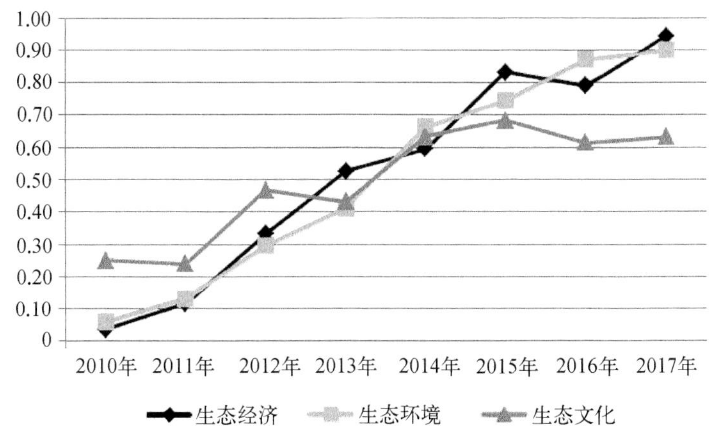

图5.32　2010—2017年德州市生态文明建设三大子系统指数变化图

从生态经济子系统的角度来看，2010—2015 年均保持上升趋势，只有 2015 年的城镇居民人均可支配收入出现了较大幅度的下降。但是在 2016 年，该子系统的得分出现了小幅下降，由 2015 年的 0.83 下降至 0.79，这主要是因为万元 GDP 能耗、电耗指数的上升和一般预算中环境保护支出额的下降，以及其余各项涨幅过小无法抵消这三个指标造成的影响导致的。2017 年，该子系统的所有指标项均上涨，且除一般预算中环境保护支出额外所有指标均达到历年的最大值，所以得分上升至最高分 0.94。

从生态环境子系统的角度来看，2010—2017 年均保持连续上升的趋势，其中森林覆盖率在这 8 年间未出现下降。该子系统在 2013 年增速出现放缓。2014 年，增速大幅度增加，主要是因为森林覆盖率、生活垃圾无害化处理量和城市污水年处理量等指标大幅上涨，以及二氧化硫排放总量减少。2015 年，城市建成区绿化覆盖率达到最大，为 44.9%；城市污水年处理量继续保持上升趋势，工业固体废物综合利用量有所下降。2016 年，因为工业固体废物综合利用量大幅上涨至历年最大值 1 102 万吨，二氧化硫排放总量指数有较大幅度下降，所以得分增速较去年有所增加。2017 年，多项指标均达到最大值，但是各项涨幅不大，且工业固体废物综合利用量大幅下滑，导致得分仅增加了 0.03。

从生态文化子系统的角度来看，其得分在整体上呈现波动上升的趋势，由于人口自然增长率大幅增加，2011 年得分较 2010 年下降了 0.01。2012 年，人口自然增长率的下降与人均公园绿地面积的大幅增加，使得分大幅上涨。2013 年，人口自然增长率的增加与人均公园绿地面积的回落使得分出现下滑，较上年减少了 0.04。2014 年，由于卫生机构数统计方式的改变，卫生机构数大幅增加，得分也随之出现大幅上升。2015 年，尽管城市居民教育文化娱乐消费支出大幅度下降，但是由于高等学校招生数大幅度上升、人口自然增长率大幅下降，城镇化率有所提高，其得分小幅增加，达到最高值 0.68。2016 年，得分回落至 2014 年的水平，甚至有所不如，主要是因为人口自然增长率达到了 8 年内的最高值，而其余各项指标均未出现较大增长，部分甚至有所下降。2017 年，各项指标未出现较大涨幅，其中城镇化率小幅增加，达到最高值 55.57%，卫生机构数小幅增加达到最高值 5 006 所，人均公园绿地面积大幅下降，使得分仅上涨至 0.63，仍低于 2015 年的水平。

十六、聊城市生态文明建设

（一）数据的收集（如表5.78所示）

表5.78　2010—2017年聊城市生态文明建设指标体系原始数据

指　标	2010年	2011年	2012年	2013年	2014年	2015年	2016年	2017年
人均地区生产总值C11(元)	28 734	33 377	37 041	40 621	43 077	45 383	47 742	49 806
一般公共预算收入C12(亿元)	70.5	96.6	104.5	186.5	155.5	187.5	175.9	186.5
农民人均纯收入C13(元)	6 337	7 735	9 088	10 083	11 232	10 512	11 387	12 415
城镇居民人均可支配收入C14(元)	17 889	20 649	23 685	26 087	28 382	21 570	23 277	36 789
高新技术产业产值C15(亿元)	1 191.7	789.66	1 303.9	1 683.2	2 145.6	2 401.3	2 592.4	2 493.1
第三产业占地区生产总值比例C16(%)	28.0	30.2	32.6	34.7	36.1	35.3	38.7	39.8
万元GDP能耗C17(%)	−4.82	−3.75	−4.37	−3.7	0.5	−7.37	−5.42	−4.54
万元GDP电耗C18(%)	−1.88	−4.59	−5.91	−3.45	−4.35	−7.19	−2.4	−20.25
一般预算中环境保护支出额C19(万元)	51 629	54 658	71 103	127 441	96 780	276 087	318 731	198 874
森林覆盖率C21①(%)	31.26	32.03	32.43	34.6	37.5	37.5	37.5	37.5
城市建成区绿化覆盖面积C22(公顷)	3 050	2 746	3 084	3 430	4 250	4 420	4 536	4 598
二氧化硫排放总量C25(万吨)	7.19	8.51	7.93	8.88	8.16	7.09	5.91	4.67
工业固体废物综合利用量C26(万吨)	588.7	1 229.3	574.1	574.4	603.9	729.6	1 055.3	1 355.5
生活垃圾无害化处理量C27(万吨)	16.12	16.15	19.1	22.21	22.5	30.3	27.2	30.6
城市污水年处理量C28(万吨)	3 856	4 196	4 369	5 184	5 377	5 617	7 617	8 134
农用化肥施用量C29(万吨〔折纯〕)	41.96	42.37	41.96	41.80	42.44	41.24	41.12	40.56
人口自然增长率C31②(‰)	6.68	9.13	5.76	6.82	10.06	8	14.75	13.78

① 2014年之后，聊城统计年鉴未公布该项数据，为了不影响数据分析，采用2014年数据替代2015年、2016年、2017年的数据。

② 山东省统计年鉴只统计到2014年，后面4年的数据由山东省指标的增长幅度推算。

（续表）

指　　标	2010 年	2011 年	2012 年	2013 年	2014 年	2015 年	2016 年	2017 年
城镇化率 C32①(%)	37.5	39.52	40.71	43	44.25	46.15	48.5	60.58
全体居民教育文化娱乐消费支出 C34②(元/人)	929	837	904	1 075	1 153	1 149	1 261	1 380
高等学校招生数 C35(人)	10 489	14 875	14 571	14 826	14 475	11 796	12 839	14 619
文化机构数 C36(个)	177	188	186	187	186	177	176	173
人均公园绿地面积 C37(平方米)	11.46	11.54	11.7	13.1	15	13.16	13.45	12.8

（二）数据的无量纲化处理（如表 5.79 所示）

表 5.79　2010—2017 年聊城市生态文明建设指标体系原始数据标准化

	2010 年	2011 年	2012 年	2013 年	2014 年	2015 年	2016 年	2017 年
C11	0.000 1	0.220 3	0.394 2	0.564 1	0.680 7	0.790 1	0.902 1	1.000 0
C12	0.000 1	0.222 8	0.290 5	0.991 5	0.726 5	1.000 0	0.901 1	0.991 5
C13	0.000 1	0.230 0	0.452 6	0.616 3	0.805 4	0.686 9	0.830 9	1.000 0
C14	0.000 1	0.146 0	0.306 7	0.433 8	0.555 2	0.194 8	0.285 1	1.000 0
C15	0.223 0	0.000 1	0.285 2	0.495 6	0.752 1	0.894 0	1.000 0	0.944 9
C16	0.000 1	0.186 4	0.389 8	0.567 8	0.686 4	0.618 6	0.906 8	1.000 0
C17	0.676 0	0.540 0	0.618 8	0.533 7	0.000 1	1.000 0	0.751 7	0.640 4
C18	0.000 1	0.147 5	0.219 4	0.085 5	0.134 5	0.289 1	0.028 3	1.000 0
C19	0.000 1	0.011 3	0.072 9	0.283 8	0.169 0	0.840 3	1.000 0	0.551 3
C21	0.000 1	0.123 4	0.187 5	0.535 3	1.000 0	1.000 0	1.000 0	1.000 0
C22	0.164 1	0.000 1	0.182 5	0.369 3	0.812 1	0.903 9	0.966 5	1.000 0
C25	0.403 2	0.088 8	0.226 3	0.000 1	0.172 4	0.427 0	0.705 6	1.000 0
C26	0.018 6	0.838 4	0.000 1	0.000 4	0.038 2	0.199 0	0.615 8	1.000 0
C27	0.000 1	0.002 1	0.205 8	0.420 6	0.440 6	0.979 3	0.765 2	1.000 0
C28	0.000 1	0.079 5	0.119 9	0.310 5	0.355 5	0.411 5	0.879 1	1.000 0

① 2011年和2012年无公开数据，由山东省指标增长幅度推算。

② 自2015年起，年鉴开始统计全体居民教育文化娱乐消费支出，2015年之前的值是城镇加上农村教育文化娱乐消费的平均值。

（续表）

	2010 年	2011 年	2012 年	2013 年	2014 年	2015 年	2016 年	2017 年
C29	0.257 9	0.040 1	0.258 7	0.343 0	0.000 1	0.637 8	0.701 5	1.000 0
C31	0.897 7	0.625 1	1.000 0	0.882 1	0.521 7	0.750 8	0.000 1	0.107 9
C32	0.000 1	0.087 5	0.139 1	0.238 3	0.292 5	0.374 8	0.476 6	1.000 0
C34	0.169 4	0.000 1	0.123 4	0.438 3	0.582 0	0.574 6	0.780 8	1.000 0
C35	0.000 1	1.000 0	0.930 7	0.988 8	0.908 8	0.298 0	0.535 8	0.941 6
C36	0.266 7	1.000 0	0.866 7	0.933 3	0.866 7	0.266 7	0.200 0	0.000 1
C37	0.000 1	0.022 6	0.067 8	0.463 3	1.000 0	0.480 2	0.562 1	0.378 5

（三）聊城市生态文明建设指数计算结果与分析

1. 总体分析

通过评价结果（如表 5.80、图 5.33 所示）可知，2010—2017 年，聊城市生态文明建设指数分别是0.12、0.22、0.31、0.44、0.50、0.67、0.70、0.88，基本呈现匀速上升趋势。

表 5.80　2010—2017 年聊城市生态文明建设综合发展指数

	2010 年	2011 年	2012 年	2013 年	2014 年	2015 年	2016 年	2017 年
指　数	0.12	0.22	0.31	0.44	0.50	0.67	0.70	0.88

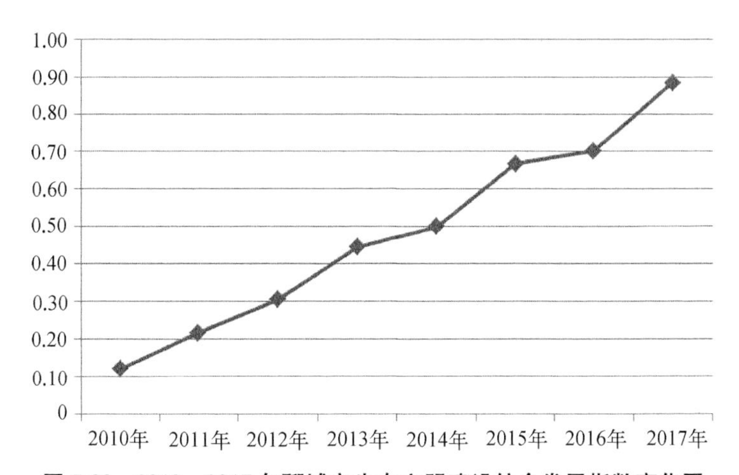

图 5.33　2010—2017 年聊城市生态文明建设综合发展指数变化图

根据聊城市生态文明综合发展指数的变化，可知聊城市在响应 2012 年山东省委、山东省人民政府关于建设生态山东的决定之前，已经在进行生态文明建设，并且有着较好成效。从整体来看，大部分指标均呈上升趋势或小幅波动上升，因此综合指数的整体上升趋势为匀速上升，仅在2014—2015年与2016—2017年出现了较大幅度上升。2013年的综合指数增速提升，是因为在2012—2013年，只有万元GDP能耗、电耗两项逆指标分别小幅下降了0.67%、2.46%，其余各项指标呈不同程度的增长。2017年，一般预算中环保支出额仅为198 874万元，是2016年的62.4%。逆指标万元GDP电耗2017年减少了20.25%，减幅相较于2016年增加了7.44倍，高校招生数也有所上升。

2. 三大系统分析

为了进一步说明聊城市自2010年以来生态文明建设变化情况，下面从聊城市生态文明建设三大子系统(生态经济、生态环境和生态文化)指数加以分析(如表5.81所示)。

表5.81　2010—2017年聊城市生态文明建设三大子系统指数

	2010年	2011年	2012年	2013年	2014年	2015年	2016年	2017年
生态经济	0.11	0.20	0.33	0.46	0.43	0.69	0.70	0.89
生态环境	0.09	0.16	0.17	0.34	0.57	0.75	0.86	1.00
生态文化	0.22	0.39	0.47	0.59	0.61	0.47	0.43	0.66

从图5.34中可以看出，三大子系统(生态经济、生态环境和生态文化)总体上呈上升趋势。2010年，生态文化得分最高，其次是生态经济，最后是生态环

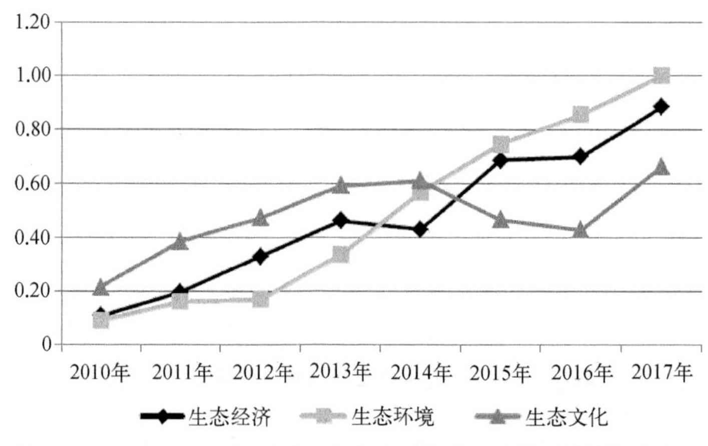

图5.34　2010—2017年聊城市生态文明建设三大子系统指数变化图

境。2017 年后，生态环境得分最高，生态经济得分排名第二，生态文化得分最低。就目前来看，生态经济与生态环境两大子系统得分取得了极大的进步，而生态文化子系统得分上涨幅度较其余二者有所不如。

从生态经济系统的曲线变化情况来看，由于一般公共预算收入在 2014 年比 2013 年减少了 310 071 万元，万元 GDP 能耗出现了逆增长，一般预算中环境保护支出额减少了约 3 000 万元，好在其他指标尤其是高新技术产业产值的增加，使其得分仅出现了小幅下跌。2016 年，万元 GDP 能耗、电耗较 2015 年出现较大幅度下降，导致了得分增速减缓的情况。

从生态环境系统的曲线变化情况来看，自 2012 年以来，在各项指标中，只有农用化肥施用量在 2014 年出现了小幅的增加（增加 0.64 万吨）导致指标指数下降外，其余各个指标均呈现稳定上升趋势，因此，该系统得分一路高歌猛进，在 2015 年便已经是得分第一的子系统。

从生态文化系统的曲线变化情况来看，2010—2014 年，其得分缓慢上涨，并且增速一直在下降，这是因为各项指标均在波动上涨且涨幅不大，2014 年，人口自然增长率甚至大幅上升。2014—2015 年，高等学校招生数、文化机构数、人均公园绿地面积的下降，导致其得分大幅下跌。而在 2016 年，人口自然增长率上升至 14.75‰，其他指标涨幅极小，导致得分再次小幅下跌。2017 年，城镇化率指标大幅上涨，达到最高值 60.58%，高校招生数的回升使该系统得分有所回升，但相比其余两大系统得分仍然相差太多。

十七、日照市生态文明建设

（一）数据的收集（如表 5.82 所示）

表 5.82　2010—2017 年日照市生态文明建设指标体系原始数据

指　　标	2010 年	2011 年	2012 年	2013 年	2014 年	2015 年	2016 年	2017 年
人均地区生产总值 C11(元)	36 870	43 191	47 852	52 778	56 348	58 110	63 248	69 062
一般公共预算收入 C12(亿元)	50.58	58.63	78.8	100.09	111.07	121.65	128.73	123.06
农民人均纯收入 C13①(元)	7 504	8 756	10 026	11 304	12 635	12 319	13 379	14 540

① 2015—2017年的数据为农民人均可支配收入。

(续表)

指　　标	2010 年	2011 年	2012 年	2013 年	2014 年	2015 年	2016 年	2017 年
城镇居民人均可支配收入 C14(元)	17 558	20 098	22 817	25 090	27 540	26 217	28 340	30 790
高新技术产业产值占规模以上工业比重 C15(%)	20.89	14.62	16.94	17.97	19	20.12	23.27	17.53
第三产业占地区生产总值比例 C16(%)	35.4	36.4	37.8	39	41.4	42.9	44	44.2
万元 GDP 能耗 C17(%)	−3.47	−3.71	−4.01	−5.5	−4.98	−5.96	−3.63	1.7
万元 GDP 电耗 C18(%)	−0.25	0.34	−1.68	−4.27	−6.88	−3.63	−5.43	−4.28
一般预算中环境保护支出额 C19(万元)	27 100	29 022	41 188	44 026	54 155	65 665	62 721	57 031
森林覆盖率 C21(%)	36.2	37.2	38.3	39.2	40.3	41	41①	22.1
城市建成区绿化覆盖率 C22(%)	41	42	42	43	44	45	46	46
工业二氧化硫排放总量 C25(万吨)	49 592	59 908	56 392	52 084	41 228	42 128	37 796	31 566
工业固体废物综合利用量 C26(万吨)	820	952	988	957	841	811	419	428
生活垃圾无害化处理量 C27(万吨)	20	17	19	23	21	26	42	46
城市污水年处理量 C28(万吨)	4 568	4 771	5 381	5 373	5 849	5 855	5 019	5 970
农用化肥施用量(实物量)C29(万吨)	369 374	354 105	367 575	358 760	363 576	356 679	337 870	323 405
人口自然增长率 C31(‰)	3.47	3.25	2.3	8.25	8.25	8.12	11.99	12.34
城镇化率 C32(%)	47.08	47.89	49.33①	51.31	52.71	54.81	56.86	58.65
农村居民教育文化娱乐消费支出 C34(元/人)	363.71	274	262	317	383	498	613	659
普通高校招生数 C35(人)	49 000	57 600	61 200	56 000	59 600	62 100	65 664	69 751
文化机构数 C36(个)	67	68	68	69	71	75	76	81
人均公园绿地面积 C37(平方米)	21.32	21.67	21.87	22.3	22.6	23.2	21.2	21.7

① 数据未公布，根据山东省指标的增减幅度推算。

（二）数据的无量纲化处理(如表 5.83 所示)

表 5.83 2010—2017 年日照市生态文明建设指标体系原始数据标准化

	2010 年	2011 年	2012 年	2013 年	2014 年	2015 年	2016 年	2017 年
C11	0.000 0	0.196 4	0.341 1	0.494 2	0.605 1	0.659 8	0.819 4	1.000 0
C12	0.000 0	0.103 0	0.361 1	0.633 5	0.774 0	0.909 4	1.000 0	0.927 4
C13	0.000 0	0.177 9	0.358 4	0.540 1	0.729 2	0.684 3	0.835 0	1.000 0
C14	0.000 0	0.191 9	0.397 4	0.569 2	0.754 4	0.654 4	0.814 8	1.000 0
C15	0.724 9	0.000 0	0.268 2	0.387 3	0.506 4	0.635 8	1.000 0	0.336 4
C16	0.000 0	0.113 6	0.272 7	0.409 1	0.681 8	0.852 3	0.977 3	1.000 0
C17	0.674 9	0.706 3	0.745 4	0.939 9	0.872 1	1.000 0	0.695 8	0.000 0
C18	0.081 7	0.000 0	0.279 8	0.638 5	1.000 0	0.549 9	0.799 2	0.639 9
C19	0.000 0	0.049 8	0.365 3	0.438 9	0.701 5	1.000 0	0.923 7	0.776 1
C21	0.746 0	0.798 9	0.857 1	0.904 8	0.963 0	1.000 0	1.000 0	0.000 0
C22	0.000 0	0.204 5	0.270 5	0.431 8	0.545 5	0.863 6	1.000 0	1.000 0
C25	0.364 0	0.000 0	0.124 1	0.276 1	0.659 1	0.627 3	0.780 2	1.000 0
C26	0.705 3	0.936 5	1.000 0	0.944 5	0.741 1	0.687 7	0.000 0	0.016 3
C27	0.088 1	0.000 0	0.047 0	0.182 3	0.109 1	0.278 3	0.844 6	1.000 0
C28	0.000 0	0.144 8	0.579 9	0.574 2	0.913 8	0.918 1	0.321 3	1.000 0
C29	0.000 0	0.332 2	0.039 1	0.230 9	0.126 1	0.276 2	0.685 3	1.000 0
C31	0.883 5	0.905 4	1.000 0	0.407 4	0.407 4	0.420 3	0.034 9	0.000 0
C32	0.000 0	0.070 0	0.194 5	0.365 6	0.486 6	0.668 1	0.845 3	1.000 0
C34	0.256 2	0.030 2	0.000 0	0.138 5	0.304 8	0.594 5	0.884 1	1.000 0
C35	0.000 0	0.414 4	0.587 9	0.337 3	0.510 8	0.631 3	0.803 0	1.000 0
C36	0.000 0	0.071 4	0.071 4	0.142 9	0.285 7	0.571 4	0.642 9	1.000 0
C37	0.060 0	0.235 0	0.335 0	0.550 0	0.700 0	1.000 0	0.000 0	0.250 0

（三）日照市生态文明建设指数计算结果与分析

1. 总体分析

通过评价结果（如表5.84、图5.35所示）可知，2010—2017年，日照市生态文明建设综合发展指数分别为0.23、0.27、0.42、0.54、0.68、0.75、0.79、0.67，整体上呈上升趋势。说明自2010年以来，日照市生态文明程度大幅度上升。

表5.84 2010—2017年日照市生态文明建设综合发展指数

	2010年	2011年	2012年	2013年	2014年	2015年	2016年	2017年
指 数	0.23	0.27	0.42	0.54	0.68	0.75	0.79	0.67

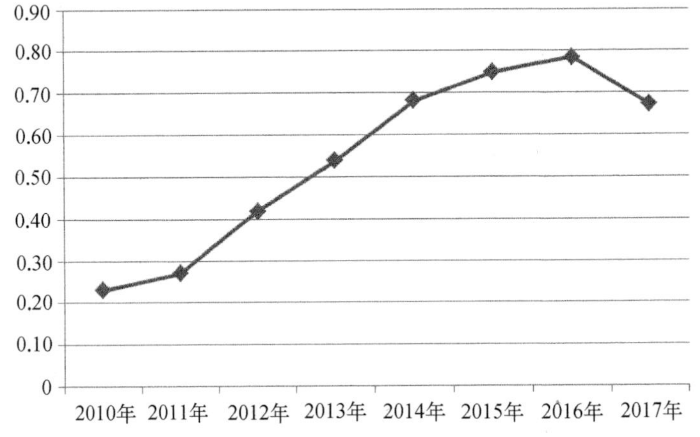

图5.35 2010—2017年日照市生态文明建设综合发展指数变化图

2011年，因为高新技术产业产值占规模以上工业比重和农村居民教育文化娱乐消费支出降幅巨大，工业二氧化硫排放总量上升，尽管高校招生数、工业固体废物综合利用量等指标也出现了较大涨幅，但是综合评价指数上升幅度不大。2012年指数大幅度上升，这是因为除了逆指标农用化肥施用量、农村居民教育文化娱乐消费支出外，其余所有指标均未出现下降，其中一般公共预算收入、农民人均纯收入、城镇居民人均可支配收入、万元GDP电耗、城市污水年处理量指标涨幅较大。2013年，工业固体废物综合利用量、城市污水年处理量小幅度下降，人口自然增长率出现大幅度上升，但由于其余各项指标均未出现下降，尤其是一般公共预算收入、万元GDP能耗与电耗以及农用化肥施用量、人均绿地公园面积等指标出现了较大的涨幅，综合评价指标大幅上升，上升值达0.16。2014年,万元GDP能耗、生活垃圾无害化处理量、农用化肥施用量等指标有所下降,其中工业固体废物综合利用量指标下降明显,其余指标均未出现下滑,尤其是第三产业占地区生产总值比例、万元GDP电耗、一般预算中环境保护支出额、工业二氧化硫排放总量、城市污水年处理量等指标涨幅明显,因此,2014年综合指标继续保持快速上升态势。2015年,综合指数增速减缓,主要是因为相较于上年,各项指标增幅减少,标准值增加超过0.200 0的指数仅有一般预算中环境保护支出额、城市建成区绿化覆盖率、农村居民教育娱乐文化消费支出、卫生机构数和人均公园绿地面积五项指标,农民人均纯收入、城镇居民人均可支配收入等指标下降,其中逆指标万元GDP电耗指标下降极大。2016年,工业固体废物综合利用量、万元GDP能耗、城市污水年处理率、人口自然增长率、人均公园绿地面积等指标出现较大幅度的下滑(指标C24、C25、C26 2016年、2017年的数据与之前几年的数据相比相差极大,但所有数据均来自山东省统计年鉴,其中没有关于统计口径改变的说明)。虽然过半的指标相较于2015年有所增长(其中高新技术产业产值占规模以上工业比重、万元GDP电耗、生活垃圾无害化处理量、农用化肥施用量、农村居民教育文化娱乐消费支出等指标涨幅明显),综合评价指数相较于2015年仍有小幅下降,相比于2014年更是远远不如。2017年,综合评价指数大幅度下降的主要原因是高新技术产业产值占规模以上工业比重、逆指标全市万元GDP能耗、森林覆盖率等指标大幅度跌落,而其余指标在2016年已经上涨到较高水平,在2017年整体涨幅不大。

2. 三大系统分析

为了进一步说明日照市自2010年以来生态建设变化情况,下面从日照市生态文明建设三大子系统(生态经济、生态环境和生态文化)指数加以分析(如表5.85所示)。

表5.85 2010—2017年日照市生态文明建设三大子系统指数

	2010年	2011年	2012年	2013年	2014年	2015年	2016年	2017年
生态经济	0.16	0.17	0.38	0.57	0.76	0.78	0.87	0.71
生态环境	0.37	0.43	0.51	0.59	0.66	0.75	0.75	0.57
生态文化	0.21	0.29	0.38	0.34	0.46	0.64	0.57	0.72

从图5.36中可以看出，三大子系统(生态经济、生态环境、生态文化)在总体上呈现上升趋势。2010年，生态环境得分最高，生态文化次之，生态经济得分最低。2017年，生态文化子系统得分排行第一，生态经济次之，生态环境得分最低。

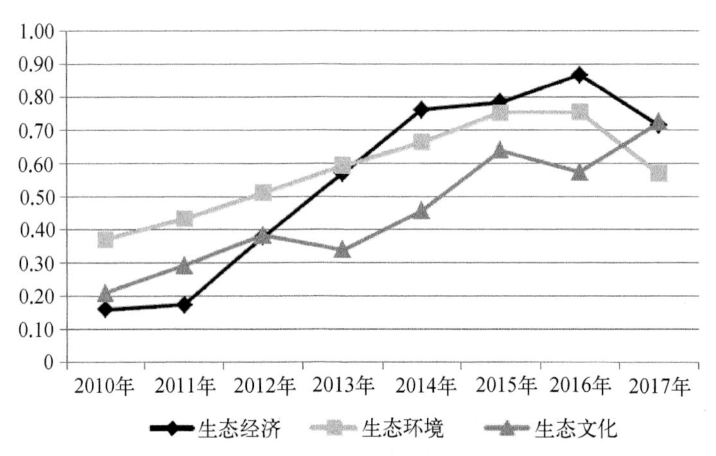

图5.36　2010—2017年日照市生态文明建设三大子系统指数变化图

从生态经济的角度来看，该子系统得分整体上呈上升趋势。2010—2011年增速较缓慢，主要是因为该子系统各项指标整体涨幅不大，且高新技术产业产值占规模以上工业比重指标大幅度跌落。2012—2014年，该系统的得分以较快速度稳定增长，主要是因为除万元GDP能耗指标有小幅度下降外，其余指标均未出现下跌，其中一般公共预算收入、农民人均纯收入、城镇居民人均可支配收入、高新技术产业产值占规模以上工业比重等指标大幅上升。2015年增速减缓，是因为农民人均纯收入、城镇居民人均可支配收入小幅下降，万元GDP电耗大幅下跌，涨幅较大的指标仅有一般预算中环境保护支出额。2016年，得分快速上涨，其原因是除万元GDP能耗有较大下降外，其余指标均有所上升，尤其是一般预算中环境保护支出额上涨幅度极大。2017年，得分大幅度下跌，甚至低于2014年的水平。这是因为万元GDP能耗指标和高新技术产业产值占规模以上工业比重指标大幅度下跌，一般公共预算收入、万元GDP电耗、一般预算中环境保护支出额这三项也有不同幅度的下降，且其余指标未出现足够大的上升。

从生态环境的角度来看，该子系统整体涨幅不大。2011—2015年，指数基本保持匀速增长。2011 年，工业二氧化硫排放总量大幅下降，生活垃圾无害化处理量小幅下跌，城市建成区绿化覆盖率、工业固体废物综合利用量、逆指标农用化肥施用量指标有较大增长。2012 年，尽管只有农用化肥施用量指标出现了下跌（且跌幅较大），但是由于其余各项涨幅不大（仅城市污水年处理量一项指标增长幅度极大），所以得分仅仅增加了 0.08。2013 年，所有指标均未出现明显下降，但各项指标增加幅度也不是很大。2014 年，工业二氧化硫排放总量和城市年污水处理量指标大幅上升，但是由于工业固体废物综合利用量、生活垃圾无害化处理量的下降与农用化肥施用量的上涨，导致该指标得分上升较小。2015 年得分较 2014 年仅上升了 0.09，这是因为仅有城市建成区绿化覆盖率指标有较大上升，其余指标上涨幅度不大，且工业二氧化硫排放总量、工业固体废物综合利用量指标小幅下降。2016 年，尽管生活垃圾无害化处理量、农用化肥施用量指标大幅度上涨，但是因为工业固体废物综合利用量、城市污水年处理量出现极大幅度跌落，而且其他指标涨幅也不大，导致得分未出现变动。2017 年，因为森林覆盖率指标从 2016 年的最大值 41%下跌至最小值 22.1%（2010—2016 年森林覆盖率的区间是 36.2%～41%，但日照市 2017 年的森林覆盖率是 22.1%，与之前相差极大），尽管生活垃圾无害化处理量、农用化肥施用量、工业二氧化硫排放总量等指标均有所上升（其中城市污水年处理量指标出现了较大幅度上涨），但是由于森林覆盖率占该子系统得分权重较大且下跌幅度过大，导致该子系统得分下降了 0.18。

从生态文化的角度来看，该系统在 8 年间呈现波动上升趋势。2011 年，农村居民教育文化娱乐消费支出有所下降，普通高等学校招生数有极大幅度的上升。2012 年，尽管各项指标未出现较大的涨幅，但是仅有农村居民教育文化娱乐消费支出指标出现了极小幅度的下降。2013 年，人口自然增长率大幅上升，普通高等学校招生数有较大幅度减少，尽管人均公园绿地面积有较大幅度增加，但是得分仍然出现了下降。2014 年得分回升，这是因为该年只有人口自然增长率指标既没有增加也没有减少，其余指标均有不同程度的小幅上升。2015 年得分大幅度上升，这是因为该系统所有指标在该年全部上升，尤其是文化机构数、人均公园绿地面积、农村居民教育文化娱乐消费支出三个指标大幅度上升。人均公园绿地面积从 2015 年的最大值23.2 平方米跌落至 2016 年的最小值 21.2 平方米，人口自然增长率有较大上升，尽管城镇化率、农村居民教育文化娱乐消费支出等指标也有所上升,但是仍无法抵消前两者带来的影响,所以 2016 年得分下降了 0.07,为 0.57。2017 年,得分上升至最高 0.72,主要是普通高校招生数、文化机构数、人均公园绿地面积三项指标有较大幅度的上升,仅有逆指标人口自然增长率指标有极小幅度的下降的结果。

第六章
国内外生态文明建设实践经验借鉴

第一节　国　　外

20 世纪 60 年代以来，由于资本主义工业的迅速发展，西方发达国家面临环境污染、生态破坏和生存危机的严重威胁，于是开始在生态保护法律体系、环境政策、经济政策、循环经济、生态科技、环保意识培养和产业结构升级等方面开展长期持久的工作，如日本的综合环境政策、废弃物和再利用对策，德国完善的垃圾回收体系和先进的环保科技，美国公众与非政府组织的参与和完善的生态补偿机制。这些具有各国特色的生态文明建设经验，值得我们借鉴和参考，以帮助生态山东建设尽快取得成效，加快山东省生态文明建设步伐，使生态安全得到有效保障。

一、日本

日本人多地少，山地多平原少，能源十分短缺，但生态环境却比较好，森林覆盖率高达 67%，这一数据在全世界范围内是相当高的。日本在资源拥有量处于劣势的情况下还能保持良好的生态文明，其在环境政策方面的经验非常值得借鉴[①]。

（一）综合环境政策

1. 环境基本计划

日本政府根据《环境基本法》中的相关规定制定了《环境基本计划》，计划

① 汪松.中外生态文明建设比较研究[J].黄河科技大学学报，2017(2)：99-103.

涉及日本的综合性长期施政大纲。《第一个环境基本计划》和《第二个环境基本计划》分别于 1994 年和 2000 年制定，2006 年 4 月《第三个环境基本计划》由内阁审议批准通过。

《环境基本法》(1993 年 11 月 19 日第 91 号法律)第 15 条内容如下：(1) 为计划性地实施与环保相关的施政策略，以保护环境为目的的政府以此来制定基本计划；(2) 环境基本计划的内容主要包括以下两个方面，第一是保护环境的综合性长期施政策略大纲，第二是为了有计划地推进环保相关的施政策略而进行的必要事项；(3) 由中央环境审议会领导环境大臣，由环境大臣制定环境基本计划草案，交内阁批准审核；(4) 内阁同意签字后，由环境大臣向民众公布环境基本计划；(5) 环境基本计划的修订皆可适用前二款项的规定。

《环境基本法》的制定为环境基本计划的实施奠定了基础。该法根据 1992 年 6 月在巴西举行的全球峰会的成果，为了重新构筑环境政策框架，于 1993 年 11 月 19 日公布实施。《环境基本法》制定之前，环境厅曾单独制定了《环保长期计划》(1977 年)及《环保长期构想》(1986 年)，为国家的环境行政工作提供了综合性框架。基本法制定以后，日本政府第一次建立了有关环保的基本施政策略。该法在为政府的工作指明方向的同时，又推动地方公共团体、企业和国民等所有社会主体积极参与环保事业。

1994 年 12 月 16 日，内阁审议通过《第一个环境基本计划》，主要提出构筑“循环”“共生”“参与”及“国际合作”的长期目标。其目的是实现以环境负荷少的循环为基础的经济社会体系，能够使人类与多样的自然和生物共生。

6 年后，在推行《第二个环境基本计划》时，“从理念向执行展开”和“确保计划的实效性”逐渐成为计划开展的重心。《第二个环境基本计划》主要包括以下内容：关于“从理念向执行展开”这一点，就全球气候变暖对策等重点实施的 11 个领域设定战略性计划，分析现状，提出课题，并给出对应实施策略的基本方向和重点工作事项；关于“确保计划的实效性”这一点，为了强化政府整个环保体制，重点强化推进体制(各政府机关制定环保方针等)以及强化检查进度情况。

2006 年 4 月 7 日，内阁审议通过《第三个环境基本计划》，提出环境和经济发展良性循环这一今后环境政策展开的方向，在提出的“环境层面、经济层面和社会层面的综合提升”等目标中，新加入了进一步同时提高社会层面的内容。另外，还制定了十个重点领域政策计划，在各计划中明确了向公民、企业等各社会主体发出的信息。

2. 加强环保教育和学习，全面开展环保活动

可持续化发展社会的到来，使得环保意识的提高对每一位公民都显得相当重要。2003 年 7 月，日本政府环境省制定了《有关增进环保意愿以及推进环保教育的法律》。各类有关环保的教育和环保知识学习的活动在学校内、工厂里、家庭中如火如荼地开展。

自 2005 年起，通过在全国范围内开展“联合国可持续开发十年教育”活动，将环保教育的活动拓展到环境、经济各个领域乃至整个社会。

(1) 进行环保教育。为儿童建立生态俱乐部，以孩子为中心开展“我家的环境大臣”等项目，提供生态生活活动的信息及资料。

(2) 支援人才培养。培养专业的环保顾问，为社会主体举办的环保活动提出建议，保障活动的顺利进行，并向相关机构引荐优秀的环保顾问，通过环保教育基础知识的宣传，培训学校教师及地区辅导员。

(3) 信息提供。提供环保教育和环保知识学习数据库、环保教育人才培养和人才认定等事业数据库。

3. 环境白皮书

为了针对国内环境现状向日本国民做出解释，日本政府颁布《环境白皮书》，同时对之前一年的环保工作进行总结。另外，还编辑出版更加明确的《图解环境白皮书》《儿童环境白皮书》。

4. 环境保护和经济发展并进

为了实现环境与经济的协同发展，先解决环境问题，进而激活经济，最后反向助推环保进程，形成“环境和经济发展的良性循环圈”，建设环境和经济共同体。日本政府通过《环境和经济发展良性循环远景目标——HERB 构想》，描绘了到 2025 年建成健全、美丽和富裕社会的宏伟蓝图，激励国民迎难而上，为实现环境和经济发展统一而不懈奋斗。

5. 推进绿色采购

政府在国家机构等公共部门全面实施《有关推进国家机构等部门采购环保物品等的法律》(又称《绿色采购法》)，提高国民对环保物品的需求，鼓励国

民优先购买环境负荷小的产品以及服务。

为了使国民尽快适应《绿色采购法》,日本环境省总结了各式环保标识信息,并将其汇总在一个统一的数据库内。数据库对全体国民免费开放,消费者可以从数据库内获取相应信息,并做出绿色决策。

6. 推进环保问题研究和相关技术开发

环境保护技术的开发对于解决环境问题具有重要意义,例如减轻环境负荷和修复环境的技术。以"官产学"的智慧作为依托,日本政府主动扶植出色的环境研究和技术开发提案,支持先进的环境技术验证试验等,并进一步加强地区"官产学"的合作,不断推进纳米技术在环保技术开发领域中的应用。

7. 推进环保型事业活动

日本不断引入ISO14001[①]标准及"生态行动21"等环境管理体系,激发国民推进环保事业活动的自主性和积极性,并向企业宣传"环境会计"的概念,鼓励企业自主编写和发布环境报告。

8. 推行环境税

为减少二氧化碳的排放,日本政府大力推行环境税,即对引起全球气候变暖的二氧化碳的物质征收税金。首先计算全国二氧化碳的排放量,再平均分摊到每一个国民身上,因此这是一个全民参与的机制。环境税政策实施后,二氧化碳的排放量大幅度减少,以化石燃料为主的产业结构得到调整,社会经济体系得到完善。

9. 推进环境评估

有关开展道路、机场和发电厂等建设项目的企业,在项目开展之前首先要对项目的环境影响做客观评估,并将结果如实公示,让国民以及地方公共团体浏览并提出反馈,以供企业及时做出调整,最后形成环境友好型事业计划。日本环境省加大审查力度,综合运用环境影响评估法,不断充实和强化相关制度。

(二) 废弃物和再生利用对策

从生活环保及资源有效利用角度出发,提出控制废弃物等的产生、推动资

---

① 环境管理体系认证的代号,是由国际标准化组织制订的环境管理体系标准。此标准是针对全球性的环境污染和生态破坏越来越严重,以及臭氧层破坏、全球气候变暖、生物多样性消失等重大环境问题威胁着人类未来生存和发展等现状,顺应国际环境保护的需求、依据国际经济贸易发展的需要而制定的。

源的循环再生利用及处理。此外，日本更是创造性地提出了“循环资源”这个新词，以实现排放物质的二次利用为目标。

1. 构筑循环型社会

为加快循环社会的建成，2000 年 5 月，日本政府制定了《循环型社会形成推进基本法》，首先从废弃物再利用角度出发进行改革。依据此基本法，政府推出了更为详细的《循环型社会形成推进基本计划》。从此，日本政府根据此计划循序渐进地推进社会向循环型转变。

2. 推进废弃物的正确处理

日本将废弃物分为一般废弃物和产业废弃物。一般废弃物由市町村负责处理，产业废弃物由专业排放企业负责处理。随着日本社会向循环型转变，出现了一系列可喜的变化，废弃物总排放量被控制在一定的水平。与此同时，一些问题也暴露了出来。例如，最终处理场残余量接近饱和值，非法处置等不当处理、跨区域运输和处理设施的安装之间存在矛盾。

此外，为了有效解决与废弃物有关的各种问题，日本于 2004 年修订了《废物处理和清洁法》，修订后的法律加强了国家的作用，加大了对不当处置废物行为的处罚力度。

3. 推进再生利用

(1)《促进包装容器分类收集和改造法》的推进。玻璃瓶和塑料瓶等包装容器占一般废物体积和重量的 60％和 20％。这些废物的处理对环境的影响较大。因此，1995 年，日本政府颁布《促进包装容器分类收集和改造法》，明确规定消费者分类、市町村分类收集和企业再生利用的机制，该机制于 2000 年 4 月开始全面实施。

(2) 家电再生利用的推进。根据《指定家用电器改装法》，自 2001 年 4 月起，空调、电视机、冰箱和洗衣机制造商已开始依法回收这些产品。2004 年，日本指定交易场所回收的 4 种旧家电数量约 1 121.6 万台。2004 年 4 月以后，除冰箱外，还新增了冰柜种类。

(3) 食品再生利用的推进。食品生产、分配和消费过程中产生的食物浪费占废物排放总量的 30％，而饲料和肥料的回收率仅为 20％。针对这种情况，日本环境省自 2001 年 5 月起实施了《促进食物循环资源再生利用法》。

(4) 促进建筑材料回收。建筑施工中丢弃的木材和混凝土等建筑垃圾占产业废弃物排放量的20%,占最终处置量的20%左右,占非法抛弃量的90%。针对这种情况,日本政府从2002年开始实施《建筑材料及其他再利用法》,该法规定了建筑承包商有义务回收废弃建筑材料,并进行循环利用。

(5) 促进汽车回收。2002年7月,环境省颁布了《有关报废车辆再循环法等法律》。该法律自2005年1月起正式实施。法律规定,与汽车制造商有关的各方有义务推动废弃汽车的回收利用,并据此建立汽车回收的新机制。

(6) 促进计算机和小型二次电池的回收利用。根据《促进资源有效利用法》,自2001年4月起,日本开始实施企业对计算机和小型二次电池进行独立回收和再循环的制度。此外,2003年10月以来,已实施家用电脑的独立回收和再循环制度①。

(三) 日本生态文明建设实践对生态山东建设的启示

当前,山东省的环境形势十分严峻。为了改善这种状况,我们应该学习日本在环境保护方面的优秀成果,参考他们在制度和政策制订方面带给我们的诸多启示。首先,必须加强环保立法,日本的《环境计划法》从1994年开始制定,废弃物和再生利用对策中关于不同物品的再生利用也分别在2000年后开始推行,早日完善相关的法律法规,有助于从制度层面推动生态文明建设;其次,向全民普及环保知识,从小学生抓起,增强公民环保责任意识,真正实现垃圾的分类处理,鼓励公民积极参与环境保护建设,尤其是鼓励公民监督企业破坏环境的违法行为②。

二、德国

德国曾经是世界上污染最严重的国家之一。20世纪50年代后期,莱茵河水污染非常严重,河水黑臭,鱼虾几乎绝迹。莱茵河也因此被称为"欧洲下水道""欧洲公共厕所"。20世纪60年代和70年代,在以煤和铁等重工业为中心的鲁尔区,严重的空气污染导致城市的白昼像黑夜一样,汽车很难通过(因为无法识别道路),树木被染成煤灰色,蝴蝶的保护色也变成黑色,甚至人们在呼吸时都会感到窒息③。众所周知,德国是在环境保护中实施"先污染后治理"模

---

① 日本环境省.综合环境政策[EB/OL].http://www.env.go.jp./cn/policy/index.html.

② 徐洋.生态文明建设主体研究[D].哈尔滨:中共黑龙江省委党校,2015.

③ 方世南.德国生态治理经验及其对我国的启迪[J].鄱阳湖学刊,2016(1):70-77.

式的代表国家，经过一个世纪的努力，如今的德国生态环境保护成果显著，成为世界上少有的环境良好型国家，是世界上生态环境最好、环境法最完整的国家之一，其成熟、高效的环境治理模式可以为饱受环境问题困扰并且正在积极探寻科学发展和生态文明建设的山东省提供有益借鉴。

（一）循环经济

在国际上，德国是公认的垃圾资源化水平高、垃圾管理体系先进的国家。德国在全国范围内广泛实施垃圾分类制度，规定：凡可能污染环境的物品，如电池、化学品，用毕或过期后必须交回商店，或丢弃于特别设置的垃圾箱，以集中特别处理，不可随意丢弃；否则，马上就会被人纠正，甚至被处以罚金。

德国的垃圾站为40多种垃圾分别建造了不同的收集库，并为其编号。例如，1号对应的是玻璃瓶子，2号是纸和纸板，5号是混合板或木料，6号是建筑垃圾，12号是电视或电脑显示屏，而35号则是灯泡、电池、药品或化学物品等危险物。所有到站的垃圾被分门别类地放入各个收集库中。其中有些垃圾如电脑废料、塑料垃圾等混合了几种不同的材料，则需要经过人工分拣，再按类别放置。分拣处理后的垃圾被分别送到各个再生产加工厂，无法再利用的垃圾则送到焚烧厂焚烧发电。目前，德国垃圾焚烧产生的电力已成为城市供电的重要来源。以科隆为例，该市可以将全市15%人口制造的废物转化为能源，焚烧后的废灰用于铺路和其他项目①。在垃圾填埋方面，德国还对有机质的填埋比例进行了严格限制。

20世纪80年代，德国已经开始实施可持续的废物管理实践，并将发展循环经济作为解决环境危机和实现可持续发展的重要途径。目前，德国垃圾处理技术已十分先进，已经发展为一个重要的产业部门，为20万人提供了就业岗位，垃圾产业每年的营业额达到500亿欧元。德国的废物回收率居世界第一，城市生活垃圾和工业废物回收率超过50%，一些特定的废物类型具有更高的回收率，如包装物(77%)、电池(72%)、书写纸(87%)②。

20世纪70年代早期，整个德国大约有50 000个垃圾场，但是垃圾泄漏严重污染了作为饮用水源的地下水。因此，政府必须考虑进行政策调整。1972

① 德垃圾变资源大"富矿"[N/OL].大洋网-广州日报，http：//news.sina.com.cn/w/2013-03-13/071926515413.shtml.

② 徐伟敏.德国废物管理立法的制度特色与启示[J].中国人口·资源与环境，2007，17(5)：147-151.

年颁布的《废物处置法》旨在关闭缺乏管理的垃圾堆，并用受地方政府严格监管的集中垃圾场取而代之。此举成功将垃圾填埋场的数量减少到300个。19世纪末期，欧洲的垃圾焚烧政策有效解决了大城市的环境卫生和填埋空间缺乏的问题，但大型垃圾处理厂运作所产生的废气、废水，特别是垃圾的长途运输所造成的污染，也损害了环境[①]。堆积成山的废弃物，使已有设施的处理能力告急，政府不得不再次改进环境政策，从建设更多的填埋和焚烧厂、扩大垃圾处理能力，转向注重从源头削减垃圾的产生量、对废弃物进行循环利用。相应地，在立法中，废物预防和再循环的原则优先于垃圾处理，石油公司首次要求向消费者回收废油，并以环保的方式处理废油。这是著名的"延伸生产者责任"(EPR)的原型。

1990年，瑞典环境部把"延伸生产者责任"(EPR)定义为"为达成降低产品总体环境影响的环境目标的一种环境保护战略，使生产者对产品的整个生命周期特别是产品的回收、循环利用和处置负责"[②]。EPR的内容主要有三个方面：(1) 采用环境安全的产品设计，关注使用后的垃圾处理；(2) 生产者在物质上和经济上承担产品垃圾管理责任；(3) 设定垃圾减量和循环利用的比例和期限。德国最早在垃圾管理上实践了EPR，卓有成效地将综合性的EPR概念融入其《包装垃圾条例》中。

德国政府在整个过程中监控垃圾的回收，确保消费者能够轻松归还垃圾，并积极提供信息咨询服务；通过政府采购，引导消费者购买符合循环经济要求的产品和再生材料；鼓励企业发展创新性的替代包装材料，不断提高废物的分类和回收利用效率，促进循环经济的发展；市政当局负责清理生活垃圾，费用由纳税人承担[③]。

消费者的责任是协助收集和回收废物，并将其送回而不是丢弃。德国鼓励消费者购买环保产品，为资源闭合循环创造需求，从而影响生产者的行为。

1990年9月28日，包装材料和快速发展行业的95家大大小小的公司组成了德国生产者责任组织DSD，这是一家包装废物收集和利用的环境服务公

① 陈晋.德国对垃圾废物的立法[EB/OL].北京法院网，http：//bjgy.chinacourt.gov.cn/article/detail/2007/07/id/855081.shtml.

② 梁燕君.德国用法律确定环保标准[J].质量探索，2012(z1)：42.

③ 刘仁胜.德国生态治理及其对中国的启示[J].红旗文稿，2008(20)：144-145.

司。DSD的基本定位是实现EPR并与项目的所有参与者、生产者、销售者、废物管理行业、地方政府合作，以减少资源消耗并遵守生态标准。

DSD有一个“绿点”(greendot)标志[①]。希望加入DSD计划的生产商和经销商有权在其包装材料上使用绿点徽标，但需要付费。通过绿点系统组织回收和再生利用包装垃圾。绿点的费用结构有利于鼓励制造商减少产品的包装数量，因为包装材料的类型和重量决定了使用绿点标记的费用。自创立以来，DSD的再生利用率一直高于《包装垃圾条例》设定的目标。2003年，DSD收集的玻璃、纸、马口铁、铝、复合材料、塑料的再生利用率分别高达99%、161%、121%、128%、74%、97%，全面超越了条例设定的目标。

（二）领先的环保技术

因为科学技术发展而导致的生态环境破坏是人类在工业化进程中遇到的共同问题。在对生态环境进行治理的过程中，德国探索出了一条利用先进科学技术解决生态和环境问题的道路。

(1) 遭受工业和战争污染的生态环境可以通过先进的科学技术进行修复。德国的生态环境经历了工业化与战争的双重污染和毁坏，在这样的情况下，德国选择利用前沿的科学技术来治理、恢复生态环境。30年后，它不仅使得清澈的蓝天重现，并且逐步消除了第二次世界大战后残存的化学有毒物和重金属。德国统一后，联邦政府利用综合科学技术在洛伊纳化学区四周修筑了地下水坝，逐步净化公园内的水源和土地，并投入大量资金和其他资源用于拆除园区内落后的化工企业。经过10年的生态恢复，植物在园区用地下水浇灌后开始生存。

(2) 利用先进的科学技术检测与控制生态环境。德国采用先进的科学技术建立了完善的生态监控网络，避免生态环境再次遭到污染和破坏。通过雷达、飞机、卫星、水下传感和地面系统，在全国创建了生态环境测试系统。举个例子，如果想要监督企业的污水排放情况，只需要安装视频记录系统，并在企业的污水出口处设置传感器，任何人都可以参与生态系统管理和系统检查，任何时间、任何地点，只需要通过网络查看各种数据就可以实现。2008年初，科

---

① 所谓“绿点”，就是在商品包装上印上统一的“绿点”标志。这一“绿点”表明此商品生产商已为该商品的回收付了费。由使用“绿点”标志的生产商所支付的费用，建立一套回收、分类和再利用系统，经营这一系统的公司是非营利性质的。

恩大学研究所通过对新技术的测试，发现鲁尔河中含有PET(聚对苯二甲酸乙二醇酯)，这是一种被欧盟法律禁止的化学物质。这一发现导致PET的所有者被监禁，北莱茵-威斯特法伦州环境部部长辞职。

(3) 对公民实施环境教育。德国将环境教育分为两个部分：环境专业知识教育和环境习惯教育。其中，环境专业知识教育贯穿整个德国学术教育体系，开始于幼儿阶段。对家庭垃圾进行分类和保存，利用环境知识从小培养公民形成良好的习惯。鲁尔工业区是德国乃至世界的重要工业区之一，在20世纪60年代之前，工业区没有一所高等教育机构，但现在有58所学院和大学。除了设置环境专业外，德国政府还专门建立环境教育机构，以培养公民的环保知识。这极大地促进了普通公民、企业技术人员、政府官员和环境非政府组织对环境友好技术和法规的及时理解、掌握和应用。1983年，北莱茵-威斯特法伦州政府成立了茵豪森教育培训中心，现在每年有超过5万名学员在德国接受培训。

(三) 将生态治理纳入法治化轨道

作为生态治理中最重要的组成部分，我们必须依法促进生态治理。德国生态治理的法治涉及立法、执法和遵纪守法等诸多方面。

(1) 加强立法。自1972年通过第一部环境法以来，德国拥有世界上最完整、最详细和最严格的环境保护法。德国已经出台了8 000多项与环境保护有关的法律法规，包括废物处理、烟雾预防、大气和污水处理、化学品管理、可再生能源利用、气候保护、水资源保护和核能安全，涉及人们生活的方方面面。1974年颁布的《联邦污染预防和控制法》是德国防治空气污染的最重要法律。1979年颁布的《远距离越境空气污染日内瓦条约》和1999年的《哥德堡协定》在管理区域空气污染方面发挥了重要作用。1994年，德国将环境责任写入基本法。

(2) 严格执法。法律的生命力在于执法。为了加强执法，德国设立了环境警察。除了通常的警察职责外，他们还有权对破坏环境的事件和行为现场执行处罚。这不仅加强了环境保护现场执法的力度，也体现了法律的严肃性和执法的时效性。德国丰富了针对污染违法行为的惩罚措施，并增加了违法者的犯罪成本。例如，为了减少对莱茵河的污染，在法律上，严格控制工业、农业、生活固体和其他污染物排入莱茵河，违者罚款，罚款数额超过50万欧元。德国还鼓励公众报告污染者，公众有权起诉污染者。公司违反环境法有关规定造成污染的，公众有权要求有关部门对企业进行调查，并要求企业依法予以纠正。如果问题得不到妥善解决，相关部门有权暂停业务。

(3) 积极遵守法律。德国政府在生态环境领域关注公民的法治教育，加强生态环境中的法治监督，不断发挥大众传媒对环境保护的监督作用，国内企业和公众积极遵守法律，有意识地保护生态环境，确保法治的有效性。例如，目前德国铅汽油的使用率几乎为100%，欧盟范围内汽车必须安装三元调节催化剂，以减少二氧化碳、碳氢化合物和一氧化碳造成的污染，并减少氮氧化物达50%。

(四) 加强国家、企业与公民社会的合作

合理多元的环境治理结构的构建充分展现了生态现代化的优势，使得政府规制、公民参与和企业合作结合起来，这也是德国环境治理卓有成效的重要原因。从体系的建构和生态价值的提高到科学技术、经济手段的创新与实践，只有依附于平稳持续的制度建设才能形成有效的、持续的系统性影响。广泛合作原则是德国环境政策三项原则之一，它体现在环境保护的各个方面。首先，联邦政府和州政府在环境立法问题上进行了全面合作，双方对立法权和环境问题的具体实施权限进行了详尽的区分。正如联邦宪法所明确规定的那样，联邦政府在处理废物、控制空气污染和防治噪声的问题上拥有统一的立法权，但涉及自然、景观保护和水环境保护的问题，联邦政府只发布必须得到州级立法同意和补充的基本框架条款，各州可以通过联邦议会参与联邦立法程序。其次，德国政府利用政府主导和企业参与的合作方式，充分利用各项科技手段，将经济实力和民间智慧相结合，以自愿自立为基础解决具体的生态环境问题。

德国的环境治理结构为其潜在的社会基础和政治文化奠定了坚固的基础。从一方面来说，德国于20世纪初期完全实现了工业化，然后在20世纪60年代和70年代转变为后工业化社会，核心为中产阶级的群众基础对于生态环境和生活质量的精神诉求较高；从另一方面来说，公民环境权利意识的觉醒和参与环境公共决策水平的提高是平行的，这促进了德国环境治理的改善[①]。

(五) 德国生态文明建设实践对山东生态建设的启示

德国在建设生态文明方面的经验值得我们深入学习。环境问题若得不到

① 邬晓燕.德国生态环境治理的经验与启示[J].当代世界与社会主义，2014(4)：92-96.

有效解决，将会阻碍生态山东建设，给山东经济发展带来前所未有的挑战。将垃圾处理业发展成重要的产业部门、“延伸生产者责任”(EPR)、细致的垃圾分类、鼓励消费者选择环保产品、研制和使用环保节能的新技术等德国成功经验，转变了传统的生产方式，减轻了环境的污染负荷。山东省应积极借鉴其经验，力争早日实现新旧动能转换的发展目标。

三、美国

自 20 世纪以来，美国利用各种环境政策来推动生态文明建设。美国在不断努力追求保护环境和建设生态科学的道路上，已经在世界范围内成为佼佼者。第二次世界大战后，美国的经济快速发展，城市化进程不断加速，与此同时暴露出越来越多的城市问题，特别是出现过许多严峻的环境问题，如洛杉矶光化学烟雾事件、多诺拉烟雾事件等。因此，美国人开始反思工业化和城市化对自然环境的破坏，并出版了一系列关于环境生态学建设的书籍。从政府到非政府组织，陆续发起了一系列生态保护运动。

（一）生态环境保护法律的建立

美国环境法的制定是在日益严峻的环境污染状况下进行的。环境污染和环境事故已成为环境立法的主要推动力。20 世纪 30—60 年代是资本主义社会工业快速发展的时期，同时也给环境造成了巨大的污染。历史上 8 起最具破坏性的环境污染事件就发生在此期间①。在 8 个公害事件中，发生在美国的有两个。工业小城镇多诺拉坐落于宾夕法尼亚州孟农加希拉河谷，由于自身特殊的地理位置、河谷地势，加上小镇内工厂的数量不断增加，1948 年 10 月，大气受反气旋和逆温的影响，持续有雾，空气污染物积聚在近地表层，造成了 5 911 人生病，4 天内有 17 人死亡。迅速发展的汽车工业给工业中心城市洛杉

① 随着现代化学、冶炼、汽车等工业的兴起和发展，工业“三废”排放量不断增加，20 世纪 30—60 年代，发生了 8 起震惊世界的公害事件：(1) 比利时马斯河谷烟雾事件(1930 年 12 月)，致 60 余人死亡，数千人患病；(2) 美国多诺拉烟雾事件(1948 年 10 月)，5 911 人患病，17 人死亡；(3) 伦敦烟雾事件(1952 年 12 月)，5 天致 4 000 多人死亡，事故后的两个月内又因事故得病而死亡 8 000 多人；(4) 美国洛杉矶光化学烟雾事件(二战以后的每年 5—10 月)，烟雾致人五官发病、头疼、胸闷，汽车、飞机安全运行受威胁，交通事故增加；(5) 日本水俣病事件(1952—1972 年间断发生)，共计死亡 50 余人，283 人严重受害而致残；(6) 日本富山骨痛病事件(1931—1972 年间断发生)，致 34 人死亡，280 余人患病；(7) 日本四日市气喘病事件(1961—1970 年间断发生)，受害人 2 000 余人，死亡和不堪病痛而自杀者达数十人；(8) 日本米糠油事件(1968 年 3—8 月)，致数十万只鸡死亡、5 000 余人患病、16 人死亡。

矶带来了严重的空气污染问题，从 20 世纪 40 年代开始，在 1943 年和 1952 年分别爆发过两次严重的光化学烟雾污染，烟雾污染物对患者的健康造成极大的威胁，症状包括眼睛红肿、喉咙疼痛，甚者会威胁生命安全。1952 年一个月的光化学污染导致超过 4 000 名 65 岁及以上的老人和 15 岁以下的儿童死亡。作为经济发展的领导者，美国在解决环境问题方面不断探索。为此，美国迅速建立了一个应对体系，包括法律、行政和其他创新管理工具。洛夫运河中的有毒化学污染事件[①]使 20 世纪 70 年代的美国开始觉醒。

1980 年，美国政府颁布了《综合环境反应、赔偿与责任法》，经过多次修订，建立了一系列具有里程碑意义的环境管理系统，包括：(1) 规定了有害物质责任、赔偿、清理和紧急反应以及有害废物处置场所清理程序、责任；(2) 建立有害物质应对信托基金；(3) 确定赔偿责任，明确人的连带责任和可追溯性的法律效力；(4) 规定联邦政府处理危险物品的权限和应急制度；(5) 建立公共监测信息报告和发布系统[②]。这些制度为环境领域的管理奠定了基础，包括化学品、有毒有害物质、固体废物和应急管理。美国总结国内外环境治理的经验和教训，在立法方面不断做出努力。1984 年 12 月 3 日，美国的联合碳化物公司在印度博帕尔的化肥厂发生甲基异氰酸酯气体泄漏事故，毒气泄露造成了 2 000多人直接死亡。在这一事件的影响下，美国于 1986 年通过了《紧急计划和公众知情权法》，该法最终成为《超级基金法》的修正案。此外，埃克森-沃尔德石油泄漏事件[③]促成了 1990 年《石油污染法》的制定。

（二）生态环境保护机构的组成

联邦和州政府职责不同，生态环境保护责任也不同。美国生态保护管理机构分为两个层次：联邦政府层面和州政府层面。

---

① 1892 年，位于美国加利福尼亚州的洛夫运河由于资金问题中断修建。1920 年，西方石油公司的子公司胡克化学公司购买了这条运河，将其用于填埋化工垃圾。1953 年，胡克化学公司在填满这条运河后平整土地，修成了辽阔的空地。1978 年，由于当地的地下水位上升，使填埋的化学品冲到污水管道、街道和居民地下室。一份由志愿科学家和居民开展的健康调查显示，在 1974—1978 年，新出生的孩子中有 56%患有生育缺陷，妇女流产率和泌尿系统疾病发生率分别都增加了 300%。

② 侯万军.绿色经济与法律法规[J].经济研究参考，2011(2)：30-38.

③ 1994 年 9 月 16 日，美国最大的石油公司埃克森公司“瓦尔德斯”号油轮在阿拉斯加州威廉王子湾搁浅，并向附近海域泄漏了将近 4 165 万升原油，被公认为 1989 年重大国际性事件之一。阿拉斯加州沿岸长达几百千米的海岸线遭到严重污染，数以千计的海鸟和水生动物丧生，大约 1 万渔民和当地居民赖以生存的渔场和相关设施被迫关闭，鲑鱼和鲱鱼资源近于灭绝，几十家企业破产或濒于倒闭。

联邦政府为了实现高效管理，将责任下放到各个管理机构，各部门协调发展，实现保护效益的最大化。首先，美国环境保护局作为最重要的生态保护管理机构，可以制定和解释法规的一些决定性细节。其次，政府下设国家环境质量委员会(CEQ)、美国环境保护局(CPA)和总统可持续发展委员会(PCSD)、内政部(DOI)及其附属机构、能源部(DOE)及其附属机构、农业部及其附属机构。

当地环境质量委员会和环境保护局组成了州政府的生态保护管理组织。联邦政府是各州环境保护的强有力监督者，并且还实施各种环境标准、环境保护计划和环境保护法律法规。各州的环境保护机构享有行政执法权，具有一定的自治权，可开展以保护人类健康和维护州环境安全为目标的环境研究和环境执法①。

(三) 非政府组织与公众的参与

非政府组织和公众是美国环境保护立法的重要推动力量。如果环境污染事件是美国环境立法的起源，是美国国会对环境污染事实做出的应急反应，那么非政府组织的发展和环境保护运动的兴起就是美国积极推动环境保护的动力。20 世纪 30 年代，生态学的发展为环境保护意识的产生提供了思想基础。20 世纪 60 年代，蕾切尔·卡逊的代表作《寂静的春天》成为美国民间环保意识崛起的里程碑。在新的环保理念推动下，以塞拉俱乐部②为代表的传统环保组织开始转型，以美国环境保护基金会③为代表的新环保组织如雨后春笋般涌现，成为美国民间社会促进环保运动的主要力量。20 世纪 60 年代和 70 年代，在美国建立了近 300 个国家和地区环境保护组织。1976 年，通过环保组织的努力，美国国会修订了《国内税收法》，允许非政府免税组织参与游说活动。这为非政府组织推广环境保护立法提供了广泛而有效的平台。公众和非政府组织在美国环境立法进程中发挥了重要作用。在洛夫运河发生化学污染事件

---

① UNITED STATES DEPARTMENT OF AGRICULTURE. About USDA[EB/OL].[2013-09-01].http://www.usda.gov/wps/portal/usda/usdahome/navid=MISSION_STATEMENT.

② 美国的一个环境组织，也译作“山岳协会”“山峦俱乐部”。著名的环保主义者约翰·缪尔(John Muir)于 1892 年 5 月 28 日在加利福尼亚州旧金山创办了该组织，并成为首任会长。塞拉俱乐部拥有百万会员，分会遍布美国。

③ 著名的美国非政府非营利性环保组织，成立于 1967 年，总部位于纽约，目前拥有超过 200 万名会员。自成立以来，一直遵循创新、平等和高效的原则，通过综合运用科学、法律及经济手段，为最紧迫的环境问题提供解决方案。

后，迫于公众的压力，国会于1980年通过了《综合环境反应、赔偿和责任法》；1972年，在环保基金会的推动下，美国禁止使用DDT[①]；1990年，在环境保护基金会的努力下，排污权交易被写入《清洁空气法》修正案，以通过排放交易控制二氧化硫排放。

此外，美国出现一大批绿色人士，限制了以破坏环境资源为代价的经济活动，极大地促进了环境保护的进程。在美国国家公园之父约翰·缪尔的积极领导下，1872年，《黄石法案》在美国颁布，黄石国家公园作为全球第一个自然保护区宣告成立[②]。美国总统西奥多·罗斯福和缪尔参加了国家公园的调查，并根据调查结果，开始对一些不利的环境开发活动进行限制，主张分类和规划使用土地，使位于不同自然条件下的土地能用于不同的产业，以最大化地发挥环境的作用。

（四）生态环境保护的措施

1. 生态工业园

美国作为世界上生态环境保护最活跃的国家之一，致力于生态工业园区的规划和建设实践。20世纪末，生态工业园作为一种新兴的工业生产理念，引起了美国政府、科研机构和工商企业的高度重视。美国国家科学院（NAS）于1991年举办了第一届生态工业研讨会。为了促进生态工业园区的发展，美国政府在可持续发展委员会（PCSD）下设立了一个生态工业园区专门工作组[③]，负责国家生态工业园项目的技术支持、政策和资金咨询服务。

自1993年以来，已有20个城市的政府部门与大公司合作规划和建设生态工业园区。1994年，美国环境保护局和生态工业园区专门工作组联合指定了四个社区生态工业园示范点：弗吉尼亚州的查尔斯角（Cape Charles）、马里兰州的费尔菲尔德（Fairfield）、得克萨斯州的布朗斯维尔（Brownsville）以及田纳西州的恰塔努加（Chattanooga）。这些示范园区对生态工业园有不同的设

① DDT又名滴滴涕，化学名为双对氯苯基三氯乙烷，是有机氯类杀虫剂。为20世纪上半叶防治农业病虫害，减轻疟疾、伤寒等蚊蝇传播的疾病危害起到了不小的作用。但由于其对环境污染过于严重，目前很多国家和地区已经禁止使用。世界卫生组织于2002年宣布，重新启用DDT用于控制蚊子的繁殖以及预防疟疾、登革热、黄热病等在世界范围的卷土重来。2017年10月27日，世界卫生组织国际癌症研究机构公布致癌物清单，DDT在2A类致癌物清单中。

② 苏杨.美国环保启示录[J].现代交际，2005(1)：56-58.

③ U.S. ENVIRONMENTAL PROTECTION AGENCY.Superfund redevelopment initiative[EB/OL].Washington，DC：U.S.EPA.2001.http：//www.epa.gov/superfund/programs/recycle/recycle.htm.

想和侧重点，往往都是一个园区包含众多工业企业，同样也包含农业、居民区等。在生态工业园区，每家公司都实现了清洁生产，以减少废物来源。为了实现最佳的资源利用和材料回收以及能源的有效利用，各个企业之间实现了废物、能量和信息的交换，从园内到园外的废物排放趋于零。费尔菲尔德生态工业园是一个现有的改造园区，该地区实现了废物和能源的交换，园区内的所有公司都采用可持续的生产方法来生产可持续产品。园区内建有生物燃料发电设备，可以为园区企业提供全面的电力支持，园内企业不再需要依靠化石燃料发电。查尔斯角生态工业园是一个新建的园区，计划通过“绿色制造技术”吸引企业入园，园区内建有一些基础设施以帮助这些公司交换废水、废热等。布朗斯维尔生态工业园是一个虚拟园区，园内属于同一产业链的企业被安排在不同的地区，建立计算机模型和数据库，并通过计算机在成员之间建立物质或能量连接。恰塔努加生态工业园重视其与区域可持续发展计划的联系，园内的产业涵盖该地区的工业、服务、旅游和住房。此外，美国俄克拉荷马州的乔克托(Choctaw)生态工业园也是一个典型的新规划园区。该园区采用高温分解技术将该州大量废弃轮胎资源转化为工业炭黑、增塑剂和余热，进一步衍生出不同的产品链以实现资源回收，这些产品链和辅助废水处理系统共同构成了生态工业网络。

2. 生态保护的市场机制

生态保护不能完全依靠政府的力量。经过痛苦的教训，美国政府对生态保护的理念做出了巨大的改变，即发挥市场的力量。美国所推行的生态保护政策从本质上来说也是经济政策，在公众的生活方式保持不变的前提下，强调新技术和新产品的开发，运用各种手段，充分调动各级地方政府和企业的积极性，使环境守法变成他们的自发性活动，使企业主动守法。

显然，市场机制在美国的生态保护中发挥着积极作用，比如二氧化硫排污权交易制度。1970 年，美国政府在《清洁空气法》中引入了一个有意思的政策——“泡泡政策”。该政策规定，各企业之间可以通过相互协商确定自己的排放量，使得最终污染物排放总量保持不变。用数学公式来表示，将污染物排放总量设为大泡泡 P，各企业排放的污染物为小泡泡 $p_1,\cdots,p_n$，则 $p_1+\cdots+p_n\leqslant P$。同时，鼓励企业进行排污技术革新，通过排污权交易的方式对企业给予资金支持。政策实施后，企业遵守环境法律的积极性很高，有利于政府的环境管理。美国环境保护署(EPA)称,截至 2006 年,美国二氧化硫排放量逐年下降,排放跌幅为 1 000 万吨,这个数据比 1990 年下降了 630 万吨,相当于下跌 40%;从 1994 年起,完成了约 43 000 次二氧化硫排放交易,但仅使用了约 20 亿美元的减排成本,这个投入仅为原先预测的 1/3①。美国政府充分利用市场机制对企业排污进行监管。根据美国证券交易委员会要求,为了实现公众监督,上市公司必须积极主动地披露其相关环境信息。环境信息披露制度提高了公司的环保意识,促进了以公众和信息为基础的市场的建立,遵守法律的企业可以获得公众认可并产生经济利益②。

3. 生态补偿机制

美国作为较早实施生态补偿制度的国家,形成了较为完善的制度体系框架,有很多成熟经验值得借鉴。第一,补偿机构不仅限于国家,还包括各级政府、市场和社会组织。美国规定由行政机构购买生态及相关服务,已形成相对完善的公共支付制度。例如,政府积极鼓励农民在部分退化的土地上劳作,由此产生的损失由政府补偿。与此同时,美国政府将生态服务作为商品引进市场,社会组织可以以一对一的形式进行私人交易。就生态补偿而言,美国的生态补偿范围更广。从生态破坏的受害者到生态环境的贡献者,都属于生态补偿的范畴。第二,补偿标准具有明显的弹性变化,反映了政府干预与市场运作的结合。例如,在美国实施的退耕还林补偿制度中,政府向农民提供补偿金,但却没有规定统一的补偿标准,而是在农民自愿的前提下提供补偿,有利于受损主体全面地表达索赔诉求。第三,有一个明确的生态补偿计划程序,作为生态补偿计划中最重要的启动方法,有效地表达了生态补偿主体的诉求。美国生态补偿主要用于事后补偿,对生态补偿期限和不同补偿实体的具体规定有很大的灵活性。它以实施生态补偿原则为基础,达到了提高补偿效益的目的。第四,有一个完善的立法体系。通过实施单一法律逐一实施生态补偿制度,建立了比较完整的生态补偿框架。例如,早在 1920 年美国就颁布了《美国联邦矿山租赁法》,该法案规定必须保护矿产开发中的生态环境。第二次世界大战后,随着露天开采的迅速发展,美国建立了恢复治理基金制度和恢复治理存款制度,大大减少了矿产资源开采对生态环境的破坏。在 20 世纪 80 年代后期,

---

① 孙咏梅.美国排污权交易成效显著[N].市场报,2007-12-28.

② 宋海鸥.美国生态环境保护机制及其启示[J].科技管理研究, 2014(14): 226-230.

为了积极回应过度的森林采伐对生态造成的破坏，美国各州先后制定了可持续森林采伐补偿政策，由政府作为投资实体更新和培育公益林，利用各种混合政策工具，如技术支持、财政激励和税收优惠，保证了森林采伐的可持续性。美国为此特别制定了一项交易计划，以便在政府的指导下进行森林采伐权交易①。

4. 大气污染治理

20世纪40年代，洛杉矶光化学烟雾事件和多诺拉烟雾事件推动了美国的大气管理进程。在立法方面，从1955年的《空气污染控制法》到1963年的《清洁空气法》、1967年的《空气质量控制法》，再到1970年的《清洁空气法》以及后来的1977年修正案、1990年修正案，通过不断的实践，法律体系变得越来越完善，并已经确立了一系列有效的原则②。

美国政府治理大气污染涵盖的内容非常广泛，包括工业企业的污染排放防治、交通运输工具和附有发动机的其他设备（例如起重机和其他建筑设备）的污染排放防治，以及酸雨引起的二氧化硫和氮氧化物的处理。政府对臭氧破坏者的预防和控制分为两个阶段，即过渡期和年度禁止期。最终实现完全禁止臭氧消耗物质的生产和消费，以达到保护臭氧层的目的。

在大气污染防治过程中，美国利用市场经济手段控制污染排放，建立了最具特色的排放权交易体系。自20世纪70年代以来，美国环境保护局一直在研究控制污水的排污许可证制度，管理向大气排放污染物的企业。由于不同所有者之间排污权的交易必须是有偿的，排污权交易市场随之产生，完善的排污权交易体系逐步建立。

（五）美国生态文明建设实践对山东生态建设的启示

广大公众的参与、生态园的建设、完善的生态补偿机制、利用市场经济手段控制污染排放和依靠市场力量采用经济措施促使企业主动守法等特色先进经验，都值得山东省生态文明建设参考和借鉴。发挥政府主导作用，倡导公众参与环境保护，大力保护生态资源，合理开发生态资源，我们可以少走弯路，实现可持续发展。

---

① 张晓娟.美国是怎样实施生态补偿的？[J].中国生态文明，2017(4)：93.

② 美国大气污染治理经验及启示[EB/OL].期货日报，http：//www.qhrb.com.

第二节　国　　内

生态省是中国改革开放以来的独创。中国生态省建设的具体内涵是将可持续发展原则与生态经济学原理相结合，建设社会经济和生态环境相协调、各个领域基本符合可持续发展理念的省级行政区域，积极调整产业结构，充分发挥区域生态和资源优势，规划和实施环境保护、社会发展和经济建设，最终实现区域经济社会可持续发展。以科学发展观和可持续发展战略以及环境保护政策协调经济发展和社会发展。转变经济增长方式，改善环境质量，同时遵循三大规律（社会发展规律、经济增长规律和自然生态规律），推动全社会走上生产繁荣发展的道路、生态文明的道路。从 1997 年底到 1998 年初，九三学社的相关人士提出了建设海南生态省的意见，得到了海南省委、省政府的重视。1999 年初，海南省第二届人民代表大会第二次会议通过《关于建设生态省的决定》，得到了国家环保总局的批准和支持。到目前为止，海南、吉林、黑龙江、天津、安徽、河北、广西、四川、福建、浙江、江苏、山东、辽宁、山西等 14 个地区开展了生态省（区）建设①。目前，海南、福建和浙江的生态文明建设已经初步取得成功，值得山东生态文明建设学习和借鉴。

一、海南

2017 年 4 月 25 日，中国共产党海南省第七次代表大会提出建设美好新海南的目标，为未来五年的建设安排部署了九大任务，其中摆在第二位的就是持续开展生态环境整治、优化生态环境质量、重点关注生态文明建设，明确生态环境保护建设的基础："海南的青山绿水、碧海蓝天是一笔既买不来也借不到的宝贵财富。"生态环境作为海南的突出优势，也是海南可持续发展的基础，海南建省办经济特区之后，经过数十年的艰难探索，最终确立了生态省的发展战略，成为当时中国第一个生态示范省。目前，海南省在生态环境保护、生态工业和生态文化方面取得了相当大的成就。由于其优越的生态环境，海南省也成为中外游客的度假天堂②。

---

① 施问超，卢铁农，杨百忍.论污染防控与生态保育[J].污染防治技术，2011，24(2)：1-5.

② 娄瑞雪.完善生态文明制度　建设美好新海南[J].西部学刊，2017(12)：72-74.

（一）海南生态文明建设的发展历程

1999 年 2 月，海南省第二届人民代表大会第二次会议通过了《关于建设生态省的决定》。同年 3 月，国家环保总局正式通过决议，海南成为中国第一个生态示范省。随后，省政府颁布了《海南生态省建设规划纲要》。海南在实施“一省两地”（新兴工业省、热带高效农业基地、热带海岛休闲度假旅游胜地）战略时，遵循“两大一高”（大企业入门、大项目带动、高科技支持）和“三不原则”（不破坏资源、不污染环境、不搞低水平重复建设）的产业发展战略，走上了生态省的发展道路，全省生态环境得到了很大的改善。2009 年底，海南在国家战略的引领下继续加快建设国际旅游岛。在《国务院关于推进海南国际旅游岛建设发展的若干意见》中，确定了六个战略目标，“全国生态文明建设示范区”就是其中之一。

党的十八大将生态文明建设纳入中国特色社会主义事业的总体布局，着力建设美丽中国。习近平总书记于 2013 年 4 月在海南考察时强调，海南作为全国最大经济特区，要以海南国际旅游岛建设为总抓手，闯出一条跨越式发展路子来，争创中国特色社会主义实践范例，谱写美丽中国海南篇章。习近平总书记提出“保护生态环境就是保护生产力，改善生态环境就是发展生产力”，指出青山绿水、碧海蓝天是建设国际旅游岛的最大本钱，必须倍加珍惜、精心呵护；希望海南处理好发展和保护的关系，着力在“增绿”“护蓝”上下功夫，为全国生态文明建设当个表率。

2018 年 4 月 13 日，在庆祝海南建省办经济特区 30 周年大会上的讲话中，习近平总书记充分肯定了海南生态文明建设的成果，并满怀信心地期待海南在未来的蓬勃发展。习近平总书记提出：“海南要牢固树立和全面践行绿水青山就是金山银山的理念，在生态文明体制改革上先行一步，为全国生态文明建设作出表率。”海南省立足于建设最严格的生态环境保护体系，厉行生态环境保护政策，积极开展国家公园体系试点，完善基于绿色发展的评价体系，保护海洋生态环境。同时，国家对海南建设国家生态文明试验区给予大力支持，鼓励海南省走出一条人与自然和谐发展的路子，为全国生态文明建设铺垫基石①。

---

① 王明初.海南生态文明建设的发展、成就与经验[N].海南日报，2018-05-23.

（二）海南生态文明建设的成就

1. 生态环境质量优良

海南省生态环境质量在全国保持领先地位。2015年，空气质量达优良的天数占全年的97.9%。94.2%的受监测河流和83.3%的受监测湖泊达到或超过地表水III级标准，城镇集中式饮用水源水质达标率为100%。全省陆地森林覆盖率达到62%，自然保护区占土地面积的6.94%。主要海洋功能区的环境条件符合功能区的海洋环境保护要求。

海口、三亚分别开展“创建全国文明城市，打造全国健康城市”与“城市修补、生态修复”工作。万宁、琼海、儋州开展生态文明先行示范区建设。东方、五指山、乐东、陵水、保亭、琼中、昌江、白沙、三亚、儋州、万宁、三沙等12个市县被列入国家重点生态功能区转移支付补偿范围。到2015年年底，海南省积极推动生态文明示范区的建设，累计建成1个环保模范城市、3个国家级生态乡镇、1个国家级生态村、28个省级生态文明乡镇、278个省级小康环保示范村。全省共有16 448个文明生态村，占全省自然村总数(23 310个)的70.56%。

海南为实现针对环境风险全过程的防控，成立了省突发环境应急事件专家库，还组织突发性环境事故应急演练，并初步建立了海南省突发环境事件应急技术指导系统；严格环境准入标准，加强环境检测和监督，防止重金属、化学品和危险废物造成的环境风险；建立健全重金属企业管理账户，掌握重金属污染物的动态变化，实现重金属污染排放零事故；开展化学品环境情况调查，实施持久性有机污染物统计报告系统，建立固体废物检测系统；医疗废物收集和运输网络得到改善，全省医疗废物收集和处理率达到90%；开展环境监测，重点是土壤环境监测，定期监测农业生产区土壤环境，保持全省耕地比例达到81%的土壤环境质量二级标准①。

2. 严格的生态保护制度

自2015年6月以来，海南省率先在全国范围内启动了省级“多规合一”改革试点。以“全岛一盘棋”的发展战略为基础，开展了空间规划活动，如能源区规划、生态保护红线规划、土地利用规划、城市系统规划、林地保护和利用规划以及海洋功能区规划。

---

① 海南省人民政府办公厅.关于印发海南省生态环境保护“十三五”规划的通知：琼府办〔2017〕42号[A].2017-03-24.

经过一段时间的规划和调整后，海南省区域划分工作稳步进行，但同时也暴露了一些问题，有一部分地区出现交叉规划。如土地利用规划区和生态保护红线规划区出现重叠的情况，两者的地位同等重要。诸如此类的重叠面积高达1 587平方千米。海南省有关部门经过实地考察，做出决策，利用置换调整的方式解决规划冲突的矛盾，保证了规划区的统一性和唯一性。

2017 年，海南省向国务院提交了新的省级规划图并得到批准，在原有的生态保护红线规划区的基础上，规划图增加了海南省重要的生态功能区、生态敏感区和脆弱区，覆盖了全省陆地面积的 33.5%和沿海水域的 35.1%。

从 2018 年 1 月 1 日开始，海南正式采用新的城乡发展综合评估体系，将 12 个市县的 GDP、工业和固定资产投资的评估全部取消，与此同时，把对资源保护、耕地保护、扶贫和城乡居民收入的评估加入系统。

2018 年 4 月 2 日，海南省政府发布了《海南省污染水体治理三年行动方案》。该计划提出，到 2020 年，要将治理范围内的城镇内河(湖)的污染水体等级提高到 Ⅴ 级及以上水质，城市黑臭水体将不再出现；治理区主要河流湖泊基本达到Ⅲ类及以上水质；入海河流基本达到 Ⅴ 级及以上水质；重点海湾基本达到二类及以上水质。最终实现改善和提高全省水环境总体质量的目标[①]。

3. *以环境优势推动经济发展*

在生态省建设中，海南已将绿色农业和生态农业作为重点发展目标。根据“分区分类”原则，对于不同生态区域，因地制宜地发展对环境影响小但是附加值高的无公害农产品、高科技农产品、绿色食品和有机食品。例如，海南将中部山区划为海南的核心生态保护区，其环境容量极为有限，但同时又是海南最贫困的地区，迫切需要政府支持下的发展。因此，当地依托中部山区环境和资源特点，探索发展以热带森林和生物资源为主导的复合林产业，在此基础上再发展花卉、竹藤、南药等特色种植业和加工业，不断增加农民收入，使农民不再仅仅受益于砍伐森林或林地开垦，有效解决了生态保护与农民致富之间的矛盾，在不影响自然生态环境的情况下突破经济发展的瓶颈。

此外，坚持“三不”原则，促进新兴产业的发展。在新的工业化发展道路上，海南坚持“不污染环境、不破坏资源、不搞低水平重复建设”，坚持有效发展

① 章轲.海南建设生态文明“升级版”[N].第一财经日报，2018-04-16.

工业的原则,统一了工业发展和环境保护。注重发展循环经济,减少废物排放,严格控制环境污染。为避免过多的小型企业对海南生态环境造成破坏,海南实施"大企业进入、大项目带动"战略,该战略主要引进技术含量高、环境管理能力强的大型企业项目和工业企业。为了实现污染物的集中有效处理,尽量减少污染物对环境的破坏,尝试在西部雨灾地区安排大项目和高新技术企业,构建一条"西部工业走廊"。海南还推行"以大带小"政策,鼓励大项目和大企业带动高排污小企业的发展,在继续保持良好的生态环境质量的同时,也加速了经济发展。

海南的生态旅游产业建设始终按照"三高"(高水平规划、高标准建设、高效能管理)的要求严格规范自身,结合旅游业的发展,在大规模开放的推动下实现保持良好生态环境和提高旅游业综合效益的完美结合①。

（三）海南生态文明建设实践对山东生态建设的启示

海南作为中国最大的经济特区,以其独特的地理位置和优越的自然生态环境,已成为国家生态文明建设的典范。海南充分发挥不同生态圈区的特点,因地制宜发展对环境影响小的绿色产业,坚持以"不污染环境、不破坏资源、不搞低水平重复建设"的原则促进新兴工业和生态旅游的发展,为山东运用自身的生态环境资源建设特色生态文明,在不破坏环境的前提下发展经济提供了借鉴。

二、福建

福建省是中国最早开始建设生态省的省份之一。早在 2000 年,习近平同志担任福建省省长时,就提出了建设生态省的战略构想②。福建省在污染物排放和资源消耗大幅下降的情况下,经济高速发展的势头并没有减弱。福建省属于资源节约型省份,同时保持了优质的生态环境。它提前六年实现了生态省建设总体规划确定的经济发展和环境保护目标,将生态资源优势转化为绿色发展优势,实现了从生态省到国家生态文明试验区的历史性跨越,涌现出大批环境治理的典范,例如:水土流失治理典范——长汀、"中国制造 2025"地方样板——泉州、精准扶贫精准脱贫典范——宁德、绿色发展典范——南平、林

① 凌欣.生态省建设的理论与实践研究[D].青岛：中国海洋大学，2008.

② 福建：从"生态省"到"生态文明先行示范区"[J].财经界，2015(3)：55-56.

业改革先锋——永安。福建省诸多独特有效的生态文明创建模式，为山东省加速生态文明建设提供了宝贵的经验，有助于推动山东省生产发展、生活富裕和生态可持续发展。福建省生态文明建设的经验可以复制、可以推广、可供借鉴，对山东省的生态文明建设具有重要的示范作用①。

（一）福建生态文明建设的发展历程

2000年，时任福建省省长的习近平同志高瞻远瞩，极具前瞻性地提出了生态省建设的战略构想。2002年，在习近平同志的领导下，“将福建省建设成生态省”正式写进福建省人民政府政府工作报告并成立了生态省建设领导小组，生态文明建设进程不断加快。同年8月，建设福建省作为第四个生态省的计划提上日程并得到国家环保总局的批准通过。两年后，福建省人民政府发布《福建生态省建设总体规划纲要》，提出到2020年建成生态省的美好愿望。想要实现目标，全面的规划必不可少。首先，综合考虑福建省的生态条件和经济环境，分别从生态效益、资源安全、生态安全、城市栖息地、农村生态、科教支持和管理六个方面建设六大环境保护体系。根据不同生态功能区划的技术要求，系统划分了省内生态区和生态分区，界定了县域生态功能区，进一步完善了该省生态功能的区域划分，将发布并实施的任务交给各级政府，最终落实生态文明建设的任务。

2006年4月，福建省人民政府办公厅印发了《关于生态省建设总体规划纲要的实施意见》，确定了建设的详细任务步骤并且明确了各级各部门的工作职责。为不断深入推进“十一五”时期的生态文明建设工作，福建省合理规划、统筹全局，以生态省建设为根本实施了一系列重大生态示范工程，提出生态建设配套实施方案，考虑到市县不同的实际情况，因地制宜，从实际出发，根据年度计划分解细化具体目标和任务。在一段时间的努力之后，福建生态建设各项工作稳步向前推进。为了进一步明确省内各地区在全省生态安全保障中所处的地位和发挥的作用，福建省颁布实施了《福建生态功能区划》，明确指出不同地区如何因地制宜地发展适合自己的产业，在合理分析利弊的基础上做出最正确的选择。同年5月颁布的《福建省人民代表大会常务委员会关于促进生态文明建设的决定》再次强化了全省人民建设生态文明的决心和意志。次年9

① 梁广林，张林波，李岱青，等.福建省生态文明建设的经验与建议[J].中国工程科学，2017，19(4)：74-78.

月，《福建生态省建设“十二五”规划》颁布，对推动可持续发展、加强生态建设提出了一系列新部署新要求，在“十一五”建设成果的基础上再接再厉、再创辉煌。福建省一直稳定扎实地推进生态省建设目标与任务的落实工作，并且成效显著。到2012年，福建已经建设成为全国唯一一个水、大气等生态环境状况全优的省份。《福建省主体功能区规划》提出，到2020年要实现建设成综合科学发展、改革开放、文明祥和、生态优美的福建省。

2014年，福建省在生态省建设上不断突破。3月，国务院《关于支持福建省深入实施生态省战略加快生态文明先行示范区建设的若干意见》正式颁布，从国家战略层面确立了福建省生态文明建设的重要地位。福建省抓住重要机遇，建设示范区，以推动生态文明建设为重点。5月，福建省环境保护厅发布《福建省环境保护厅工商登记制度改革后续市场环境保护监督实施办法（试行）》，加快政府职能转变，改革工商登记制度，完善环境审批事项的监管措施，进一步深化行政审批制度改革。7月，为了严格规范排污许可行为，监督和管理污染源，福建省人民政府通过《福建省排污许可证管理办法》，严格减少企业污染物排放总量。2014年10月，省委省政府出台《贯彻落实〈国务院关于支持福建省深入实施生态省战略加快生态文明先行示范区建设的若干意见〉的实施意见》，进一步明确了生态文明体系建设的前提和评价体系等一系列措施，从更深入的制度层面促进福建生态文明示范区的建设。2014年11月，在福建省考察的习近平同志为福建未来发展提出了新的方向——以“机制活、产业优、百姓富、生态美”为目标建设新福建，从而为福建生态文明的建设指明了道路。

中央全面深化改革领导小组第25次会议于2016年6月27日举行，会议审议通过了《国家生态文明试验区（福建）实施方案》（以下简称《福建方案》），选取福建省作为第一个国家生态文明试验区，加快推进生态文明体制改革。8月12日，中共中央办公厅、国务院办公厅印发了《福建方案》。作为党中央、国务院总揽全国生态文明建设和改革大局提出的重大决策部署，《福建方案》是福建生态省建设的重要里程碑，体现了党中央对福建建设生态省的新期待和高要求。福建省建设国家生态文明试验区的目标远大，经过积极探索、开拓创新，力争到2020年取得重大进展，为全国生态文明体制改革提供意义重大的参考和借鉴，引领全国走上推进生态文明领域治理体系和治理能力现代化的道路。

（二）福建生态文明建设的成就

1. 生态产业

福建省在节能降耗方面取得了显著成效。单位 GDP 能耗持续下降，能源结构不断优化。“十二五”期间，全省 GDP 年均增长 10.7%，能源消费强度始终保持国内先进水平。2016 年，全省 GDP 增长率为 8.4%，居全国第八位；每万元能耗下降 6.42%，标准煤每万元下降至 0.439 吨，主要经济指标保持稳定增长态势，GDP 进入全国前十。新能源和清洁能源的生产能力得到加强。与此同时，该省的新能源（核电、风电等）发电量为 458.75 亿千瓦时；全省清洁能源发电装机容量 2 813.1 万千瓦，占全省发电量的54.0%。废热能的回收率显著提高，全省规模以上工业企业的能源回收率为 4.3%。

福建省结合绿色发展和供给侧结构性改革，全面实施平等淘汰、环保电价等政策，促进产业转型升级，全面超越国家减排任务；调整优化产业结构，淘汰落后产能，积极寻求发展绿色低碳循环新兴产业的新机遇；注重龙头企业的培育，加大对节能环保产业的财政和资金支持力度；积极构建新能源节能环保产业发展服务平台，节能环保产业逐步成为推动福建经济发展方式转型、促进经济发展的支柱。预计到 2020 年，全省节能环保产业总产值将达到2 350亿元。

此外，福建省生态旅游业蓬勃发展。2016 年，福建省人民政府批准发布《福建省“十三五”旅游发展专项规划》，抓住了全省生态资源的核心优势，重点建设全球生态旅游省。“清新福建”已成为一张醒目而美丽的名片。2016 年，全省接待游客 3.15 亿人次，比上年同期增长 4.1 个百分点，实现旅游总收入 3 935.16亿元[①]。

2. 经济杠杆

运用经济杠杆，积极试点排污权交易。福建排污权交易近两年来已成长为“绩优股”。在福建，如果企业需要增加排放，就必须严格遵守国家的产业政策，企业所在地区的污染物总量不得超过当地的排放控制指标，购买排放权不得超过当地的环境承载能力。只有符合这三项要求的企业才能获得环保部门的批准。

---

① 厦门理工学院课题组，丁智才，陈意，等.福建生态优势转化为经济发展优势战略研究报告[J].发展研究，2018(3)：54-63.

截至2017年7月31日，福建省共进行了58次排污权集中招标交易，共有1 077家公司参与，总交易量达到2 809笔，总成交额为60 764.33万元。二级市场成交总量为2 517笔，成交金额37 287.66万元，交易活跃度位居全国前列。福建的排污权交易工作进展顺利，形成了良性发展的模式。2014年底，福建在纸业、水泥等8个试点行业开始实行“排污权”的有偿使用和交易。排污权交易提升了企业的环保意识，从“要我减排”转变为“我想减排”，促进了行业内的自律行为，成为福建生态文明建设的一道亮丽风景线。

此外，福建还大力推进第三方治理环境污染，建立联席会议制度，全面开放服务监测市场，继续保持在工业园区、开发区、环境公用设施、重点行业治理污染并在政府采购的环保服务等其他领域开展综合性试点。2016年，福建省环境保护厅、福建省发展和改革委员会、中国人民银行福州中心支行、福建银监局联合发布了《福建省企业环境信用评估实施意见（试行）》。同年，在省环保厅的组织下，全省各级环保部门开展了年度参评企业环境信用评价，积极鼓励环保诚信企业，在贷款、评估和财务援助方面限制环保不良公司的发展。促进绿色信贷健康发展，在银行业监管部门登记企业和个人环境违法处罚信息，相关企业和个人将受银行信贷限制，累计收回、否决和压缩银行贷款近15亿元，以此促进企业环保工作的自律。泉州和三明开创的环境污染责任保险取得了显著成效。2017年，《福建省人民政府关于推行环境污染责任保险制度的意见》正式颁布。自2017年1月1日起，环境污染责任保险已在高风险环境污染领域实施。到2020年，在福建全省建立运行良好、充分保障的污染责任保险市场机制，有效防范环境破坏的潜在风险，减少环境污染的负面影响，促进环境质量提升①。

3. 清洁能源

近年来，福建省以清洁型和再生型能源生产和开发为主要导向，大力发展天然气、核能、水能、太阳能、风能、生物质能，尽量减少煤炭的使用，例如以煤炭为原料的电力开发项目的建设②。

---

① 魏然.从顶层设计到基层落地　福建探路国家生态文明试验区建设[J].环境经济，2016(Z5)：36-40.

② 陈燕.产业结构对福建生态文明的生成与发展的影响[J].福建论坛（人文社会科学版），2010(11)：139-144.

(1) 大力发展核电。2008年,福建省先后在福清和宁德建成了两个核电项目,2019年初重启漳州核电站项目。截至2019年1月,福建建设有3座核电站。截至2018年底,福清核电站累计发电770亿千瓦时,相当于少消耗标准煤约2 788万吨。

(2) 积极开发风能。福建海域面积较陆地面积大,全省海域面积达13.6万平方千米,海岸线总长6 128千米,因此风能资源丰富,风能势能大。其中闽江口以南至厦门湾部分位于台湾海峡中部,由于台湾海峡的“狭管效应”,其年平均风速超过8.0米/秒(等效发电小时近3 500小时),风向稳定,是全国风力资源最丰富的地区之一。经过省电力部门的调查,初步选择设置18个海上风电场,条件优越,装机容量447万千瓦。近年来,福建省风电年均利用小时数均在2 500以上,较全国平均水平高出600～1 000。

(3) 建设生物质能源产业基地。福建省生物质能源产业从“十一五”时期开始发展,已取得了一定成效。福建圣农集团、顺昌富宝实业有限公司、福建百创生物工程有限公司、龙岩卓越新能源股份有限公司、福建古杉生物柴油有限公司等多家生物质能源企业纷纷涌现。其中,龙岩卓越新能源股份有限公司不仅建成了万吨级生物柴油生产厂,开发出了具有自主知识产权的技术,而且还成功地在英国伦敦证交所上市。2017年,福建生物柴油的出口量达13 055万千克,占全国生物柴油出口量的76.63%,全年生物柴油出口金额为11 459万美元。

(4) 推动太阳能向产业化方向发展。2007年1月,福建省经济贸易委员会印发了《福建省太阳能产业发展行动方案》。2013年6月,全省第一个兆瓦级光伏电站项目——连城中海阳金太阳示范工程一期顺利实现并网发电,每年可提供超过350万千瓦时的绿色电力,节约煤炭12 470吨,减少二氧化碳排放量约32 653吨。2016年,福建省发布《实施创新驱动发展战略行动计划》,肯定并支持太阳能建设。

(5) 加快发展天然气能源。与煤和石油相比,使用天然气可以减少二氧化碳排放和有害物质的产生。2017年,福建省首座天然气分布式能源站在厦门投产,通过对天然气燃烧过程的能源梯级利用,产生工业生产和居民生活所需的电能、工业高温蒸汽、生活热水以及空调冷气,能源利用效率较传统燃煤电厂提高1倍,每年可以提供清洁电量2.25亿千瓦时,供热(蒸汽)30万吨,实现年产值2.46亿元。项目建成后不仅能够满足厦门市集美区后溪工业组团正新轮胎厂、新凯复材、姚明织带等企业的用热(蒸汽)需求,对工业园区电网的可靠性供电和电压支撑也将起一定作用,在大幅降低烟尘、二氧化硫与氮氧化物等大气污染有害气体排放方面发挥了积极作用①。

(三)福建生态文明建设实践对生态山东建设的启示

福建省作为全国首个国家生态文明试验区,打造了美丽中国的"福建样板",运用经济杠杆调节作用,特别是排污交易权政策,以及核能、天然气、太阳能、风能、水能、生物质能等清洁能源的快速发展,在优化产业发展、开发绿色能源等方面为山东提供了宝贵经验。

三、浙江

进入21世纪以来,浙江坚持以"八八战略"为纲要,在生态文明建设方面取得了巨大成就。浙江的经济建设是一个奇迹,浙江的生态文明建设也是一个奇迹。总结浙江在生态文明建设中的经验,对山东的生态文明建设不乏借鉴意义。

(一)浙江生态文明建设的发展历程

2002年6月,中国共产党浙江省第十一次代表大会召开,会议提出建设"绿色浙江"。2002年12月,中国共产党浙江省第十一届委员会第二次全体会议明确积极实施可持续发展战略,以生态省建设为主要载体,努力保持人口、资源、环境和经济的协调发展。2003年1月28日,国家环保总局正式确定浙江省为全国第五个生态省建设试点省。2003年6月27日,浙江省第十届人民代表大会常务委员会第四次会议通过了《浙江省人民代表大会常务委员会关于建设生态省的决定》。2003年8月19日,浙江省人民政府发布了《浙江生态省建设规划纲要》,开始全面落实建设生态省的战略决策②。

2004年10月,浙江省人民政府决定在全省开展生态省建设的基础性、标志性工程,即为时三年(2004—2007年)的"811"环境污染整治行动。第一轮行动的重点是8个主要水系和11个环保重点监管区,遏制加速环境恶化的趋势;第二轮"811"新三年行动,解决突出的环境污染问题;第三轮"811"生态文

① 郑少春.福建省建设生态文明问题的思考[J].中共福建省委党校学报,2014(6):69-76.

② 吴妙丽.浙江经验　国际分享[N].浙江日报,2013-05-19.

明建设始于2011年，推动了浙江省生态文明建设走在全国前列[①]。2016年，浙江省开启了第四轮“811”美丽浙江建设行动，围绕8个目标，部署11项专项行动，内涵和外延相比之前更为丰富。

2008年5月7日，环境保护部将浙江省列为首批生态环境补偿试点区。2010年6月29—30日，浙江省委发布了《关于推进生态文明建设的决定》，以深化生态省建设为载体，创建“富饶秀美、和谐安康”的生态浙江，努力把浙江建设成为全国生态文明示范区。2010年9月30日，浙江省第十一届人民代表大会常务委员会第二十次会议决定，每年6月30日为浙江生态日。这是中国第一个省级生态日。

2012年6月17日，中国共产党浙江省第十三次代表大会提出要坚持生态立省战略，加快浙江生态文明建设。2012年6月30日，“浙江生态日”纪念雕塑在杭州西溪国家湿地公园落成。2013年12月23日，浙江省委常委召开会议，专题研究“五水共治”工作，要求从2014年开始全面开展“五水共治”(治污水、防洪水、排涝水、保洪水、抓节水)工作。2016年1月，在浙江省两会上，政府郑重承诺“决不把违法建筑、污泥浊水和脏乱差环境带入全面小康”。2016年9月，浙江省吹响了小城镇综合环境整治行动的号角。

2017年，浙江省启动了消除Ⅴ类水的战役，要求到2017年底彻底消除Ⅴ类水，实现比原定时间提前三年、更好地改善水环境的目标。截至2017年6月，浙江省已累计创建2个生态市、34个生态县、691个生态乡镇，位居全国前列。

(二) 浙江生态文明建设的成就

1. 循环经济体系

(1) 不断深化供给侧结构性改革。2016年，浙江省采取措施处置555家“僵尸企业”，2 000家企业的落后产能被淘汰和修复，3万个脏乱差小作坊得到纠正，钢铁行业提前四年解决了产能过剩的问题。新增发明专利授权2.66万项，高新技术企业2 595家，中小型科技企业7 654家。信息、健康、环保、时尚、旅游、金融和高端设备制造业的附加值平均增长8%左右。

(2) 循环工业体系日趋成熟。2016年，浙江省完成了1 000多家企业清洁

---

① 江帆.我省开启“811”美丽浙江建设行动[N].浙江日报，2016-07-07.

生产审核任务，建立绿色企业 61 家，秸秆综合利用率达到 92.2%，工业固体废物利用率达到 93%，工业用水重复利用率达到 85.7%，部分钢、铜、锌、铝来自废旧金属回收再利用，纸张循环利用率达到 80%，资源利用和可再生资源利用水平在全国领先[①]。

(3) 园区的循环利用不断推进。2016 年，加快建设七个国家级园区循环示范点，重点改造三批 21 个省级园区，启动余杭经济技术开发区等 9 家第四批省级园区改造，成功打造大江东产业集群和吴兴工业园区两个国家循环化改造重点支持园区。

(4) 加快推进环保倒逼去污染产能。全面整顿铅蓄电池、皮革、化工、电镀、印染、造纸等 6 种重污染高耗能行业，最终关停 2 250 家企业，搬迁或升级 3 490 家；对 22 个特色小行业实施整改行动，近万家企业完成整改[②]；关停搬迁 50 头以上规模养殖场(户)4 万余家。作为一个生动案例，开化钱江源花卉苗木产业园(花牵谷)已经从一个曾经的污水横流的养猪场变成了一个鸟语花香的生态公园。

(5) 积极推进生活垃圾分类。颁布厨余垃圾管理规定，在部分城市开展餐厨垃圾处理试点、低价值回收物社区积分兑换超市试点，鼓励“虎哥回收”等企业进入回收体系；采用前端分流、网格化管理、村规民约等方式，逐步试点开展农村生活垃圾分类回收工作。以开化县为例，全县已基本实现垃圾分类行政村全覆盖、垃圾兑换超市行政村全覆盖、有机垃圾无害化处理行政村全覆盖的“三个全覆盖”，建设有机垃圾处理站 30 余座、阳光房 62 座[③④]。

2. 绿色金融

绿色金融是生态资源向经济资源转化的重要助推器。依托绿色信贷、绿色债券等绿色金融手段，充分利用丰富的生态资源，创建绿色金融改革创新试验区、创新绿色金融产品、加快建设碳排放交易市场，在推动生态资源转化为新的经济资源方面，积极使用金融手段。

---

① 范玲，汪东，陈达祎，等.浙江省再生资源产业转型升级方向与路径研究[J].中国环保产业，2017(11)：23-26.

② 长江生态行报道组.浙江主动融入长江经济带建设 [N/OL].中国环境网，2017-09-08.http：//www.cenews.com.cn/syyw/201709/t20170908_850434.html.

③ 锦绣开化　高歌远行[N].浙江日报，2017-11-15.

④ 陈帆，程为，曹晓锐.“绿水青山就是金山银山”的实践与思考[J].环境保护，2018，46(2)：42-49.

2017年6月，绿色金融改革创新试验区的建立实现了利用金融手段创造生态资源经济价值的目标。为了促进绿色金融创新的发展，浙江重点关注五个方面：鼓励金融机构设立绿色金融部门或支行；鼓励发展绿色信贷；探索建立排污权、水权、用能权等环境权益交易市场；建立绿色金融风险防范机制；强化财税、土地、人才等政策扶持。湖州市成为全国第一个在绿色金融改革试验区内建立绿色特许经营银行的城市，积极发展绿色金融，建设试点区，从2017年起拨出10亿元的年度专项资金，支持绿色金融体系建设。

通过创新绿色基金、绿色信贷、绿色保险等相关理财产品的方式，大力创新和发展绿色金融产品。浙江省衢州市拨款15.65亿元，建立7只不同运营模式的基金，积极对接世界银行绿色产业基金项目，申报绿色项目28个，涉及节能、污染防治等6大类，积极开展绿色信贷业务，建立科技金融合作贷款试点，支持相关企业绿色信贷，积极宣传绿色保险，探索安全生产和环境污染综合责任保险项目试点工作。

积极打造碳排放交易市场。为了推动碳排放交易市场的建立，浙江省颁布《浙江省碳排放权交易市场建设实施方案》。为了迈进低碳发展的行列，浙江省在各市县全面推进温室气体清单编制工作，修订市县温室气体清单编制指南。为了推进碳排放权交易的发展，浙江各地积极开展相关工作。2017年9月，开化县政府与中国绿色碳汇基金会一点碳汇专项基金执行委员会达成合作，正式签署战略框架合作协议，紧紧依托开化县的生态资源优势，通过“一点碳汇点绿成金——开化专项计划”，开辟出生态资源转化为经济资源的新途径①。

3.“安吉模式”

安吉县是国家生态文明建设示范县。在建设过程中，重点探索社会主义新农村建设和生态文明建设的新道路，积累新经验。安吉县坚持高起点，明确“村村优美、家家创业、处处和谐、人人幸福”的目标。

安吉县强调尊重自然美的重要性，坚持按照现实的生态环境条件促进生产发展，推进各项建设，积极发展绿色产业特别是生态农业，充分发挥山川的自然特色，凸显美丽风景。对于全县187个村，根据不同情况，建立“一村一

① 翁智雄，马忠玉，朱斌，等.“绿水青山就是金山银山”思想的浙江实践创新[J].环境保护，2018，46(9)：55-59.

品、一村一景、一村一业、一村一韵”的独特模式。同时，安吉县没有忽视整体美，而是把全县作为一个整体来规划和建设，努力实现一、二、三产业的协调发展，促进经济社会发展和生态环境保护的协调。县财政每年拨出2 000万元专项资金用于生态建设，1亿元创建“中国美丽乡村”，确保生活垃圾和生活污水处理项目补贴占总投资的50%以上。

在“中国美丽乡村”评比中，被评为精品村、重点村和特色村的，根据人口规模，分别奖励300万元、200万元、150万元，创建成为“国家级环境优美乡镇”和省、市“生态乡镇”的，分别获得50万元、30万元和20万元奖励。同时，还为生态公益林建设、村庄环境整治、矿山绿化、饮用水源保护、企业清洁生产提供资金支持。在优质乡镇建设中，安吉巩固和扩大村庄整治成果，进一步改善农村生活环境，发展品牌产业，提升现代农业产业化水平，推动家庭产业现代化，最大限度地发挥生态效益、强化村集体经济，培育产业大村、经济强村；完善农村公共服务体系，繁荣农村社会事业，促进农村城市公共服务、农村基础设施建设和农村社会保障体系建设；提高农民综合素质，培育有文化、懂技术、会经营的新型农民。

安吉县环保部门通过每年推进1～2个生态文明示范乡镇建设，组织实施5个以上生态文明体系示范村(点)建设，着力推出一批农村污水与垃圾治理、生态恢复系统、中水利用系统、生态卫生系统、绿色乡村交通、社区综合服务、特色产业发展、乡土文化提炼等示范系列，提升中国美丽乡村建设品位。

（三）浙江生态文明建设实践对生态山东建设的启示

浙江既是全国第一个实施排污权有偿使用制度的省份，又是全国第一个出台省级生态补偿制度的省份，还是全国第一个开展区域之间水权交易的省份。在尊重自然、保护自然、适应自然的前提下促进经济转型升级，建设国家生态文明建设示范市县，开辟生态文明建设的新路子，建设美丽乡村，为山东建设生态文明之路指明了新方向。

第七章
生态山东建设的对策

从山东省与17个地级市的实证分析和评价结果可以看出，2010—2017年，山东省生态文明建设水平不断提升。在2012年山东省委、省政府做出关于建设生态山东的决定之前，山东生态省建设已有成效，自2012年以来，生态山东建设指数呈现良好的稳定上升态势。在生态山东的建设过程中，要坚持以人为本、生态优先的原则，学会规划并协调经济社会与资源环境的发展过程，制定并严格执行科学的资源环境管理制度，从结果上倒逼经济发展方式的转变，从保护人类生态环境和节能减排的目标出发，努力优化经济结构。要加强经济、环境和文化三个生态层面的系统建设，努力建设经济繁荣、人民富裕、环境优美、社会文明的生态山东。

第一节　生 态 经 济

一、大力发展循环经济

协调一、二、三产业的综合发展，并按照循环经济的要求调整、升级经济和产业结构，建立更加优化的产业体系。

优化升级工业结构，重点放在新型工业上，以低资源消耗、低环境污染和高附加产值的产业为重点，加快高新技术产业的发展，以电子信息、生物技术及制药、新材料作为新的发展方向，并发展一些低能耗且可以综合利用资源的相关产业，优化其工业结构。对于电子信息及家电、食品、机械设备、材料、服装纺织、化工这些支柱产业，也要实施提升和改造，使用高新技术和清洁生产技术，同时还要突出电子信息、食品、石化、船舶、家电、汽车、服装纺织等七个产业链，推进工业结构优化升级。2017年，山东省人民政府办公厅印发《关于推进石化产业调结构促转型增效益的通知》。通知指出，严格控制炼油、轮胎、尿素、磷铵、电石、烧碱、聚氯乙烯、纯碱、黄磷等过剩行业新增产能，鼓励开展并购重组；鼓励炼油企业建设加氢裂化、连续重整、异构化和烷基化等清洁油品装置，大力发展炼油深加工；重点打造一批炼化产业集群和产业园区，开展石化产业基地规划或乙烯、芳烃等项目前期工作。

建筑业的节能环保也有重要意义，新型的建筑体系应注重节能、节材、节地三个方面的问题以及推广使用钢结构等，使其也进入可循环利用的经济发展中。优化建筑材料结构，可以推广新型墙体材料、化学建材等高性能、低材(能)耗、可再生循环利用的建筑材料，实心黏土砖的使用在所有设区的市和县政府所在地建设工程中被禁止①。

调整第三产业结构，加快发展与资源节约综合利用相关的第三产业。对于现代服务业相对落后的情况，近年来山东也有清醒的认识。2018年初，山东省委书记刘家义曾总结道：由于多种原因，山东形成了资源型、重化型产业结构，从产业结构看，山东省主营业务收入排前列的轻工、化工、机械、纺织、冶金多为资源型产业，能源原材料产业在其中占据了四成之多，而计算机通信制造业为粤、苏两大省的第一大行业；山东的服务业仍以交通、商贸、餐饮住宿等传统服务业为主，现代服务业发展较慢。城乡居民人均可支配收入与其他省的差距也呈现继续扩大之势。

山东将进一步加快产业升级。2019年山东省政府工作报告就指出，将加快数字山东建设，推进5G通信、人工智能、量子通信、工业互联网、物联网与制造业的深度融合，研究制定"现代优势产业集群＋人工智能"的推进方案。

二、加快发展生态农业

农业的循环发展也是重中之重。生态农业示范基地的培育可以起到示范作用。龙头企业的科技示范和在农业中起到的带头作用不可忽视，要积极面对有机产品协会的建立，全方位提高农产品的质量，同时推广农业标准化生

---

① 山东省人民政府关于印发山东省循环经济试点工作实施方案的通知：鲁政发〔2007〕8号[A]. 2007-01-23.

产。提高土地质量，宣传降低化肥和农药的使用率，测土配方施肥面积要继续扩大，秸秆综合利用水平需要持续提高，加强畜禽污染防治。例如，2018 年 8 月，青岛莱西农业大数据平台正式启动。这一平台通过整合各方资源要素，实施“互联网＋”现代农业行动，通过和布瑞克农信集团合作，着力打造农业大数据平台、大宗农产品交易平台和跨境电商产业平台，形成以农业大数据为核心的县域智慧农业生态圈。平台对农业农村的各项数据进行整合、调研、监测后，再与全国乃至全球的涉农产业数据、科技数据、市场数据交叉对比，进行多维度的分析，形成的数据体系直接提供给农户做参考。作为莱西的“农业数据大脑”，将实现政府、市场、生产者之间涉农数据互通共享、监测预警，提升莱西农业信息化、现代化水平。平台在莱西试点成功后将打造标杆产业，下一步将辐射周边地区，进行智慧化农业的进一步推广①。

三、全面推进能源资源节约

加强对能源资源节约的宣传，实施能源资源差别化管理，深化低碳理念，在生产、生活的各个领域进行能源结构的改革，从而逐渐推动能源结构、生产和生活消费低碳化。

“十三五”期间，山东省公共机构节能环保工作成效明显，各项节能指标超额完成，实现了时间过半任务完成过半。同 2015 年相比，2018 年全省公共机构人均综合能耗下降 6.98%，单位建筑面积能耗下降 6.68%，人均用水量下降 10.06%，分别完成“十三五”强度目标的 63.5%、66.8%和 67.1%。2016—2018 年实现节能量 30.6 万吨标准煤，减排二氧化碳 72.1 万吨、二氧化硫 2.3 万吨、氮氧化物 1.1 万吨②。

2018 年 3 月 8 日，山东省人民政府办公厅印发《山东省人民政府关于创建国土资源节约集约示范省的实施意见》，提出按照国土资源节约集约利用水平走在全国前列的总体目标要求，大力实施“三控三提”战略，控制城镇新增建设用地规模、农村居民点等集体建设用地规模和矿山企业数量，提高建设用地地

① 李倍.大数据为莱西农业装“数据大脑” 打造智慧农业生态圈[N/OL].大众网，2019-03-15. http://sd.dzwww.com/sdnews/201903/t20190315_18505399.htm.

② 山东省公共机构能源资源节约和生态环境保护工作电视会议召开[N/OL].齐鲁网，2019-01-16. http://news.iqilu.com/shandong/zhengwu/zwxw/2019/0116/4168659.shtml.

均GDP产出、存量建设用地供应占比和矿山规模化集约化利用水平，力争通过5年努力，构建国土资源节约集约利用标准和制度体系，推动形成资源节约集约利用和绿色发展的新格局①。

第二节　生 态 环 境

一、巩固提高流域治污成果

以南水北调沿线和小清河流域为中心，建立起全面且科学的“治、用、保”流域治污体系。《山东省南水北调工程沿线区域水污染防治条例》提出，南水北调工程沿线区域的水污染防治工作应遵循预防为主、全面规划、防治结合、综合治理的方针，坚持污染治理、水资源循环利用、生态修复与保护并举的原则。2019年2月，《济南市贯彻落实省级环境保护督察组督察反馈意见整改方案》出台，提出省控重点河流水质基本达到水环境功能区划要求，国控重点河流断面、地级以上城市集中式饮用水水源水质优良（达到或优于Ⅲ类）比例分别达到75%以上和98%以上，重要河湖水功能区水质达标率提高到80%，基本消除建成区黑臭水体。2019年底前，基本解决小清河流域污染问题②。

2018年2月，山东省人民政府发布《山东省新旧动能转换重大工程实施规划》，其中包括建立市场化、多元化生态补偿机制，流域生态保护补偿的试点工作积极进行。泰山区域作为国家试点，山水林田湖草生态保护修复工程具有重要战略地位。在日照，山水林田湖草治理工程也对山东省具有重要意义，日照位于南水北调东线工程沿线，其环湖沿河大生态带建设工程对于生态建设起着重要作用。认真落实“河长制”“湖长制”，全方位规划实施水资源的保护、污染防治、环境治理和生态修复以及水域岸线管理。鲁中、鲁南地区地下水超采区治理工程要积极推动展开，这也是国家坡耕地水土流失综合治理试点工作的重要一部分。与沿黄各省区密切协作，积极推进沿黄生态经济带建设。

---

① 山东省人民政府关于创建国土资源节约集约示范省的实施意见：鲁政发〔2018〕8号[A].2018-03-13.

② 段婷婷.今年年底前基本解决小清河流域污染问题[EB/OL].大众网，2019-02-25.http://www.dzwww.com/shandong/sdnews/201902/t20190225_18428210.htm.

二、突出抓好大气污染治理

发挥政府作为主导、企业作为主体的推动作用，积极鼓励社会组织和公众参与，社会各界共守环境质量底线。在进一步推进严格的大气污染物综合排放标准的过程中，有序推进气（电）代煤改造，加强燃煤用户污染治理，尤其是规模以下企业和城乡，争取 7 个京津冀大气污染传输通道城市享受京津冀大气污染防治协同治理政策，推动煤炭消费绿色化和清洁化。

2017 年，山东省落实秋冬季大气污染综合治理攻坚行动方案，细则包括全省 17 个地市，重点是 7 个京津冀大气污染传输通道城市，分别为济南、淄博、德州、聊城、济宁、菏泽、滨州。在 2017 年采暖季前（11 月 15 日前），7 个传输通道城市压减炼钢产能 183 万吨。2018 年 9 月，山东印发《山东省打赢蓝天保卫战作战方案暨 2013—2020 年大气污染防治规划三期行动计划（2018—2020 年）》。方案要求，到 2020 年，山东全省二氧化硫、氮氧化物排放总量分别比 2015 年下降 27％以上，全省 PM2.5 年均浓度确保完成国家下达的改善目标，力争比 2015 年改善 35％，臭氧浓度逐年上升趋势得到明显遏制。为实现目标，方案列出了重点治理项目，山东建筑陶瓷行业共有 24 家企业的生产设施被列入燃煤锅炉（窑炉）二氧化硫治理项目，其中淄博 1 个，临沂 23 个。这 24 家企业不仅需要全部安装烟气在线监控装置并联网，还需要在限定期限内完成治理项目。

三、深化农村人居环境综合整治

推进农村垃圾综合治理。完善农村生活垃圾“户集、村收、镇运、县处理”模式，提升县级垃圾处理能力，生活垃圾进行无害化处理。大力建设全国农村生活垃圾分类示范县以起到带头示范作用，学习和研究适合农村特点的处理方法，优化垃圾就地分类和资源化利用方式，总结推广分类收集的经验模式。推广应用符合国家标准的农膜，开展全生物可控降解地膜试验示范，建立健全废旧农地膜回收利用体系，扶持农地膜回收网点和废旧农地膜加工能力建设；秸秆收储运体系需要尽快建立和完善，积极推进秸秆机械还田、饲料化利用，以及秸秆能源化集中供气、发电和秸秆固化成型燃料供热等项目。开展工业固废、河湖水面漂浮垃圾、农业生产废弃物等非正规垃圾堆放点排查，全面摸清堆放位置、主要成分、堆放年限等基本情况。加快清理公路边、铁路边、河边、山边，特别是村庄内外积存的建筑和生产生活垃圾，重点整治垃圾山、垃圾围村、垃圾围坝等问题，基本消除房前屋后的粪便堆、杂物堆，禁止城市向农村堆弃垃圾，防止城市垃圾“上山下乡”。

另外，加快推进农村“厕所革命”。制定关于深入推进农村“厕所革命”的实施意见，加快全省农村改厕步伐，2018 年，全部乡镇基本完成农村无害化卫生厕所改造；2019 年，全部涉农街道基本完成农村无害化卫生厕所改造；2020 年，全部乡镇(涉农街道)内 300 户以上自然村基本完成农村公共厕所无害化建设改造①。

第三节　生 态 文 化

一、加强生态文明宣传教育

党的十九大报告强调要“加快生态文明体制改革，建设美丽中国”，指出：“我们要牢固树立社会主义生态文明观，推动形成人与自然和谐发展现代化建设新格局，为保护生态环境作出我们这代人的努力!”这是我国生态文明建设的目标和要求，为未来的生态文明建设指出了明确的方向。在这个过程中，社会各界的生态文明素质起着举足轻重的作用。公民的生态文明意识尤为重要，一旦培育起正确的生态文明观，将为生态文化和生态道德打造良好的基础，让公众同时明白生态权利和义务。社会各界都应遵守生态环境保护的相关法律法规，为生态文明建设贡献力量。

党的十八大以来，党中央高度重视生态文化培育工作，习近平总书记多次强调要牢固树立和全面践行绿水青山就是金山银山的理念，倡导绿色发展方式和生活方式。我们要以此为引领，加快建立健全生态文化体系，积极宣传低碳生活的意义，健全生态文化培育引导机制，培养社会各界的生态文明素质。通过各种教育活动，鼓励公众自觉参与环境保护，在社会中倡导生态伦理和生

① 省委办公厅、省政府办公厅印发山东省农村人居环境整治三年行动实施方案[EB/OL].山东省发展和改革委员会网站，2018-06-13.http：//www.sdfgw.gov.cn/art/2018/6/13/art_5080_855.

态行为，使生态意识上升为全民意识[①]。

二、倡导绿色消费模式

2017 年 5 月，习近平总书记在主持中共中央政治局第四十一次集体学习时，就推动形成绿色发展方式和生活方式提出 6 项重点任务，其中之一是倡导推广绿色消费。他指出："生态文明建设同每个人息息相关，每个人都应该做践行者、推动者。要加强生态文明宣传教育，强化公民环境意识，推动形成节约适度、绿色低碳、文明健康的生活方式和消费模式，形成全社会共同参与的良好风尚。"在全国生态环境保护大会上，习近平总书记指出："要倡导简约适度、绿色低碳的生活方式，反对奢侈浪费和不合理消费 。"当前，我国正在推进供给侧结构性改革，这为提供更多更好的生态产品、绿色产品，满足人民群众日益增长的美好生活需要提供了契机。我们还要探索构建绿色金融体系，发展绿色产业，建立先进科学技术研究应用和推广机制等，倡导和推动绿色消费。

三、广泛开展生态文明建设示范

2017 年，中共中央办公厅、国务院办公厅印发的《国家生态文明试验区（江西）实施方案》提出："推进有条件的城市近郊风景名胜区等逐步免费向公众开放，有序推动自然保护区实验区适当向公众开放，建设一批开放型绿色生态教育基地。"这为开展生态教育拓展了平台载体。此外，开展生态教育，需要各级领导干部发挥带头示范作用，宣传方法也要推陈出新，为早日建成文明和谐、低碳环保的社会起到引领作用。

山东省环境保护厅印发的《山东省省级生态文明建设示范区管理规程（试行）》《山东省省级生态文明建设示范区指标（试行）》，鼓励各地创建省级生态文明建设示范区。2017 年 9 月 7 日，环保部公示了第一批国家生态文明建设示范市县初步名单，山东两个县级市入围，分别是济宁的曲阜市和威海的荣成市，这对山东争当全国生态文明建设排头兵具有重要的现实意义[②]。

---

① 周鸿.牢固树立社会主义生态文明观[N].光明日报，2018-05-21.

② 国家生态文明建设示范市县初步名单公示　鲁两县市上榜[N/OL].新浪网，2017-09-07.http://sd.sina.com.cn/news/2017-09-07/detail—ifykuffc4158093.shtml.

参考文献

[1] 布朗.生态经济：有利于地球的经济构想[M].林自新，等译.北京：东方出版社，2002.

[2] 长江生态行报道组.浙江主动融入长江经济带建设 [N/OL].中国环境网，2017－09－08.http：//www.cenews.com.cn/syyw/201709/t20170908_850434.html.

[3] 陈帆，程为，曹晓锐."绿水青山就是金山银山"的实践与思考[J].环境保护，2018，46(2)：42-49.

[4] 陈晋.德国对垃圾废物的立法[EB/OL].北京法院网，http：//bjgy.chinacourt.gov.cn/article/detail/2007/07/id/855081.shtml.

[5] 陈军.基于生态足迹的中原生态区典型城市生态承载力研究——以许昌市为例[D].成都：四川师范大学，2017.

[6] 陈燕.产业结构对福建生态文明的生成与发展的影响[J].福建论坛(人文社会科学版)，2010(11)：139-144.

[7] 戴利，法利.生态经济学：原理和应用(第二版)[M].金志农，陈美球，蔡海生，译.北京：中国人民大学出版社，2014.

[8] 德垃圾变资源大"富矿"[OL].大洋网-广州日报，2013-03-13.http：//news.sina.com.cn/w/2013-03-13/071926515413.shtml.

[9] 丁刚，翁萍萍.生态文明建设的国内外典型经验与启示[J].长春工程学院学报(社会科学版)，2017，18(1)：36-40.

[10] 董洪霞.循环经济：生态经济发展的时代理念[J].商场现代化，2006

(6)：207.

[11] 杜文翠.促进循环经济发展的税收政策研究[D].贵阳：贵州财经大学,2017.

[12] 段婷婷.今年年底前基本解决小清河流域污染问题[EB/OL].大众网，2019 - 02 - 25. http：//www. dzwww. com/shandong/sdnews/201902/t20190225_18428210.htm.

[13] 樊华.基于循环经济的山东生态省建设问题研究[D].青岛：中国石油大学(华东),2007.

[14] 方世南.德国生态治理经验及其对我国的启迪[J].鄱阳湖学刊，2016(1)：70-77.

[15] 冯浩源.水资源管理“三条红线”约束下的水生态承载力分析[D].兰州：西北师范大学，2018.

[16] 郭兰成.对生态省建设理论观点的梳理与评析[J].中共青岛市委党校.青岛行政学院学报，2006(1)：57-60.

[17] 侯万军.绿色经济与法律法规[J].经济研究参考，2011(2)：30-38.

[18] 环境保护部科技标准司.国家污染物环境健康风险名录：化学第一分册[M].北京：中国环境科学出版社,2009.

[19] 黄青,任志远.论生态承载力与生态安全[J].干旱区资源与环境,2004(2)：11-17.

[20] 坚持绿色发展道路推进生态山东建设——2016 年生态山东建设情况简析[A].山东省统计局,2017-03-21.

[21] 江帆.我省开启“811”美丽浙江建设行动[N].浙江日报,2016-07-07.

[22] 康凯.基于复合生态系统理论的区域水生态承载力评价研究[D].哈尔滨：东北农业大学,2019.

[23] 李倍.大数据为莱西农业装“数据大脑” 打造智慧农业生态圈[N/OL].大众网,2019-03-15.http：//sd.dzwww.com/sdnews/201903/t20190315_18505399.htm.

[24] 李广杰，颜培霞，袁爱芝.生态山东评价指标体系研究[J].生态经济，2015，31(11)：185-191.

[25] 李宁，王晶.论循环经济中政府的有所为[J].经济视角，2006(5)：63-65.

[26] 李晴梅.山东省生态文明建设评价及对策研究[D].济南：山东师范大学，2015.

[27] 梁广林，张林波，李岱青，等.福建省生态文明建设的经验与建议[J].中国工程科学，2017，19(4)：74-78.

[28] 梁燕君.德国用法律确定环保标准[J].质量探索，2012(z1)：42.

[29] 凌欣.生态省建设的理论与实践研究[D].青岛：中国海洋大学，2008.

[30] 刘峰，李斌.由我国分税制的实施看房地产市场泡沫[J].中国集体经济，2011(6)：119-120.

[31] 刘某承，李文华.基于净初级生产力的中国生态足迹均衡因子测算[J].自然资源学报，2009，24(9)：1550-1559.

[32] 刘仁胜.德国生态治理及其对中国的启示[J].红旗文稿，2008(20)：144-145.

[33] 刘荣增，耿纯.基于AHP的城市景观生态评价与优化——以开封市为例[J].国土与自然资源研究，2012(3)：57-59.

[34] 刘学敏.英国伯丁顿社区发展循环经济的主要做法[J].山东经济战略研究，2005(3)：34-35.

[35] 娄瑞雪.完善生态文明制度 建设美好新海南[J].西部学刊，2017(12)：72-74.

[36] 陆波.当代中国绿色发展理念研究[D].苏州：苏州大学，2017.

[37] 吕莉媛.马克思主义理论视域下的REDD+公平正义问题研究[D].哈尔滨：东北林业大学，2017.

[38] 骆艳.基于MODIS数据的山东省生态承载力时空分布研究[D].兰州：西北师范大学，2019.

[39] 马莉莉.关于循环经济的文献综述[J].西安财经学院学报，2006，19(1)：29-35.

[40] 马世骏，王如松.社会-经济-自然复合生态系统[J].生态学报，1984，4(1)：1-9.

[41] 美国大气污染治理经验及启示[EB/OL].期货日报，http：//www.qhrb.com.

[42] 任勇，吴玉萍.中国循环经济内涵及有关理论问题探讨[J].中国人口·资

源与环境，2005，15(4)：131-136.
[43] 日本环境省.综合环境政策[EB/OL].http：//www.env.go.jp./cn/policy/index.html.
[44] 山东2016年处理城市污水42.28亿吨　同比增长7.0%[N/OL].中国污水处理工程网，2017-02-08.http：//www.dowater.com/news/2017-02-08/525811.html.
[45] 山东荒漠化沙化土地面积五年减少9.74万公顷[N/OL].大众网，2016-06-17. http：//www.dzwww.com/shandong/sdnews/201606/t20160617_14476484.htm.
[46] 山东省耕地质量提升规划(2014-2020)[EB/OL].http：//www.shandong.gov.cn/ art/2014/12/23/art_2267_18813.html.
[47] 山东省人民政府关于印发《山东生态省建设规划纲要》的通知：鲁政发〔2003〕119号[A].2005-11-14.
[48] 山东省生态保护与建设规划(2014—2020年)[EB/OL].https：//wenku.baidu.com/view/07dbc1fe43323968011c92f9.html.
[49] 山东省统计局，国家统计局山东调查总队.2017年山东省国民经济和社会发展统计公报[A].2018-02-27.
[50] 山东省委山东省人民政府关于建设生态山东的决定：鲁发〔2011〕22号[A].2014-05-30.
[51] 施问超，卢铁农，杨百忍.论污染防控与生态保育[J].污染防治技术，2011，24(2)：1-5.
[52] 宋海鸥.美国生态环境保护机制及其启示[J].科技管理研究，2014(14)：226-230.
[53] 孙海彬.建设生态省的战略意义与对策思考[J].黑龙江社会科学，2004(3)：56-58.
[54] 孙鹏，王青，刘建兴，等.沈阳市交通生态足迹的实证研究[J].东北大学学报(自然科学版)，2007，28(3)：438-440.
[55] 孙咏梅.美国排污权交易成效显著[N].市场报，2007-12-28.
[56] 汪松.中外生态文明建设比较研究[J].黄河科技大学学报，2017(2)：99-103.

[57] 王国印.论循环经济的本质与政策启示[J].中国软科学，2012,(1)：26-38.

[58] 王汉祥.中国北疆民族地区旅游产业生态化发展研究[D].呼和浩特：内蒙古大学,2017.

[59] 王明初.海南生态文明建设的发展、成就与经验[N].海南日报,2018-05-23.

[60] 王琪，赖玮.浅析高新技术产品出口现状及发展[J].法制与经济，2011(3)：87-88.

[61] 王如松.论复合生态系统与生态示范区[J].科技导报，2000，18(6)：6-9.

[62] 王如松,欧阳志云.社会-经济-自然复合生态系统与可持续发展[J].中国科学院院刊,2012,27(3)：337—345,403—404,254.

[63] 王帅杰,马静,李爱勤.浅议矿山环境恢复治理的必要性与对策[J].科技展望,2015，25(11)：229.

[64] 王苏.专借四国经验探中国环保之路[EB/OL].http：//intl.ce.cn/zhuanti/ggjj/kzlj/chhg/200806/19/t20080619_15887707.shtml.

[65] 王亚力.基于复合生态系统理论的生态型城市化研究[D].长沙：湖南师范大学，2010.

[66] 魏然.从顶层设计到基层落地　福建探路国家生态文明试验区建设[J].环境经济，2016(Z5)：36-40.

[67] 魏晓双.中国省域生态文明建设评价研究[D].北京：北京林业大学,2013.

[68] 翁智雄,马忠玉,朱斌,等."绿水青山就是金山银山"思想的浙江实践创新[J].环境保护，2018，46 (9)：55-59.

[69] 邬晓燕.德国生态环境治理的经验与启示[J].当代世界与社会主义，2014(4)：92-96.

[70] 吴妙丽.浙江经验　国际分享[N].浙江日报,2013-05-19.

[71] 厦门理工学院课题组，丁智才，陈意,等.福建生态优势转化为经济发展优势战略研究报告[J].发展研究，2018(3)：54-63.

[72] 谢家雍.解读生态立省　发展循环经济[J].贵州林业科技，2006，34(1)：16-18.

[73] 徐伟敏.德国废物管理立法的制度特色与启示[J].中国人口·资源与环

境，2007，17(5)：147-151.
[74] 徐洋.生态文明建设主体研究[D].哈尔滨：中共黑龙江省委党校，2015.
[75] 杨文进.可持续发展经济学教程[M].北京：中国环境科学出版社，2005.
[76] 依靠科技创新加快山东生态省建设[C]//山东生态省建设研究，2004.
[77] 曾德贤.马克思恩格斯三大解放思想研究[D].苏州：苏州大学，2014.
[78] 张绍修，张建强，李兵.成都市生态足迹动态分析[J].农业现代化研究，2007，28(2)：218-220.
[79] 张晓娟.美国是怎样实施生态补偿的？[J].中国生态文明，2017(4)：93.
[80] 张子玉.中国特色生态文明建设实践研究[D].长春：吉林大学，2016.
[81] 章轲.海南建设生态文明“升级版”[N].第一财经日报，2018-04-16.
[82] 郑少春.福建省建设生态文明问题的思考[J].中共福建省委党校学报，2014(6)：69-76.
[83] 周鸿.牢固树立社会主义生态文明观[N].光明日报，2018-05-21.
[84] 周素珍.城镇化率指标体系的构建[J].统计与管理，2013(4)：133-134.
[85] 2003 年度环境状况公报[EB/OL]. http：//xxgk. sdein. gov. cn/wryhjjgxxgk/zlkz/zkgb/201412/t20141212_820919.html.
[86] 2007 年山东省海洋环境质量公报[EB/OL]. http：//m. sd. gov. cn/art/2014/8/5/art_2530_10746.html.
[87] 2015 年中国农民人均收入[EB/OL].应届毕业生网，http：//www.yjbys.com.
[88] 2016 年山东省海洋环境状况公报[EB/OL]. http：//www. shandong. gov.cn/art/2017/7/6/art_2530_10738.html.
[89] 2016 年山东省水资源公报 [EB/OL]. http：//www. shandong. gov. cn/art/2017/10/13/art_2529_10801.html.
[90] DAVID W P，JEREMY J W. World without End：Economics，Environment and Sustainable Development [M]. Oxford：Oxford University Press，1993.
[91] HEIMLICH R E.美国以自然资源保护为宗旨的土地休耕经验[J].杜群，译.林业经济，2008(5)：72-80.

后 记

本书从建设生态强省的角度出发，以循环经济理论和可持续发展理论为基础，分析了生态山东建设中存在的问题，评价了山东省生态文明建设的水平。研究结果表明，山东省全方位发力推动生态文明建设，生态山东建设成绩显著，但目前大气、水污染防治工作仍存在一些薄弱环节。

在生态山东建设的实践过程中，要充分认识到生态文明建设对于山东省的重要性，深入学习贯彻习近平总书记新时代中国特色社会主义思想，牢固树立“绿水青山就是金山银山”的理念，坚持人与自然和谐共生的基本方略，全面落实党中央关于生态文明建设和环境保护的战略部署，把生态文明建设融入经济社会发展全过程，切实改善生态环境质量，不断满足人民群众日益增长的美好生活需要。作者依托于山东省实际情况，正确审视生态山东建设实践过程中的不足，力图找出解决方案，为山东省生态文明建设快速发展理清思路，为生态山东、美丽山东建设贡献一份力量。

由于作者理论水平有限，本书有关生态山东建设评价指标体系的研究仍存在不少不足之处。例如，对生态山东建设的实际情况缺乏实地调研条件，给出的对策建议可能过于宏观，用不同的评价方法和指标得到的结果可能也会有所不同。因此，书中所选取的指标和得到的评价结果仅作为参考，遇到具体问题还需要具体分析。针对不足之处，作者后续将进行更深入的研究。

图书在版编目(CIP)数据

生态山东建设评价指标体系的构建与实证研究/于玉著. —上海：复旦大学出版社，2020.6
ISBN 978-7-309-15049-0

Ⅰ. ①生… Ⅱ. ①于… Ⅲ. ①生态环境建设-评价指标-研究-山东 Ⅳ. ①X321.252

中国版本图书馆 CIP 数据核字(2020)第 081192 号

生态山东建设评价指标体系的构建与实证研究
于　玉　著
责任编辑/方毅超

复旦大学出版社有限公司出版发行
上海市国权路 579 号　邮编：200433
网址：fupnet@fudanpress.com　http://www.fudanpress.com
门市零售：86-21-65102580　团体订购：86-21-65104505
外埠邮购：86-21-65642846　出版部电话：86-21-65642845
江苏凤凰数码印务有限公司

开本 787×960　1/16　印张 14　字数 222 千
2020 年 6 月第 1 版第 1 次印刷

ISBN 978-7-309-15049-0/X · 33
定价：48.00 元